餐饮行业职业技能培训教材

宴会定制服务师

世界中餐业联合会◎组织编写
周凌洁　周爱东◎主　编
　　　　邢　颖◎主　审

中国轻工业出版社

图书在版编目（CIP）数据

宴会定制服务师 / 世界中餐业联合会组织编写；周凌洁，周爱东主编. -- 北京：中国轻工业出版社，2025.6. -- ISBN 978-7-5184-5494-5

Ⅰ. TS972.32

中国国家版本馆CIP数据核字第2025H34F33号

责任编辑：方　晓　秦宏宇　　责任终审：高惠京　　　　设计制作：锋尚设计
策划编辑：史祖福　方　晓　　责任校对：刘小透　晋　洁　责任监印：张　可

出版发行：中国轻工业出版社（北京鲁谷东街5号，邮编：100040）
印　　刷：艺堂印刷（天津）有限公司
经　　销：各地新华书店
版　　次：2025年6月第1版第1次印刷
开　　本：787×1092　1/16　印张：13.5
字　　数：310千字
书　　号：ISBN 978-7-5184-5494-5　定价：68.00元
邮购电话：010-85119873
发行电话：010-85119832　010-85119912
网　　址：http://www.chlip.com.cn
Email：club@chlip.com.cn
版权所有　侵权必究
如发现图书残缺请与我社邮购联系调换
240424J4X101ZBW

《宴会定制服务师》教材编审委员会

主任委员单位： 世界中餐业联合会
副主任委员单位： 中国轻工业出版社
成　员　单　位： 重庆旅游职业学院酒店管理学院
　　　　　　　　　昆明学院旅游学院
　　　　　　　　　秦皇岛职业技术学院旅游与康养系
　　　　　　　　　四川旅游学院烹饪与食品科学工程学院
　　　　　　　　　北京联合大学旅游学院
　　　　　　　　　扬州大学旅游烹饪学院
　　　　　　　　　普洱学院经济管理学院
　　　　　　　　　江苏旅游职业学院烹饪科技学院
　　　　　　　　　昆山登云科技职业学院现代服务学院
　　　　　　　　　陕西旅游烹饪职业学院航空旅游管理学院
　　　　　　　　　天津职业大学旅游管理学院
　　　　　　　　　成都银杏酒店管理学院现代酒店管理学院
　　　　　　　　　北京友谊宾馆
　　　　　　　　　北京民族饭店
　　　　　　　　　浙江西子宾馆
　　　　　　　　　白天鹅宾馆有限公司
　　　　　　　　　常州晋陵中吴酒店管理有限公司
　　　　　　　　　中国全聚德（集团）股份有限公司
　　　　　　　　　北京凯瑞御仙都餐饮投资控股集团
　　　　　　　　　山东知味斋餐饮娱乐有限公司
　　　　　　　　　北京鲁采餐饮管理有限公司

《宴会定制服务师》教材编写人员

主　编：周凌洁　周爱东
参　编：许　磊　谢　强　王　钰　杨　遥　陈　涵　胡　铁
　　　　刘蕾蕾　张千牵　张超旋　高　帅　唐　旭　王朝辉
主　审：邢　颖

序 言

当今时代，经济的蓬勃发展与社会的不断进步推动着就业格局的深刻变革。中共中央在实施就业优先战略中明确提出，要积极挖掘和培育新的职业序列，及时发布新职业，为新经济、新业态的持续发展注入强大动力。这一战略部署为职业发展开辟了新的道路，也为从业者带来了前所未有的机遇。

人力资源和社会保障部颁布的《中华人民共和国职业分类大典》（2022版），正式确立"宴会定制服务师"为新职业。这一举措标志着宴会服务行业迈入了专业化、规范化的新阶段。我们深刻感受到，新经济催生新职业，新职业衍生新岗位，新岗位激活新动力。这不仅是经济发展的必然趋势，更是社会进步的重要体现。

当今社会，宴会的意义早已超越了简单的聚餐聚会，它已融合了文化、艺术、社交等多重元素，成为一种综合性活动。随着人们对生活品质的追求不断提升，宴会的形式和内容也日益丰富多样。作为宴会定制服务师，不仅需要具备专业的服务技能，更要有敏锐的洞察力、创新的思维和灵活的沟通能力，以满足顾客日益多元化和个性化的需求。这不仅是对从业者的要求，更是对整个行业发展的推动。

正是基于这样的背景和需求，《宴会定制服务师》教材应运而生。本教材的编写旨在为从事或即将从事宴会定制服务的专业人士提供系统、全面的学习指南。本教材从宴会的基础理论入手，逐步深入到实际操作中的各个环节，涵盖了宴会设计、客户沟通、预算管理、场地布置、餐饮搭配、礼仪规范等多个方面。通过理论与实践相结合的方式，帮助读者掌握宴会定制的核心技能，提升服务质量和顾客满意度。

本教材的编写团队由来自12所高等院校的资深教师组成，他们在宴会服务领域积累了丰富的经验，不仅具备扎实的理论基础，更有多年的实践经验。教材中不仅包含了实用的操作技巧，还特别强调了服务中的细节处理和个性化定制的重要性。我们相信，通过这本教材，读者一定能够获得切实可行的指导，从而在宴会定制服务领域脱颖而出。

最后，我们衷心感谢所有为本教材编写和出版付出辛勤努力的各位作者。感谢出版社领导的高度重视，以及各位编辑老师的辛勤工作。感谢本教材编审委员会各院校和企业给予的大力支持。我们期待这本教材能够为宴会定制服务行业的发展贡献一份力量，为从业者提供坚实的理论支持和实践指导。

世界中餐业联合会会长
2025年3月10日

目 录

第一章　宴会发展简史 …………………………………………… 001
第一节　宴会的起源 ……………………………………………001
第二节　宴会成型期 ……………………………………………003
第三节　宴会制度的重构 ………………………………………008
第四节　宴会的市场化时期 ……………………………………013
第五节　现代宴会的变革与发展 ………………………………020

第二章　宴会概述 …………………………………………………… 024
第一节　宴会的概念与特点 ……………………………………024
第二节　宴会的类型 ……………………………………………027
第三节　宴会在餐饮经营中的作用 ……………………………036

第三章　宴会主题设计 ……………………………………………… 038
第一节　主题设定 ………………………………………………038
第二节　主题宴会名称的出处 …………………………………043
第三节　成功的宴会主题设计 …………………………………048

第四章　宴会菜单设计 ……………………………………………… 051
第一节　宴会菜单设计的方法 …………………………………051
第二节　宴会菜品设计 …………………………………………056
第三节　不同类型宴会菜单设计实例 …………………………059
第四节　宴会菜品与饮品的搭配设计 …………………………063

第五章　宴会氛围设计 ……………………………………………… 068
第一节　宴会场景设计 …………………………………………068
第二节　宴会气氛设计 …………………………………………071

第六章　宴会实物设计　076
第一节　餐桌桌景设计　076
第二节　餐桌与器皿设计　083

第七章　宴会服务　096
第一节　服务对象分析　096
第二节　差异化的定制服务　098
第三节　宴会服务程序　101
第四节　宴会服务礼仪　106

第八章　宴会分类设计实务　110
第一节　国宴设计　110
第二节　家宴设计　113
第三节　商务宴设计　117
第四节　冷餐会设计　121
第五节　鸡尾酒会设计　127
第六节　宴会设计实例　131

第九章　宴会营销　141
第一节　营销策略　141
第二节　融媒体营销方式　151

第十章　宴会预算管理与效果评估　156
第一节　宴会预算管理　157
第二节　宴会效果评估　164

第十一章　宴会定制服务师的素养 · 166
第一节　职业道德的锤炼 · 167
第二节　艺术素养的修炼 · 170
第三节　文学素养的养成 · 171
第四节　音声形体的训练 · 172

第十二章　宴会定制服务师的技能训练 · 177
第一节　摆台技能的训练 · 177
第二节　调酒技能的训练 · 181
第三节　茶艺技能的训练 · 188
第四节　插花技能的训练 · 194

第十三章　中国服务：餐饮发展新战略 · 200
第一节　"中国服务"的内涵 · 200
第二节　"中国服务"的发展趋势 · 202

参考文献 · 206

后记 · 208

第一章 宴会发展简史

自人类文明出现以来,无论哪一种文明都留下了丰富的关于饮食的历史记忆,不同区域的人类祖先在漫长的进化和历史演变中,留存了丰富的饮食文化财富,这笔财富也成为我们每天能遍尝珍馐美味的基础。宴会是饮食文化表现的一种综合、高级的形式,认识宴会的发展脉络有助于我们更好地理解宴会背后的历史逻辑和礼仪基础,更好地为客人做出定制服务,提高服务质量。

第一节 宴会的起源

一、原始社会的聚食

在漫长的人类进化史中,饮食一直伴随着人类文明的进步,食材逐渐丰富,烹调技艺逐渐成熟,器具也越发多样。宴会,作为饮食文化的高级表现形式,也在人类饮食进步的过程中逐渐形成规模并在世界各地具备了地域性、文化性。

原始人类聚在一起用餐时不一定需要用火,但用火来熟食的聚食场景比较容易被考古学者确认为是一场宴会。中国的考古发现对先民们用火的时间大概有四种看法:一是认为180万年前生活在今天山西芮城县西侯度村一带的古人类已经开始用火;二是认为生活在170万年前的云南元谋人可能开始用火;三是认为距今约70万年到115万年的陕西蓝田人已经学会用火;四是认为50万年前的北京周口店人已经能管理火种、用火熟食。其中,第四种说法接受的人比较多。虽然50万年前的古人类已经掌握用火,但当时的火还是自然火,来自雷电或植物的自燃,所以当时的宴会场景也是无法考证的。当人类掌握人工取火方法之后,其居住地可以相对安全,获取食物和加工食物的方法也随之变多,原始的宴会逐渐出现。

英国学者马丁·琼斯认为3万年前摩拉维亚遗址上的先民们可能已经围绕在火塘边上用餐了,而这个火塘位于用猛犸象骨骼搭建的房子里,显然这就有了我们可以想象的分享食物的快乐场景。在埃及南部的库巴尼耶，考古人员发现了大约18000年前的炭化大麦粒；而在西亚，考古人员发现了8000年前的大麦粒。距今约1万年前，在中国的长江中下游地区，野生水稻被驯化，湖南出土了8000年前的稻谷遗存，7000年前的浙江余姚河姆渡遗址更是出土了大量稻谷，属于中国人的主粮正式登上宴会的餐桌。除稻之外，在1万年到4000年之前，中国这片土地上先后出现的主粮有粟、黍、稷、麦、菽等。中原及南方以农耕文明为主导的宴会特点也基本确立。

宴有快乐、安乐、娱乐的意思，也写作讌、醼、燕。《易经·需》："君子以饮食宴乐。"在古代食物严重匮乏的情况下，有饮食才安心。在原始社会，人们聚在一起吃饭，少不了要唱歌跳舞，所以对各个阶层来说，饮食无疑都是快乐的事。宴会既用来娱人，也用来娱神，多人在一起按一定的仪式程序饮食聚会，就产生了人类社会最初的宴会。因此，"夫礼之初，始诸饮食"，这里的饮食指的就是宴会。

当人类进入新石器时期，部落与氏族公社迅速发展，相应的宴会也越来越多、越来越成熟，主要有共食、祭祀、会议与庆典四种类型。共食就是一个家族的人聚在一起用餐，没有明显主题；祭祀的宴会发生在祭祀活动之后，用来奉神的食物大部分会被参祭的人分享掉；会议是部落内部或部落之间的聚会，人们在宴会上讨论外交的事务；庆典或与神有关，或与部落的重大事件有关，人们因此聚会用餐。

二、炊具、饮食器与宴会的雏形

炊具、饮食器是宴会形式的基础。新石器时期的炊具、饮食器已经相当成熟完备了，有甗、釜、鼎、灶、甑、罐、壶、杯、盆、碗、簋、豆、鬲、骨叉、匕、箸等。

齐家文化彩陶罐（图1-1），高11.7厘米，口径7.6厘米，底径5.2厘米。齐家文化是黄河上游地区新石器时代晚期至青铜时代早期的文化，时间跨度约为公元前2000年至公元前1600年，主要分布在甘肃、青海境内的黄河及其支流沿岸阶地上。

图1-1　齐家文化彩陶罐

薄胎黑陶高柄杯（图1-2）高18.5厘米，口径14.5厘米，足径6.3厘米。此高柄杯是薄胎黑陶中仅有的一种器形，因此也最具代表性。此杯壁厚度均匀，薄如蛋壳，最薄处为0.2~0.3毫米，但其质地却极为细腻坚硬，被世界各国考古界誉为"四千年前地球文明最精致之制作"。

仰韶文化彩陶盆（图1-3）高22.6厘米，口径38.2厘米，专家推测这是一件盛水器。

簋（图1-4）是由细泥红陶制成，敛口，腹壁平直，腹底部内折并出棱，喇叭形高圈足，圈足中部有三个等距离的圆孔，腹壁外施白色陶衣，用黑彩绘出三层纹饰。上层为连续的编索纹，中间为间隔的树叶纹，下层为斜线纹。后代的簋主要在圈

图1-2　薄胎黑陶高柄杯

图1-3 仰韶文化彩陶盆

图1-4 新石器时期 陶簋

图1-5 新石器时期 猪形罐

足部位有较多的改动。

出土于江苏高邮龙虬庄遗址的猪形罐（图1-5），这是一件用来煮食物的器皿，用法类似今天的砂锅。猪的形象揭示了南方农耕文明以猪肉为主要肉食的宴会雏形。

大汶口文化遗址出土的骨匕（图1-6），是一件取食器具。虽然到秦汉时期，中国人还经常直接用手取食，但它的出现说明人们逐渐改变用手取食的进食方式，宴会上的用餐行为逐渐变得文雅，尽管这个过程比较漫长。

图1-6 新石器时期 骨匕

上面所列的炊具、饮食器，有的装饰精美、色彩艳丽；有的造型工艺精巧规整，这些炊具、饮食器在生产水平低下的原始社会显然不可能成为大多数人的日常用具，所以它们主要用于各种祭祀场景，或者用于招待贵客，这些活动当然都伴随着宴会的进行。这些精美食器开启了中国文化器以藏礼的传统，炊具、饮食器成为礼器的重要组成部分，而礼仪程序也成为宴会的重要内容。

第二节 宴会成型期

从夏朝开始，中国历史逐渐从传说走进现实，到商周时期，我们已经可以通过较为确实的文献资料来考察当时的宴会情况。尤其是周朝，礼仪详备，宴会体系完整，是后来中国宴会发展演变的基础。从夏朝到周朝，社会等级制度越来越严格，这一点也反映在宴会制度中，成为这一时期宴会制度的重要特点。

一、饮食系统形成

农业在夏朝已经占有一定的经济地位，虽然当时的农业生产规模和产量都还比较低。商朝时，手工业与农业初步分工，商业也已萌芽。到周朝时，农业、商业、手工业都有了较大发展，食材丰富。《黄帝内经》提出"五谷为养，五果为助，五畜为益，五菜为充"的饮食养生体系，某种程度上也可以认为是中国饮食系统的形成。

养助益充只是大多数平民、贵族的饮食系统，而对于周天子与诸侯来说，这一系统里的食物远不止这么多。《吕氏春秋·本味》中写伊尹以至味说汤，列举了大量珍馐："肉之美者：猩猩之唇，獾獾之炙，隽觾之翠，述荡之掔，旄象之约。流沙之西，丹山之南，有凤之丸，沃民所食。鱼之美者：洞庭之鱄，东海之鲕，醴水之鱼，名曰朱鳖，六足、有珠、百碧。藿水之鱼，名曰鳐，其状若鲤而有翼，常从西海夜飞，游于东海。菜之美者：昆仑之蘋，寿木之华，指姑之东，中容之国，有赤木、玄木之叶焉；余瞀之南，南极之崖，有菜，其名曰嘉树，其色若碧。阳华之芸，云梦之芹，具区之菁，浸渊之草，名曰土英。和之美者：阳朴之姜，招摇之桂，越骆之菌，鳣鲔之醢；大夏之盐，宰揭之露，其色如玉，长泽之卵。饭之美者：玄山之禾，不周之粟，阳山之穄，南海之秬。水之美者：三危之露，昆仑之井，沮江之丘，名曰摇水。日山之水，高泉之山，其上有涌泉焉，冀州之原。果之美者：沙棠之实；常山之北，投渊之上，有百果焉，群帝所食；箕山之东，青鸟之所，有甘栌焉；江浦之橘，云梦之柚，汉上石耳。"这段话当然是作者的夸饰之辞，不是商汤伊尹时期的真实情况，这些食物也不可能同时出现在一个宴会上，但可以由此看出战国时期，以秦国为代表的这些诸侯国，其宴会食物的丰富程度。

事实上，当时的谷物已经有大米、小米、小麦、大麦、黄米、黄豆、黑豆、高粱、秬（黑黍）等；蔬菜已经有了藿、葵、葱、韭菜、芹菜、莼菜、蔓菁、萝卜、荠菜、薇菜等；食用的肉类包括猪、牛、羊、狗、鹿、麋、熊、兔、野猪、豺、鸡、鸭、雁、鹑、雀、鲤、鲂、鲻、鲔、鲦、鳇等；调味品也非常丰富，有盐、醯、酱、醢、梅、饴、蜜、柘浆、豆豉以及各种动植物油脂等。

二、饮食器系统完备

（一）甗

甗是由鬲和甑组合而成蒸锅，上部为甑，放置食材，下部为鬲，用来煮开水。商代著名的妇好三联甗（图1-7），通高68厘米、长103.7厘米、宽27厘米，甑高26.2厘米、口径33厘米、底径15厘米、重138.2千克。该甗由并列的三个大圆甑和一长方形承甑器组成。甑为圆形敞口，敛腹，腹两侧有牛首半圆形耳。腹底内凹，有三扇形孔。此甗分为上下两部分，上部为甑，用以盛物，下部为鬲，用以盛水，中间有箅以通蒸汽。此器出土时案面有丝织物残痕，腹、足有烟炱痕迹，可见为实用器。这样的甗可以同时蒸煮几种食物，为后代的一灶数眼炊具的制造打下了基础。

（二）鼎、鬲、镬

鼎的大小与造型变化比较大，作为祭器和作为炊具的鼎一般比较大，下面可以生火；而放在食案上的鼎则要小得多，鼎足之间不需要生火。先秦贵族列鼎而食，既有炊具的鼎也有食案上所放的鼎。图1-8的方鼎通高23厘米，口长18.3厘米，宽14.5厘米。除去腿与耳，其大小与今天的餐具尺寸差不多。

鬲三足中空，饮食中的用途与鼎相似，后人常常鼎鬲互义。春秋战国时期，鬲逐渐衰

图1-7　妇好三联甗

图1-8　西周早期蚕纹方鼎

图1-9　西周晚期太师小子簋

落,被其他器具代替。

镬是无足之鼎,圆形,类似后代的大锅。

(三) 簋

商周时期簋器型结构与新石器时期的基本相似。在使用时,簋与鼎配,簋是双数,天子"九鼎八簋"。簋一般是圆口双耳,无足,通常是用来盛饭食。后世簋与鼎一样,成为餐具的代称,用途也不限于盛饭食。鼎衰落以后,簋是餐桌上常见的盛大菜的餐具。太师小子簋是一件有盖无座的簋(图1-9),通高25厘米,最大腹径16厘米,足径13厘米。簋的容量与今天的汤碗、汤盆相近。

(四) 盘

盘有两大类,一类是用作炊餐具的,如1978年湖北随州曾侯乙墓出土了一只青铜炉盘(图1-10),通高21.2厘米,上层为盘,口径39.2厘米,上盘足高9.6厘米;下层为放木炭的炉,口径38.2厘米,下盘足高7.5厘米,链长20厘米,重8.4千克。出土时,盘内还有鲫鱼骨,专家推测其为煎烤食物的器具。还有一类原来是用作盥洗具的,但后来也被人拿来作炊餐具。兮甲盘(图1-11)在南宋末年因战乱流落民间,大书法家、鉴藏家鲜于枢在僚属李顺父家发现此盘时,已被其家人折断盘足,作炊饼用具。因盘内有铭文,作出的炊饼也

图1-10　曾侯乙青铜炉盘

图1-11　兮甲盘

应当是有铭文的，可算是史上最有文化的炊饼了。

其他饮食器还有豆、鬲、甗、壶、盉、尊、爵、觚、觯、斝、罍、卣、彝、觥、罍、勺、匕等。青铜器构成了当时贵族阶层的餐具系统，而平民们则有陶器、木器的餐具系统，这些餐具是宴会形式完备的基础。

三、宴会等级制度形成

宴会等级制度是礼制的重要内容，从原始的氏族公社开始萌芽，到周朝已经大成。周朝的宴会制度是先秦时期最为详细的，在《周礼》《仪礼》《礼记》中有比较详细的记载。虽然"三礼"的很多内容经现代学者推测有可能是汉代儒者的作品，但他们还是研究周代饮食制度较为可靠的资料。

（一）政治地位与食物数量的对应关系

西周时期，贵族饮食、祭祀列鼎而食；春秋时期，列鼎制度基本定形。《周礼》记载：天子九鼎、八簋、二十六豆；诸侯七鼎、六簋、十二至十六豆；大夫五鼎、四簋、六至八豆；士三鼎、二簋。《盐铁论·散不足篇》则记载普通人的宴饮规则是："其后，乡人饮酒，老者重豆，少者立食，一酱一肉，旅饮而已。及其后，宾婚相召，则豆羹白饭，綦脍熟肉。"

（二）食物的种类与等级的对应关系

《礼记·王制第五》记载："诸侯无故不杀牛，大夫无故不杀羊，士无故不杀犬、豕，庶人无故不食珍。"牛、羊、犬、豕与珍贵食物只有在祭祀以及重要的接待、会盟等场合才会用。所以才无故不杀，无故不用。《诗经·大雅·韩奕》描写显父为韩侯饯行的宴会"韩侯出祖，出宿于屠。显父饯之，清酒百壶。其殽维何？炰鳖鲜鱼。其蔌维何？维笋及蒲。其赠维何？乘马路车。笾豆有且。侯氏燕胥。"其中有清酒百壶，还送马送车，但菜品中却没有牛、羊、犬、豕等食材，正符合"无故不杀"的规定。

（三）年龄与食物数量的对应关系

中国是个农业社会，年长者的经验在族群中是宝贵的财富，因此尊老是人际关系中非常重要的内容。相应地，年长者在饮食的分配方面也就享有优先权。

（四）等级与餐具材质之间的关系

青铜器是礼器，也是贵族的专用食器，平民只能用土陶食器、木质食器。宗族祭祀方面，参照等级制的饮食，其实也是饮食伦理在祭祀中的反映。

（五）宴会娱乐与政治身份的对应关系

孔子说："八佾舞于庭，是可忍也，孰不可忍也。"佾是舞列，礼法规定，天子乐舞有八佾，诸侯六佾，大夫四佾，士二佾。宴会上唱的歌词也有分别，如《诗经·大雅》是王室大典宴会歌词，《诗经·小雅》是诸侯府庭宴会歌词，《诗经·国民》则是非正式宴会和民间宴会上可以唱的歌词。

（六）座次与身份的对应关系

司马迁在《史记》中对鸿门宴的场景有清楚地描写："项王、项伯东向坐，亚父南向坐。亚父者，范增也。沛公北向坐，张良西向侍。"由此可看出其时宴会座次的一种情况。

四、餐桌食物摆放与餐桌礼仪形成规范

《礼记·曲礼上》记载："凡进食之礼，左殽，右胾，食居人之左，羹居人之右。脍炙处外，醯酱处内，葱渫处末，酒、浆处右。以脯、脩置者，左朐右末。"这是一段针对宴会上菜品摆放位置的记载，意思是带骨肉要放在净肉左边，饭食放在用餐者左方，肉羹则放在右方；脍炙等肉食放在稍外处，醯酱调味品则放在靠近面前的位置；酒浆要放在右边，葱末之类可放远一点；如有肉脯之类，还要注意摆放的方向，左右不能颠倒。这些规定都是从宴会上用餐实际出发的，并不是虚礼，主要还是为了取食方便，许多的规定已经延续至今。而"侍饮于长者，酒进则起，拜受于尊所。长者辞，少者反席而饮。长者举未釂，少者不敢饮。长者赐，少者、贱者不敢辞。"则反映了先秦时期宴会类型与形式有多种，礼仪也有不同。以下是国君以礼食小聘大夫的宴会形式，属于嘉礼。

（1）三请三辞　宾介邀请大夫三次，大夫辞让三次。

（2）设筵　牲肉煮熟时，甸人陈放七鼎。在旁边对着门的方向还要安放用来覆鼎的扃鼏；在东边堂下设棜匜供客人盥洗；宰夫设筵，在筵上加席与几。酒、浆饮品和宰夫的工具都放在东边的房间，东房是宴会准备食物的地方。

（3）上菜　士将鼎抬上，去掉鼎的扃鼏，雍人将俎放在鼎的南面，旅人则在鼎里放上匕。然后主宾依次净手入席。鱼、腊熟，皮朝上端上来。鱼有七条，肚皮朝南放在俎上。此外还有肠、胃、伦肤等食物，也是七份，横着放在俎上。然后宰夫上醯酱等调味品。再上六个豆，放在酱的东边，最西边放的是韭菹，向东是醓醢、昌本；昌本南边是麋臡，然后向西是菁菹、鹿臡。士将俎放在豆的南边，由西向东依次是牛、羊、豕，鱼在牛南边，然后依次是腊、肠胃，肤单独放在俎的东边。旅人与甸人将匕与鼎撤下。宰夫将盛装了黍、稷的六簋放在于俎的西边，两个并排，以东北为上。黍对着牛俎，西边是稷，交错排列放在南边。大羹盛在镫里，由小宰递给公，公将其放置于酱的西边。宰夫将四铏放在豆的西面，东边放牛藿，西边放羊苦，羊南是猪薇，猪东是牛羹。觯里装着清酒，由宰夫进上，放在豆的东边。至此，宴会的正菜准备完毕。此外还有其他菜品如"腒、臐、膮、牛炙、牛胾、醢、牛鲊、羊炙、羊胾、豕炙、豕胾、芥酱、鱼脍"等。此外，第二天还有拜食："上大夫八豆，八簋，六铏，九俎，鱼、腊皆二俎；鱼、肠胃，伦肤，若九，若十有一。下大夫则若七，若九。庶羞，西东毋过四列。上大夫，庶羞二十，加于下大夫，以雉、兔、鹑、鴽。"

《礼记》是汉代儒家的作品,但内容却大多是战国时期的先辈们传下来的,虽有汉代杜撰借鉴的成分,但战国至西汉初期的大致情况相同。虽不一定被所有地区的宴会共同遵守,但对于宴会仪式感的要求应当是共同的。

第三节　宴会制度的重构

当社会制度没有发生根本性改变时,宴会制度重构的原因主要有两点,其一是生产力发展与旧的生产关系的不可调和的矛盾;其二是民族迁徙带来的宴会文化的融合。先秦至明清,宴会制度的重大改革主要有两次,第一次是在西汉;第二次是在隋唐。这两个时期之后,中国古代的宴会制度没有再发生重大的改变。

一、汉代宴会制度的重建

汉朝建立之初,朝堂上制度未立,叔孙通带着他的弟子们参照秦国的制度进行一定程度的删减,使新王朝的那些将军们很快掌握了与其身份相适应的仪礼,其中当然也包括宴会制度。礼仪是宴会制度的重要组成部分。汉高祖七年(公元前200年),长乐宫建成,汉高祖刘邦按新设计排练好的礼仪大宴群臣,"自诸侯王以下莫不振恐肃敬。至礼毕,复置法酒。诸侍坐殿上皆伏抑首,以尊卑次起上寿。觞九行,谒者言'罢酒'。御史执法举不如仪者辄引去。竟朝置酒,无敢谨哗失礼者。于是高帝曰:'吾乃今日知为皇帝之贵也。'"这是汉代宴会礼仪第一次正式亮相,之后经儒家的努力代代完善。

对于这样的制度重建,社会各界是持宽容与接受态度的。《盐铁论·散不足篇》中记载了普通人宴会饮食的变化:"古者……今民间酒食,殽旅重叠,燔炙满案。臑鳖脍腥,尘卵鹑鷃橙拘,鲐鳢醢醯,众物杂味;古者……今宾昏酒食,接连相因,析酲什半,弃世相随,虑无乏日;古者……今闾巷县佰,阡伯屠沽,无故烹杀,相聚野外,负粟而往,挈肉而归。夫一豕之肉,得中年之收,十五斗粟,当丁男半月之食;古者……今富者祈名岳,望山川,椎牛击鼓,戏倡舞像。中者南居当路,水上云台,屠羊杀狗,鼓瑟吹笙。贫者鸡豕五芳,卫保散腊,倾盖社场。"通过古今对比,我们可以看出在经济发达背景下的饮食等级制所受的冲击,当时民间宴会的规格已经超过了春秋时期贵族的标准。

先秦时期,宴会等级制产生的背景是社会生产力总体低下,食物匮乏。到了汉代,社会相对安定,生产力迅速发展。食物丰富,饮食的消费水平必然上升,百业兴盛,产生了很多巨富,尤其是商贾,他们的饮食消费水平更高,因而先秦的宴会等级制度在汉代就实行不下去了。

二、民族融合对宴会形式的影响

西汉武帝征匈奴、通西域,加强了民族文化交流与融合,很多游牧民族内迁,黄瓜、大蒜、胡荽、苜蓿等食材也陆续传入中原。南北朝至隋唐时期,是中国历史上一个民族大融合的时期。西晋灭亡后,中国北方经历战乱,整个北方地区胡汉融处,其他民族的饮食文化与汉族的饮食文化也在这一时期得到了广泛的交流与融合。

南北朝至隋唐,胡人桌凳椅及盘案等传入中原并在贵族宴会中逐渐流行。《晋书·五行志》记载西晋"泰始之后,中国相尚用胡床、貊盘,及为羌煮、貊炙,贵人富室,必畜其器,吉享嘉会,皆以为先。"从先秦到两汉,汉人都是席地跪坐。胡床胡椅流行后,汉人逐渐改成垂足坐。胡风进入中原王朝的区域,也进一步影响了饮食制度,南北朝及隋唐时期的饮食整体上呈现豪奢的风格。

从唐代韦氏家族墓的壁画(图1-12)中,可以看到当时的宴会正处于向垂足座的转变过程中。到晚唐五代时期,这种转变彻底完成。《韩熙载夜宴图》(图1-13)中宴会场景就已经是标准的垂足座了,当然画中的韩熙载与穿红衣的贵宾郎粲还是盘腿坐在罗汉床上。画中的食案与坐具也已经非常精美。宾客所坐的椅子已经可以见到后来宋、明代家具的雏形,椅面垫了软垫,靠背上还套了椅套。

图1-12 陕西南里王村唐墓壁画

图1-13 《韩熙载夜宴图》饮宴场景

三、汉唐宴会的食器

（一）传统食器的变化

汉代的陶器与青铜器餐具虽继续被使用，但青铜器的象征意义被弱化了。《盐铁论·散不足篇》记载当时的餐具："今富者银口黄耳，金罍玉钟；中者野玉纻器，金错蜀杯，夫一文杯得铜杯十，贾贱而用不殊。"金罍玉钟在先秦时期不是平民的食器，现在只要是富者就可以用，可见先秦时期，周朝的宴会等级制度进一步被破坏。纻器指的是漆器，马王堆汉墓出土了大量的漆器餐具，其造型基本类似青铜器但比之较小。汉代青铜器也变小了，可以放在桌上，不适合被当成烹饪器具使用。这样一来青铜器礼器的性质就减弱了。

案是宴会食物摆放的平台，在不同等级、不同场合，案的大小是有区别的。东汉梁鸿的妻子孟光为表示对丈夫的尊重，每天端上餐食时举案齐眉，可见这个案不会很重、很大。北京大葆台汉墓出土了一件鎏金漆案，长约2米，宽约1米，推测是大型宴会所用。马王堆汉墓出土的漆器食具有鼎、盒、壶、卮、耳杯、盘、筯等，是可以放在大食案上的。图1-14是马王堆汉墓出土的汉代漆食案、漆盘与漆杯。

（二）外来食器的应用

外来的餐具在汉唐的宴会中开始流行，如貊盘，它本是东北貊族人的餐具，于汉代传入中原，是上菜用的餐盘，类似于今天的托盘。在西晋的宴会上，使用貊盘被认为是一件荣耀的事；琉璃器是由西亚传来，在西晋时成为权贵宴会上常用的器皿，法门寺地宫曾出土了唐代的琉璃茶盏托子；金叵罗是南北朝至唐代出现频率较高的酒具，其名字来自西域，是当时的一种饮酒器，经常与西域的酒或食物一同出现，如李白诗："蒲萄酒，金叵罗，吴姬十五细马驮"；金餐具是唐代外来餐具中较为特别的一类，陕西何家村地窖出土的大量唐代金器，有餐具也有酒具，上面的花纹揭示了其多来自西域地区，让我们见到唐代酒具的风采（图1-15）。

图1-14　汉代漆食案、漆盘与漆杯

图1-15　何家村地窖唐代金杯

四、宴会的排场

（一）汉代宴会的场景

汉代贵族宫廷宴会是极其奢华的，这一点在汉赋中表现得淋漓尽致。枚乘《七发》中，吴客说楚太子："犓牛之腴，菜以笋蒲。肥狗之和，冒以山肤。楚苗之食，安胡之饭，抟之不解，一啜而散。于是使伊尹煎熬，易牙调和。熊蹯之臑，芍药之酱。薄耆之炙，鲜鲤之鲙。秋黄之苏，白露之茹。兰英之酒，酌以涤口。山梁之餐，豢豹之胎。小饭大歠，如汤沃雪。此亦天下之至美也，太子能强起尝之乎？"这段话里有主食"楚苗之食，安胡之飧"；有菜品"犓牛之腴，菜以笋蒲。肥狗之和，冒以山肤""熊蹯之臑""薄耆之炙，鲜鲤之鲙""山梁之餐，豢豹之胎"；有调味"芍药之酱""秋黄之苏，白露之茹"；有酒水"兰英之酒"；有厨师"伊尹煎熬，易牙调和"，完全就是对一场宴会食物的描述。虽然是文学作品，但《七发》的这段描写并无龙肝凤髓之类的想象出来的食物，而都是实际在贵族的餐桌上出现的食物。《七发》影响了后来的文学家们，他们在作品中不厌其烦地描写宫廷、贵族宴会的奢华富丽，如班固的《东都赋》与曹植的《七启》等。汉代的儒家对宴会的上菜流程也进行了规范，如在大飨宴上，用玄尊薄酒，俎上放鱼腥，先上不调味的大羹，然后才是各种菜品，主食先黍稷后稻粱，以示对饮食之本的尊崇。

（二）汉唐宴会的乐舞

相比饮食的排场而言，游牧民族带来的西域文化使得中原地区宴会风气更加豪放。在正式的礼仪制度上，汉唐宴会还是遵循周礼以来的制度，而在宴会乐舞方面则对游牧民族的乐舞有比较多的借鉴，甚至是直接拿来运用。岑参在《酒泉太守席上醉后作》中写道："酒泉太守能剑舞，高堂置酒夜击鼓。胡笳一曲断人肠，座上相看泪如雨。琵琶长笛曲相和，羌儿胡雏齐唱歌。"诗中提到有剑舞、击鼓、胡笳、琵琶、胡歌。

作为军中宴会，有剑舞是很正常的。鸿门宴时就有项庄舞剑，后来的《三国演义》中，作者还安排了群英会上周瑜舞剑的情节。但在唐朝，这样的剑舞似乎发展成一种专门的表演——"剑器舞"。"剑器舞"相传自西域传入，本是军中乐舞，其舞以女伎扮雄装空手而舞。公孙大娘的剑器舞被杜甫推崇为"第一"。

鼓乐受西域影响也很大，在汉唐宴会上使用比较多。四川省成都市天回山东汉崖墓出土一件击鼓说唱陶俑，陶俑左臂环抱一扁鼓，右手举槌欲击，张口嬉笑，神态诙谐，动作夸张。东汉末年，祢衡在宴会上裸衣击鼓辱骂曹操，可见鼓也是当时流行的乐器。唐李商隐《龙池》描述道："龙池赐酒敞云屏，羯鼓声高众乐停"，这句诗描写的是唐玄宗的宴会上羯鼓演奏的情景，羯鼓是北方游牧民族的乐器。

胡笳是西汉张骞自西域引入的管乐器，在汉末三国时期的宴会中较为常见。东汉末年蔡文姬被掳入匈奴，创作出著名的《胡笳十八拍》。

琵琶在汉唐时期琵琶已经成为宴会中常用的乐器。《琵琶行》中的琵琶女年轻时就曾在京城教坊为各种宴会演奏，在浔阳江边遇到白居易送客，又为他们演奏了两曲，白居易为此与朋友"添酒回灯重开宴"。

五、汉唐宴会的风味

民族融合给汉唐的宴会带来了异域风情的大型菜品，改变了从先秦时期传下来的典雅礼乐食风。

（一）著名的大型菜品

浑炙犁牛，这是整烤的牦牛，出自岑参的诗《酒泉太守席上醉后作》；浑羊殁忽，这是一种制法与吃法都很奇特的唐代宫廷菜，将粳米与肉填在鹅腹中，再将鹅放在羊腹中，缝好后用火烤，待羊烤熟即可，吃的时候弃羊肉不食而专食鹅肉。殁忽是北方游牧民族语音的汉译，浑羊殁忽的做法无疑是来自西北的，但用米、肉填鹅腹又很像是汉族人的做法；于阗全蒸羊，从菜名就可以看出，这是从新疆于阗传来的用整羊蒸制成的菜肴，在后周广顺年间成为宫廷菜。

（二）异域风情的吃法

异域美食从汉朝开始在关中及中原地区就很流行，具体的有貊炙，汉武帝太始年间开始流行，这是汉代东北地区貊族的整烤猪羊之类的菜，烤熟之后，由食者各自用刀割食；胡炮肉，选用一年左右的肥白羊，将肉与脂肪都切如细叶，加整料豆豉、盐、葱白、生姜、花椒、荜拨、胡椒等一起拌匀，装入洗净的羊肚中并缝好，放入烧红的土坑中炕熟；羌煮，是羌族人的做法，是用鹿头肉配浓猪肉汤一起煮成的羹；热洛河，唐玄宗曾令射生官射鹿，"取血煎肠食之，谓之热洛河"，以此赏赐安禄山与哥舒翰，对早已告别茹毛饮血的汉族人来说，这是一种非常奇特的吃法。

（三）西域的饮品

当时中原饮品出现了一些来自西域的新风味，如酪浆，这是用牛羊奶半发酵制成的一种饮料，类似于酸奶，主要产于中国北方，是游牧民族擅长制作的饮料，到了唐朝，由酪浆进一步加工而得的醍醐被当成顶级的饮品，并产生了"醍醐灌顶"这个成语；葡萄酒，是汉代从西域传入中原，唐代诗人王翰的《凉州词》赋有"葡萄美酒夜光杯"表明了它成为当时非常著名的美酒。

（四）主食新品种

面条是这一时期出现的重要主食之一。西汉时，面条称为馎饦，到东汉时称为汤饼、索饼，到南北朝时称为水引。到隋唐时期，馎饦有十多种形状，其中有一种以生羊肉垫碗底，上面盖馎饦，再浇上五味汁，用花椒与酥来调味，称为"鹘突不托"，从名称到调味都有游牧民族特色。到唐末五代时，陕西甘肃一带还盛行以面条为主的"汤饼盛筵"。

胡饼在汉代传入中原，东汉灵帝喜食胡饼，以至于京师效仿，广为流行。当时胡饼的种类很多，其中有一种大号的类似于烧饼的羊肉胡饼在唐代豪门之间一度流行。《唐语林》记载："时豪家食次，起羊肉一斤，层布于巨胡饼，隔中以椒、豉，润以酥，入炉迫之，后肉半熟，而食之。呼为'古楼子'。"这种胡饼的饼皮与后来的酥饼、烧饼类似，吃的时候夹肉又类似肉夹馍与三明治。

第四节 宴会的市场化时期

宋元明清四朝时期，宴会的等级制被进一步弱化，一方面，宴会完全受市场的影响，普通人家也可以举办仪式完备且体面的宴会；另一方面，皇家贵族的宴会依然保持着程序化的奢华排场。这个时期也是民族文化进一步融合的时期，从宴会的形式到宴会饮食的内容与器皿、乐舞的种类等方方面面，西北游牧民族文化乃至西亚与欧洲地区的文化也都不同程度地融入我国的宴会中。

一、发达的饮食市场与宴会假赁服务

（一）发达的饮食市场

北宋时京城酒楼兴盛，大型酒楼传有七十二家，被称为七十二正店，其余的"脚店"更是数不胜数。当时经常为皇宫提供饮食服务的有"保康门李庆家、东鸡儿巷郭厨、郑皇后宅后宋厨、曹门砖筒李家、寺东骰子李家、黄胖家"等。《东京梦华录》中描述"九桥门街市酒店，彩楼相对，绣旆相招，掩翳天日。"小规模的饮食店铺有卖各种果品的果子行、卖各种点心的包子铺、卖速食菜品的分茶酒店、各种羹点和熟羊肉铺，还有各种夜市店铺等，饮食品种非常丰富。大型酒楼装饰华丽，在门口搭"彩楼"招徕客人。京城著名的丰乐楼有五座楼，高三层，五座楼之间有"飞桥栏槛，明暗相通，珠帘绣额，灯烛晃耀"。丰乐楼开业后生意火爆，因为它西楼的最高层居然可以看见皇宫院内，后来皇家禁止客人在西楼登高眺望，但并未禁止丰乐楼的经营。而由于接待的客人身份地位较高，各个酒楼之间竞争激烈，于是都用豪华的装饰、精美的餐具来吸引客人。如州东仁和店、新门里会仙楼正店，都有一百多个大小包厢，客人进店后，不管客人的身份如何、人数多少，哪怕只有两人对坐饮酒，也要摆上银质餐具。

《马可·波罗游记》记载了元代杭州的市场，各种猎物非常丰富，如小种牝鹿、大赤鹿、黄鹿、野兔和家兔，以及鹧鸪、雉、类雉的鹧鸪、鹌鹑、普通家禽、阉鸡，而鸭和鹅的数量更是多得不可胜数……一年四季，市场上都有种类繁多的香料和水果……每天都有大批的鱼，从离城二十四公里的海边，经过河道运到城中。湖中也产大量的鱼，使专门捕鱼的人，终年都有鱼可捕……靠近湖心的地方，有两个小岛，每一个岛上，都有一座壮丽的建筑物，里面分出许多精室巧舍……城里的居民每逢男婚女嫁或举办豪华饮宴的时候，就来到这个岛上，有时开办婚丧喜庆的筵席，同一时间内多达一百来起。

乔吉的散曲《杜牧之诗酒扬州梦》中的一段唱词则描绘了元代扬州饮食市场的繁盛："平山堂，观音阁。闲花野草；九曲池，小金山，浴鹭眠鸥；马市街，米市街，如龙马聚；天宁寺，咸宁寺，似蚁人稠。茶房内，泛松风，香酥凤髓；酒楼上，歌桂月，檀板莺喉；接前厅，通后阁，马蹄阶砌；近雕阑，穿玉户，龟背毬楼；金盘露，琼花露，酿成佳酝；大官羊，柳蒸羊，馔列珍馐；看官场，惯弹袖，垂肩蹴鞠；喜教坊，善清歌，妙舞俳优。大都来一个个着轻纱，笼异锦；齐臻臻的按春秋；理繁弦，吹急管，闹吵吵的无昏昼。弃万两赤资资黄金买笑，拼百段大设设红锦缠头。"

据《扬州府部汇考》记载，直到明代隆庆、万历年间之初，

图1-16 清代高官府邸中的一场晚宴

"燕会尚简，物薄情真。每大会，二人一席，常会四人，肴五簋、果五六碟、酒数行止。"明代中后期，社会经济发达，京城的宴会之风很盛行。《广志绎》说："然都人不能居积，遂则鲜衣怒马，甲第琼筵……"琼筵，就是高端奢华的宴会。万历年间中后期，宴会日趋豪奢，"珍异罗列，争为豪奢，杯盘狼藉，谨哗无度矣"。与此同时，苏州宴会的奢侈程度则更过，"寻常过从，大小方圆之器，俭者率半百，而《食经》未有闻焉。"清代中后期，官府的宴会极尽奢侈之能事，其中以河道官员的宴会最为突出。图1-16是十九世纪画家T.阿洛姆与雕刻家G.帕特森的铜版画作品，为我们展示了清代官场宴会的场景。

清代的扬州有专门的水产市场，不仅有淡水鱼虾，也多各种海味："坝上皆鱼市。郡城居江、淮之间，南则三江营出鲥鱼，瓜洲深港出鳖刀鱼；北则艾陵、氾社、邵伯诸湖，产鱼尤众。由官河乘风而下，城肆贩户，于此交易……行有二，曰咸货，曰腌切。地居海滨，盐多人少，以盐渍鱼，纳于椇室，糗干成薨，载入郡城，谓之腌腊……业南货者多镇江人，京师称为南酒。所贩皆大江以南之产，又署其肆曰海味。"

清代的餐饮业相当发达，北京著名的餐馆有八大楼（东兴楼、泰丰楼、致美楼、鸿兴楼、正阳楼、新丰楼、庆云楼、春华楼），另外还有八大堂、八大居等；上海有著名的老半斋、九华楼、大吉春、半仙居等；扬州著名的餐馆有惜余春、可可居、申申如、知己食、冶春社、七贤居、醉白园、妙远堂、丰乐园等，然而扬州最著名的饮宴之地是湖上的画舫，这些画舫也出现在苏州、南京的水面上，最远则沿水路南下至广州，并且为这些地方带去了吃早茶的习俗。

（二）宴会假赁服务

饮食业发达，与之相应的是饮食市场分工细化，出现了分工合作的四司六局。初时是官府富贵人家仆佣的宴会分工，这样在安排宴会时可以做到事无巨细、井井有条，后来在都城的市场上也出现了这样的行业分工，从事宴会假赁服务，普通人家办酒席、开宴会就可以出钱请他们来安排。

四司指帐设司、厨司、茶酒司、台盘司。帐设司负责布置环境，如在用餐空间上面搭遮灰的仰尘、沿墙有遮挡的缴壁、餐桌罩上的桌帏、迎客处有遮阳的席棚、门窗处的帘幕、门口处及主人位后面的屏风、门楣及匾额上有彩带制成的绣额，另外还有书画、簇子之类；厨司负责各种食材的初加工、切配、烹调、准备食物与调味品等，正餐之前用于观赏的看席也由他们负责；茶酒司在官府也叫宾客司，负责宾客的茶水、汤饮，温酒，安排客人的座位，迎来送往通名报姓，普通人家宴会的流程仪式、上菜，甚至包括邀请宾客，安排婚姻礼仪等；台盘司负责宴会上用的各种托盘、食盒以及各种餐具。

六局指果子局、蜜煎局、菜蔬局、油烛局、香药局、排办局。果子局负责装备各种时新果品、海腊肥脯、下酒果品等，并将它们高高地码放在盘中；蜜煎局负责安排各种蜜煎，并将这些蜜煎在盘中码放成各种造型；菜蔬局负责将菜蔬在盘中摆成可供观赏的造型，而这些也都是在宴会中可供食用的；油烛局负责宴会场所的照明，准备蜡烛、立式灯台、手把灯台、豆灯、灯笼以及炭火等；香药局负责宴会上所用的各种香料、香炉、香垒、香球等等，并随时听候宴会主人的要求来更换香品，宴会后还要为客人准备醒酒的汤药香饼；排办局负责安排宴会现场的桌椅、交椅、桌凳、书桌，以及洒扫、打渲、拭抹、供过等清洁工作。除此以外，宴会现场还会有表演的伎乐。

由于四司六局经常从事这些工作，办理宴会周到妥帖，可以省去主人的各种辛劳。而且有了这些机构，人们开宴会的地点除了在自己家中，也可以去名园异馆、寺观亭台、画舫游船，增加了很多宴会的情趣。四司六局到明朝时还有，但其功能已经仅限于在宫内为皇家服务。

到明清时期，宴会假赁服务依然发达，但对于大户人家来说，他们往往只需要从业者提供烹饪的服务，于是厨师的行业中出现了流动的人群，他们随身带着刀具，专为大户人家提供宴会的烹饪服务。

二、贵族宫廷宴会流程

贵族的家庭宴会非常丰盛，但乐舞规格较低；宫廷宴会则场面盛大，乐舞排场很大。两者相比，贵族家庭宴会更侧重于联系感情，宫廷宴会更侧重于展现国家政府的形象。宴会的流程包括：环境布置、迎宾、初坐、再坐、入筵、结束6个部分。乐舞表演与每一盏酒相配；菜品与酒相配，每盏酒配几道菜，称为下酒。酒食安排及赏赐，除了正式参加宴会的宾客，也包括随行人员及现场艺人。下面以南宋清河郡王张俊宴请宋高宗的宴会为例来了解一下宋代贵族宫廷宴会的情况。

（一）天宁节宰执亲王宗室百官入内上寿宴会

十月初十是宋朝的天宁节，十月十二日，宰执、亲王、宗室、百官入宫上寿大起居，宫廷有一场宴会安排。王公大臣的高等级宴会往往参照这样的规格递减执行。

1. 食案摆放

所有人座前的食案均为红面青檄无漆矮偏钉，每张食案上摆着"环饼、油饼、枣塔为看盘",还有果品。只有辽国使臣的食案上用猪、羊、鸡、鹅、兔、连骨熟肉为看盘,看盘中的食物都用小绳子束住,还配上生葱韭蒜醋各一碟作调味。三五人之间放一桶浆水饮品,桶内放几把长柄勺。

2. 乐部安排

教坊乐部列于山楼下彩棚中,戴长脚幞头。各部穿紫绯绿三色宽衫、黄义襕、镀金凹面腰带。前排是拍板,十串一行;第二排是五十面琵琶;第三排是两座箜篌;第四排是两面高架大鼓,上有彩画花地金龙,击鼓人背结宽袖;有两座羯鼓放在小桌子上,有人两手执杖击鼓,旁边排列铁石方响(乐器),明金彩画架子上双垂流苏,依次排列箫、笙、埙、篪、觱篥、龙笛之类。两旁对列杖鼓二百面,击鼓者在大殿台阶下相对站立,直达乐棚,每遇舞者入场就齐舞"挼曲子"。

3. 开场演出、宾客入座

擂笋舞蹈。音乐没响起的时候,皇宫集英殿山楼上的教坊乐工模仿禽鸟的鸣叫,营造出空中鸾翔凤集的感觉。然后百官、宰执、禁从、亲王、宗室、观察使及大辽、高丽、夏国等国的使臣按等级入座。

4. 色长唱引

教坊色长二人在殿上栏杆边,皆穿宽紫袍,系金腰带,看盏(负责斟酒者)斟御酒。看盏者举其袖唱引:"绥御酒",声音悠扬,等声音停的时候,双袖落下拂于栏杆上。然后为宰臣斟酒者则呼:"绥酒"。

5. 上菜流程

第一盏御酒,歌板色,一名,唱中腔一遍结束,笙与箫笛依次一曲;又一遍,众乐齐举,独唱。宰臣与百官饮酒,三台舞旋。

第二盏御酒,歌板色,唱如前。宰臣酒,慢曲子;百官酒,三台舞如前。

第三盏御酒,左右军官戏入场表演百戏,有上竿、跳索、倒立、折腰、弄盌注、踢瓶、筋斗、擎戴之类。凡御宴至第三盏,方有下酒肉:咸豉、爆肉、双下驼峰角子。

第四盏御酒,如上仪。舞毕,发诨子。参军色执竹竿拂子,念致语口号。诸杂剧色打和,再作语,勾合大曲舞。下酒:炙子骨头、索粉、白肉胡饼。

第五盏御酒,烛弹琵琶。宰臣酒、独打方响;百官酒,乐部起三台舞。下酒:群仙炙,天花饼,太平毕罗干饭,缕肉羹,莲花肉饼。宾客休息后再坐。

第六盏御酒,笙起慢曲子。宰臣饮酒奏慢曲子,百官饮酒时三台舞。场上有筑球表演。下酒:假鼋鱼、蜜浮酥捺花。

第七盏御酒,起慢曲子。宰臣酒皆慢曲子。百官酒三台舞结束,又有四百名少女列队表演。下酒:排炊羊胡饼,炙金肠。

第八盏御酒,宰臣酒慢曲子,百官酒三台舞,歌板色"唱踏歌",合曲破舞旋。下酒:假鲨鱼、独下馒头和肚羹。

第九盏御酒,慢曲子如前,有相扑表演。下酒:水饭、簇饤下饭。

御筵酒盏皆屈卮,像菜碗的样子,但是有手把子,殿上用纯金酒盏,廊下用纯银酒盏。食器有金银棱漆等材质。宴会结束,臣僚们簪花而归。

（二）张俊宴请宋高宗菜单

1. 初坐安排

绣花高饤一行八果垒（香圆、真柑、石榴、枨子、鹅梨、乳梨、榠楂、花木瓜）；乐仙干果子叉袋儿一行（荔枝、圆眼、香莲、榧子、榛子、松子、银杏、梨肉、枣圈、莲子肉、林檎旋、大蒸枣）；镂金香药一行（脑子花儿、甘草花儿、朱砂圆子、木香丁香、水龙脑、史君子、缩砂花儿、官桂花儿、白术人参、橄榄花儿）；雕花蜜煎一行（雕花梅球儿、红消花陈刻"儿"、雕花笋、蜜冬瓜鱼儿、雕花红团花、木瓜大段儿陈刻"花"、雕花金橘、青梅荷叶儿、雕花姜、蜜笋花儿、雕花枨子、木瓜方花儿）；砌香咸酸一行（香药木瓜、椒梅、香药藤花、砌香樱桃、紫苏奈香、砌香萱花柳儿、砌香葡萄、甘草花儿、姜丝梅、梅肉饼儿、水红姜、杂丝梅饼儿）；脯腊一行（肉线条子、皂角脡子、云梦犯儿、虾腊、奶房旋鲊、金山咸豉、酒腊肉、肉瓜齑）；垂手八盘子（拣蜂儿、番葡萄、香莲事件念珠、巴榄子、大金橘、新椰子象牙板、小橄榄、榆柑子）。

2. 再坐安排

切时果一行（春藕、鹅梨饼子、甘蔗、乳梨月儿、红柿子、切枨子、切绿橘、生藕脡子）；时新果子一行（金橘、蔵杨梅、新罗葛、切蜜薹、切脆枨、榆柑子、新椰子、切宜母子、藕脡儿、甘蔗奈香、新柑子、梨五花子）；雕花蜜煎一行（同前）；砌香咸酸一行（同前）；脯腊一行（同前）；珑缠果子一行（荔枝甘露饼、荔枝蓼花、荔枝好郎君、珑缠桃条、酥胡桃、缠枣圈、缠梨、香莲事件、香药葡萄、缠松子、糖霜玉蜂儿、白缠桃条）。

3. 十五盏酒菜搭配与插食劝酒

第一盏：花炊鹌子、荔枝白腰子；第二盏：奶房签、三脆羹；第三盏：羊舌签、萌芽肚胘；第四盏：肫掌签、鹌子羹；第五盏：肚胘脍、鸳鸯炸肚；第六盏：沙鱼脍、炒沙鱼衬汤；第七盏：鳝鱼炒鲎、鹅肫掌汤齑；第八盏：螃蟹酿枨、奶房玉芯羹；第九盏：鲜虾蹄子脍、南炒鳝；第十盏：洗手蟹、鲟鱼假蛤蜊；第十一盏：五珍脍、螃蟹清羹；第十二盏：鹌子水晶脍、猪肚假江鳐；第十三盏：虾枨脍、虾鱼汤齑；第十四盏：水母脍、二色鲷儿羹；第十五盏：蛤蜊生、血粉羹。

插食：炒白腰子、炙肚胘、炙鹌子脯、润鸡、润兔、炙炊饼、炙炊饼脔骨。

劝酒果子库十番：砌香果子、雕花蜜煎、时新果子、独装巴榄子、咸酸蜜煎、装大金橘小橄榄、独装新椰子、四时果四色、对装拣松番葡萄、对装春藕陈公梨。

厨劝酒十味：江鳐炸肚、江鳐生、蝤蛑签、姜醋生螺、香螺炸肚、姜醋假公权、煨牡蛎、牡蛎炸肚、假公权炸肚、蟑蚷炸肚。

细垒看桌：准备上细垒四桌、又次细垒二桌（内蜜煎、咸酸、时新、脯腊等件）。

对食十盏二十份：莲花鸭签、奶儿羹、三珍脍、南炒鳝、水母脍、鹌子羹、鲟鱼脍、三脆脍、洗手蟹、炸肚胘。

晚食五十份各件：二色奶儿、肚子羹、笑靥儿、小头羹饭、脯腊鸡、脯鸭。

随行人员饮食也都有丰盛的饮食安排。

（三）明清的宫廷、贵族宴会

明代的宫廷宴会有大宴、中宴、常宴、小宴四类。大宴的地点从明朝建立有多次改变，洪武元年，大宴群臣于奉天殿，三品以上官员列于殿内，其余列于丹墀，并决定以后正旦、冬至圣节宴会安排在谨身殿。洪武二十六年，大宴改在奉天殿举行。永乐年间也曾宴于文华殿，宣德、正统年间宴于午门外。大宴的时间大多数与节令有关，每逢节令，必然有相应的节令食物：立春日赐春饼，元宵日团子，四月八日不落荚（嘉靖中，改不落荚为麦饼），端午日凉糕粽，重阳日糕，腊八日面。除节令外，祀圜丘、方泽、祈谷、朝日夕月、耕籍、经筵日讲、东宫讲读、纂修校勘书籍、开馆、书成、科举等都有大宴。在季春时节的亲蚕礼上还有面向命妇（官员的妻母中有封号的人）的大宴。赏赐新科进士的大宴有专门的名称叫"恩荣宴"。

宴会的排场一如前朝，有乐舞侑食。没有乐舞的宴会规格就要低一些。与重要祭祀相关的宴会必须是有乐舞的，宴于午门的宴会则是没有乐舞的。大宴进酒九爵，中宴进酒七爵。大宴与中宴的仪式差不多。常宴的仪式与酒食要简单一些，一拜三叩头，进酒或三爵或五爵。命妇参加的大宴由皇后主持，除命妇外，皇妃、皇太子妃、王妃、公主也出席参加，但并不需要穿盛装。亲蚕礼的宴会上，进酒七爵，上食五次，其他相应礼仪不可少。

《大明会典》的记载介绍明代宫廷大宴基本格式：茶食、果盘、五按酒、四菜、三汤、主食、酒五盅。如正旦节宴会，"永乐间，上桌：茶食，像生小花果子五盘，烧炸五盘，凤鸡、双棒子骨、大银锭、大油饼，按酒（即下酒菜）五盘，菜四色，汤三品，簇二大馒头，马牛羊胙肉饭，酒五钟。上中桌：茶食，像生小花果子五盘，按酒五盘，菜四色，汤三品，簇二大馒头，马牛羊胙肉饭，酒五钟。中桌：果子四盘，按酒四盘，菜四色，汤二品，簇二馒头，马牛羊胙肉饭，酒三钟。随驾将军，按酒，细粉汤，椒醋肉并头蹄，簇二馒头，猪肉饭，酒一钟。金铉甲士、象奴校尉，双下馒头。教坊司乐人，按酒，爊牛肉，双下馒头，细粉汤，酒一钟。"这里规定了上桌、上中桌、中桌以及不上桌的随驾将军、金铉甲士、象奴、校尉、教坊司乐人的饮食安排。这是永乐时期宫廷宴会的基础格式，其后明朝的宴会视情况有所增减。

三、民族融合的宴会成果

（一）辽、金、元的宴会

辽的历史比北宋要长，从晚唐时就开始进入封建社会，社会体制受唐朝人的影响，但在饮食上还是非常明显的游牧民族的粗犷食风。据王安石的诗《北客置酒》中描写："殷勤劝侑邀一饱，卷牲归馆饩更传。山蔬野果杂饴蜜，獾脯豕腊如炰煎。酒酣众史稍欲起，小胡捽耳争留连……"辽人设宴招待了宋人，等客人们在正式的宴会上吃饱，竟然又将筵席上的菜品打包回馆驿与客人纠结饮酒，还强留不胜酒力的客人们。路振《乘轺录》记载了出使辽国时，重阳这一天，辽国在燕京副留守的府第设宴招待的情况："九日，虏遣使置酒宴于副留守之第，第在城南门内，以驸马都尉兰陵郡王萧宁侑宴。文木器盛虏食，先荐骆糜，用勺而啖焉。熊肪、羊、豚、雉、兔之肉为濡肉，牛、鹿、雁、鹜、熊、貊之肉为腊肉，割之令方正，杂置大盘中。二胡雏衣鲜洁衣，持帨巾，执刀匕，遍割诸肉，以啖汉使。"

金人在北方的时候，饮食是极粗糙的，灭辽及北宋后，他们在饮食上也受到了汉族人的影响，宴请南宋使者的筵席如南方斋筵。北宋末，宋使在咸州受到款待，具体仪式："未至州一里许，有幕屋数间，供帐略备，州守出迎，礼仪如制。就坐，乐作，有腰鼓、芦管、笛、琵琶、方响、筝、笙、箜篌、大鼓、拍板，曲调与中朝一同，但腰鼓下手太阔，声遂下，而管瑟声高，韵多不合。每拍声后继一小声。舞者六七十人，但如常服，出手袖外，回旋曲折，莫知起止，甚觉可观也。酒五行，乐作，迎归馆。……次日早，有中使抚问，别一使赐酒果，又一使赐宴。赴州宅就坐，乐作，酒九行。果子唯松子。彼中饮酒食肉，不随盏下，俟酒毕，随粥饭一发致前，铺满几案。地少羊，唯猪、鹿、兔、雁、馒头、炊饼、白熟汤饼之类，最重油煮。面食以蜜涂拌，名曰茶食，非厚意不设。以极肥猪肉或脂，阔切大片一小盘子，虚装架起，间插青葱三数茎，名曰肉盘子，非大宴不设。人各携归舍。金人每赐行人宴，必有贵臣押伴。"可见宴会的仪式感比南方的宋朝要简单。

元代是一个民族大融合的时代，食风粗犷。《居家必用事类全集》中"筵上烧肉事件"可以看作是一场大型宴会上的烧烤菜品："羊膊（煮熟，烧），羊肋（生烧），獐、鹿脯（煮半熟，烧），黄羊肉（煮熟，烧），野鸡（脚儿生烧），鹌鹑（去肚，生烧），水扎、兔（生烧），苦肠、蹄子、火燎肝、腰子、膂肉（以上生烧），羊耳、舌、黄鼠、沙鼠、搭刺不花、胆灌脾（并生烧），羊奶房（半熟，烧），野雁、川雁（熟烧），督打皮（生烧），全身羊（炉烧），右件除炉烧羊外，皆用签子插于炭炎上，蘸油、盐、酱、细料物、酒、醋调薄糊，不住手勤翻，烧至熟，剥去面皮供。"元朝蒙古族最著名的宴会莫过于"诈马宴"了，"诈马宴"又叫作"质孙宴"是元代的皇帝为了宴请群臣而准备的盛大宴席，"诈马"，蒙古语是指煺掉毛的整畜，意思是把牛、羊家畜宰杀后，用热水煺毛，去掉内脏，烤制或煮制上席。"质孙"是指穿同一颜色的衣服。诈马宴上除了餐饮，宾主还有赛马、商量国家大事等，这是与蒙古族的特点密不可分。诈马宴一般是连续三天，赴宴的宾客每天都要换一套"质孙服"。

（二）满汉席

今天人们熟知的满汉全席在其最初出现时的名字叫满汉席，并且在清朝时一直都叫满汉席。关于满汉席菜单最详细的记载见于《扬州画舫录》，全单如下：

"第一分头号五簋碗十件：燕窝鸡丝汤，海参汇猪筋，鲜蛏萝卜丝羹，海带猪肚丝羹，鲍鱼汇珍珠菜，淡菜虾子汤，鱼翅螃蟹羹，蘑菇煨鸡，辘轳锤，鱼肚煨火腿，鲨鱼皮鸡汁羹，血粉汤，一品级汤饭碗。

第二分二号五簋碗十件：鲫鱼舌汇熊掌，米糟猩唇猪脑，假豹胎，蒸驼峰，梨片伴蒸果子狸，蒸鹿尾，野鸡片汤，风猪片子，风羊片子，兔脯奶房签，一品级汤饭碗。

第三分细白羹碗十件：猪肚假江瑶鸭舌羹，鸡笋粥，猪脑羹，芙蓉蛋，鹅肫掌羹，糟蒸鲥鱼，假班鱼肝，西施乳，文思豆腐羹，甲鱼肉片子汤，茧儿羹，一品级汤饭碗。

第四分毛血盘二十件：貘炙，哈尔巴小猪子，油炸猪羊肉，挂炉走油鸡鹅鸭，鸽膮，猪杂什，羊杂什，燎毛猪羊肉，白煮猪羊肉，白蒸小猪子小羊子鸡鹅鸭，白面饽饽卷子，十锦火烧，梅花包子。

第五分洋碟二十件，热吃劝酒二十味，小菜碟二十件，枯果十彻桌，鲜果十彻桌。

后门外围牛马圈，设毳帐，以应八旗随从官、禁卫、一门祗应人等，另置庖室食次。

第一等：奶子茶，水母脍，鱼生面，红白猪肉，火烧小猪子，火烧鹅，硬面饽饽。

第二等：杏酪羹，炙肚脍，炒鸡，炸炊饼，红白猪肉，火烧羊肉。

第三等：牛乳饼羹，红白猪羊肉，火烧牛肉，绣花火烧。

第四等：血子羹，火烧牛羊肉，猪羊杂什，磊烧饼。

第五等：奶子饼酒，醋燎毛大猪大羊，肉片子，肉饼儿。"

从第一分到第五分的菜品是招待皇帝与随行百官的，五分菜品各有主题，前四分可以看作是四个宴席的菜单。第一分的菜品除了蘑菇煨鸡、辘轳锤与血粉汤以外，其他的九个都是海味，可以称为海味席；第二分的菜品除了风猪片子，风羊片子，兔脯奶房签之外都是陆上的野味，可称为山珍席；第三分的菜品是淮扬风味的菜品，也就是当时宴会举办地的菜品；第四分是满蒙的菜品，以油炸、烧烤与白煮白蒸的简单烹饪方法为主。第五分菜品相当于张俊宴请宋高宗那份菜单中的茶食、劝酒之类的小菜。最后是给不同等级随行禁卫官兵的菜品。除了宴会菜品融合满蒙汉的菜品、极尽丰盛奢侈以外，这份满汉席菜单还有两个特点：一是在菜品中加了很多古代的菜品，如张俊宴请宋高宗的菜品，还有更早的貘炙，这是汉唐时期的菜品。二是菜单中的洋碟二十件，这显然不是用西洋的餐具盛装的菜品，而是西餐。可以说这份满汉席菜单是民族融合中西融合的集大成的宴会菜单。

第五节　现代宴会的变革与发展

一、宴会改革的趋势

清朝灭亡带来了宴会史上最重大的一次改革，宴会的等级制被彻底打破。清朝灭亡不久，北京城里出现了仿膳饭庄，无论是豪奢的菜肴还是明黄色的皇家餐具，普通人只要出钱就可以享用。这成为现代宴会变革的一个重要基础。

光绪三十四年（1908年），军机大臣瞿鸿禨（1850—1918年）被罢免后，回到故乡长沙。瞿氏为长沙望族，瞿鸿禨父亲瞿元霖也曾官居吏部主事。对世代为官的瞿氏大家族而言，家族活动最为重要的无疑是祭祀。为此，瞿鸿禨亲自制定长沙瞿氏祭祖的全套规约。这份规约涵盖祭祀的顺序、时间、祭品和供品等方方面面，其中更详细记载了晚清湘菜的诸多品种。收藏于《长沙瞿氏家乘》卷六中的这份祭品菜单，包含冬至及中元节两个重要节日的祭品单目，其中冬至祭单一天，中元节的祭单则从七月十日一直到七月十五，涵盖菜品近200种。祭祀的菜品尽管是为了歆享神明，但中国人习惯祭祀之后享用这些馀馂，故而这份祭祀的食单也是20世纪初长沙富贵人家的菜单。

> **冬至供全席菜单：**
>
> **十六碟：** 蒸火腿、酱鸭、卤鸡、酥鲫鱼、红虾、炝冬笋、拌韭菜、皮蛋、蜜青梅、山楂糕、杏仁、瓜子、青菜、金橘、橘红、甘蔗；
>
> **八大盘：** 红煨鱼翅、黄焖鳜鱼、八宝果饭、冬菜肥鸭、鱿鱼片、糟鸡、清炖羊肉、酱汁肘子；
>
> **八中碗：** 红煨刺参、虎皮鸽蛋、干炒虾仁、红烧野鸭、红煨鲍鱼、金钱鸡、熘荸荠饼、酿羊肚菌；
>
> **点心四盘：** 炸春卷、炸汤圆、大包子、烧卖。

这份曾任军机大臣的冬至家宴菜单已经与清代高规格宴会的排场相去甚远。十六碟中有8个是果品，这是中餐宴会后来八冷菜做法。后面的八大盘与八中碗，虽然有鱼翅、海参等高级食材，但从菜品的数量上来说与民间普通宴会是一样的。

中华人民共和国成立以后，宴会改革又向前推进了一大步，从国宴的层面来说，基本是以四菜一汤为基础，遇到特别的情况也不过是六菜一汤的规格。国宴的做法也影响了一些社会名流，某著名人物的婚宴菜单上也只有四个菜。另一方面，民间的宴会却是比较丰盛，菜品的数量都要超过国宴。可以说，从宴会层面上来看，延续数千年的等级制真的结束了。

二、宴会的美学趋势

五代时期尼姑梵正用食物把唐代画家王维的《辋川图》重现，名为《辋川小样》，这是中国最早的花式冷拼，更早还有"玲珑牡丹鲊"这样做成花形的工艺菜。对于宴会桌面的美化始于宋代。宋徽宗《文会图》的宴会餐桌（图1-17）上，有用作装饰桌面的6瓶插花与8盘饾饤。所谓饾饤是将果品或点心在盘中高高垒起，讲究点还要用金箔和银箔剪成花样贴在上面装饰。宴会上摆满了精致的饾饤，虽然这些食物皆可食用，但人们却很少品尝，因为它们更多的是作为桌上的装饰，为宴会增添美感。即使在一些普通的饭店，店家也会在正式上菜前给客人端上几盘看菜，通常客人们也不会吃这些菜，这些看菜后来也就发展成为餐桌的装饰。

晚清民国时期，西方的宴会文化影响了我国。在上海、天津、广州等地，人们在西式宴会上看到有烛台及桌面的西式插花做装饰。烛台对于当时的中式宴会来说是不协调的，而桌面的西式插花用在中餐的圆桌上却是非常合适，从那直到今天，西式插花还在中式宴会餐桌上普遍使用。

进入21世纪，位上菜品在中式宴会中应用得越来越多，乃至有菜品全部位上的宴会，今天的国宴基本就是这样。当菜品全部摆上以后，餐桌中间留出了一大片空间，桌面的装

图1-17　宋徽宗《文会图》局部

饰成为一种必需，具体的装饰有微型家具、现代派的艺术装置、微型山水景观以及故事型场景等。2023年杭州亚运会的欢迎宴会的餐桌中间布置的就是山水景观。

近年来，文化自信带动了传统文化的热潮，年轻人中流行起穿汉服，而这股汉服潮也影响了宴会：一些仿古的主题宴会上，人们结合汉服与古典的餐桌、食器及仪式，营造相应的古代宴会场景。当然，这样的场景融入了新时代精神，可以称之为"新古典主义宴会"。

三、多种宴会文化融合趋势

传统的以美味为核心的宴会在现代与营养健康的观念紧密结合起来。顾客对于菜品的需求不仅仅停留在"色香味形意"，尤其是"三高"患者、孕妇、老年人、儿童等重点人群，在用餐时更是格外注意营养和健康。如何提供健康、营养丰富的菜品，让顾客在品尝美食的同时获得营养，这是餐饮行业的一项重要任务。如选择绿色无污染的食材，拒绝食用野生动物。餐厅经营者应该选择新鲜、优质的食材作为原材料，新鲜的蔬菜、水果、肉类和海鲜含有更多的营养物质，能够为顾客提供更多的营养价值。为特殊人群客人要提供既美味又营养的菜单，例如对患有高脂血症的客人，就不能提供以动物内脏为主的菜品。

1. 单一风味的宴会逐渐被融合风味的宴会所取代

随着世界各地的交流融合越来越深入，饮食文化的交流也逐渐深入，许多经典地方菜出现在了不同地域、不同国家的菜单上，在世界各地都能吃到北京烤鸭、四川火锅、陕西肉夹馍等。当然，菜品不是简单地照搬，菜品的融合无不体现了对当地、当时客人的精准把握。一些传统菜式的流行演绎，实现"传承不守旧，创新不忘本"，不断地进行改良，以适应现代食客的需求和口味，例如传统的四川火锅辣度较高，不适合东部地区的客人，在融合的过程中，出现了许多具有"小锅化""低辣度"等特点的火锅用餐形式。现在宴会上出现了越来越多的"中菜西吃""中餐西做"等现象,这也是中西方饮食文化的一种融合。

2. 传统烹饪技艺与现代科技相结合

除了地域的融合、菜品的融合还体现了传统饮食文化与新科技、新技术的融合。这种结合可以通过多种方式实现:技术层面,在保留传统美食的基本元素基础上,加入创新的元素。例如在烹饪技法上引入现代的低温慢煮、分子料理等技术,使得传统菜肴呈现出新的外观和口感;食材方面,引入有机食材,增加传统菜肴的营养价值;在创作方面,也可以从传统美食中汲取灵感,进行全新的创作。例如,以中国传统茶文化为基础,创新出独具特色的茶香料理;以中国古典文学作品中的美食为灵感,打造出富有文化内涵的创新菜肴。

3. 现代艺术成为宴会重要的美学特点

现代的声光电技术和现代主义的美学观念也都进入宴会设计领域,赋予宴会更多的现代感。宴会设计人员就要根据这一变化从外部氛围和内部氛围中体现出酒店的文化内涵和艺术气质。树立酒店经营形象。所谓的外部氛围主要是宴会厅和餐厅所**在的位置**、名称、建筑风格、门厅设计、周围环境和停车场等构成了宴会的外部气氛。外部气氛通常在决策建造时由设计师、建筑师来完成,是"既定事实",一般很难改变。宴会厅**的内部氛围指**的是宴会厅内的装潢陈设、家具选用、场地布置、餐桌美化、花台布置、员工形象**与服务**设计等各种有形与无形氛围。营造内部气氛就是要营造一个舒适、优雅、整洁、**方便的顾**客就餐环境,使顾客身心愉悦。内部气氛的设计比外部气氛的设计要具体得多、**重要得**多,是宴会气氛设计的核心部分。有形气氛是指客人感官能感受到的宴会厅的**各种硬件条**件,如宴会厅的位置、外观、景色、厅房构造、空间布局、内部装潢,以及光线、**色彩**、温度、湿度、气味、音响、家具、艺术品等多种因素,它依靠设计人员的精心设计与员工的精心维护和日常保养。有形气氛与季节、节假日、营销活动等有密切关系。如在端午节时,在宴会厅内外布置龙舟、粽子、艾草等物品,烘托节日气氛,增强宴会厅的吸引力。在有形氛围以外的无形气氛由员工的服务形象、服务态度、服务语言、服务礼仪、服务技能、服务效率与服务程序等构成,它包括动态的宴会人际环境和文化环境,好的气氛能使客人的心情愉悦、满意。员工服饰是酒店企业文化的重要组成部分,服饰要突出主题,展示企业形象和员工形象。

第二章

宴会概述

宴会，作为一种社交活动，历史悠久，形式多样，它不仅仅是一种饮食行为，更是一种文化现象，承载着丰富的社会意义和情感价值。在现代社会，宴会的界定已经超越了传统的餐桌礼仪，涵盖了家庭聚会、商务宴请、婚礼庆典、节日庆典等多种形式。无论是正式的晚宴还是轻松的自助餐，宴会都旨在通过美食、饮品和交流，增进人与人之间的情感联系，促进社会关系的和谐发展。因此，宴会在现代社会中，既是文化的展示平台，也是人际交往的重要场合。

第一节 宴会的概念与特点

一、宴会的概念

宴会是指组织或个人为了公务、商务、迎送、庆典以及联络人际关系等特定的社会交往目的举行的正规隆重或轻松愉快的餐饮聚会活动。因其是根据社会习俗或社交礼仪而举行的宴饮聚会，由此呈现出社交与饮食结合的形式。宴会上的一整套菜肴席面称为筵席，因为筵席是宴会的核心，所以人们习惯上常将宴会和筵席这两个词视为同义词，但在实际生活中，两者还是有区别的。

（一）狭义的宴会

筵是狭义的宴会，包括菜肴组合、餐具搭配、服务流程编排、用餐环境四个方面的内容，其中菜肴组合和餐具搭配是筵席的最主要内容。唐朝以前的古人席地而坐，"筵"和"席"都是铺在地上的坐具。《周礼·春官·司几筵》中注释说："铺陈曰筵，籍之曰席"，意为：铺在地上的叫作"筵"，铺在"筵"上供人坐的叫作"席"。所以"筵席"最开始是坐具的总称，酒食菜肴都是放在"筵席"的前面供客人享用。《礼记》中记载："铺筵席，陈樽俎，列笾豆"，其中樽、俎、笾、豆都是古代用于祭祀和宴会的礼器，被用于盛放酒、牛羊肉、果脯和腌菜等。由此可见，筵席至此已经具有了隆重、正规宴饮的含义。

（二）广义的宴会

宴是广义的宴会，在前者的基础之上，还包括环境、服饰、筵席布置、演艺活动等，并且在中高端消费需求中，这些才是宴会的主要内容。一般来说，国宴、婚宴、寿宴、公司尾牙、社交酒会等有仪式需求的都属于广义的宴会。随着社会的发展，人们添加到宴会中的元素越来越多，宴会的形式与仪轨也越来越完备。饮食、筵席与宴会的关系如图2-1所示。

图2-1　饮食、筵席与宴会关系图

（三）筵席与宴会的关系

系统化的饮食组合是宴会的核心。不论是什么样等级的宴会，也不论宴会的目的如何，食物是必须有的，因此很多人将饮食的组合理解为宴会。但实际上，这些饮食组合只能称为宴会饮食，连筵席都算不上。饮食组合与环境、餐具及餐桌服务结合起来，就是狭义的宴会。在狭义宴会到广义宴会之间，服务流程设计由简到繁，其中的界限很难划清。对空间的要求在狭义的宴会中也有，但不太重要，设计感也不强。当空间设计提到重要位置的时候，这样的宴会肯定就是广义的、有排场的、有仪式感的宴会，这时候，处在宴会中心的食物已经不是宴会的目的了。

对狭义宴会与广义宴会的理解与接受与人们普遍的物质富足有关。在改革开放之前，除了国宴、婚宴、寿宴以外，大多数宴会都是狭义的宴会，即使在狭义宴会中也是简单、朴素的。自改革开放以来，中国的经济飞速发展，宴会作为一个重要的社交方式也越来越受到人们的重视，在宴会的菜式组合、用餐方式、主题、流程、空间布置等方面都有了很大的变化。相应地，人们参加宴会的目的也不同于以往，在大部分中高档宴会中，饱腹的目的已经让位于文化体验、社交等。

二、宴会的特点

宴会作为一种现代社交活动，通常来说具有以下一些特点。

（一）宴会具有特定目的

宴会的举行通常是为了庆祝某个特殊事件、进行商务交流、增进友谊等。如每年除夕，全家人聚在一起享受家宴美食，目的就是希望全家人团结和睦、幸福开心。家宴没有特别的功利性，但是通过家宴增进家人情感和凝聚力的目的却非常明确；再如婚宴，其举行就是为了让一对新人与双方亲朋好友彼此认识，让新人接收到双方家人亲友的祝福，见证其婚礼礼成，也使双方家人更加齐心和睦；商务宴请的目的则在于拉近商业合作伙伴的距离，通过共享美食沟通交流来增进彼此间的感情，以便于为下一步合作打下良好的基础，同时也可以广交朋友，促进和增加人脉关系，寻找更适合的发展商机；公司的年会则是单位领导通过宴请下属和员工,实现通过犒劳下属来拉近彼此间关系的目的,使下属在今后保持积极的工作态度,从而实现公司的上下一心。

(二)宴会需要有序组织

宴会需要提前计划和组织,包括确定宾客名单、选择场地、安排菜单、布置环境等。宴会的组织和实施是一项综合性的工作,需要提前做好充分的准备工作。首先,要明确宴会的性质和规模,包括宴会的主题、参加人数、时间地点等基本信息。其次,确定宴会的预算,包括食品、饮料、场地租赁、音响设备、礼品等各项的预算。同时还需要确定宴会的主持人、嘉宾、节目表演、活动流程、互动游戏等。还要安排好宴会的礼仪,包括宾客接待、座位安排、敬酒致辞等,通过各种细节的安排和落实,来确保宴会的氛围和秩序。

(三)宴会注重礼仪规范

宴会比较注重礼仪和规范,包括宴会的座次排定礼仪、用餐礼仪、祝酒礼仪、着装礼仪等。座次礼仪是指在各种宴会的座次安排中需要遵循的一系列礼仪规范,上至国宴下至家宴,在座次的排定上均有礼仪要遵循,一般来说包括以右为上(遵循国际惯例)、居中为上(中央高于两侧)、前排为上(适用于所有场合)、以远为上(远离房门为上)、面门为上(良好视野为上)等座次排定原则。用餐的礼仪则包括中餐的用餐礼仪和西餐的用餐礼仪。中餐的用餐礼仪如长辈先食、端碗吃饭、用汤匙喝汤、不用餐具敲打餐盘、不舔食餐具等。西餐的用餐礼仪则包括正确使用刀叉和餐巾、注意酒水的斟倒分量、用餐时不大声喧哗或发出不雅的声音等。

(四)宴会菜品丰富多样

宴会菜品通常比较丰富,包括各种冷菜、热菜、主食、甜点及饮品,以适应不同宾客的口味。宴会菜肴品种繁多,讲究搭配顺序,高档的宴会通常选用山珍海味和名蔬佳果作为食材。以中餐宴会为例,中国地域广阔,各个地区都有独特的饮食文化,在宴会菜肴中,通常可以看到来自不同地方的特色美食。广东菜以其鲜美的口味和精致的制作工艺而闻名;川菜则因其辣味和麻辣口感而受到喜爱。此外,还有湘菜、浙菜、苏菜等,每一种菜系都有其独特的特色,为宴会增添了更多的品位。中餐宴会的菜肴在形状和色彩上也独具特色。宴会菜肴的制作注重菜品的造型和色彩的搭配,给人们带来视觉上的享受。比如,北京烤鸭的金黄色皮肤和酥脆的口感,让人垂涎欲滴;红烧肉的红亮外观和鲜嫩多汁的肉质,令人食欲大增。这些菜肴不仅满足了人们对美味的追求,也给人们带来了愉悦的视觉享受。

(五)宴会促进社交互动

宴会的举办为参加宴会的宾客提供了很好的社交平台,宾客之间可以进行交流和互动,增进了解和友谊。宴会通常在轻松愉快的氛围中举行,这种环境有助于打破日常生活中的社交障碍,使人们更容易开启对话。与正式的商务会议或官方活动相比,宴会的氛围更加非正式和放松。这种环境减少了社交压力，使人们更愿意分享个人故事和观点，从而加深彼此间的了解。宴会往往汇集了不同背景和兴趣的人，宴会参与者身份的多样性为大家提供了更广泛的社交选择，与不同的人交流不仅可以拓宽视野，还能增进不同文化和背景客人之间的相互理解和认同。同时，宴会中的餐饮、游戏、音乐舞蹈等元素也增加了宴会的趣味性和互动性，为参与者提供了共同的活动和话题，这些共同点可以作为交流的起点，帮助人们建立联系，使参加的宴会的宾客可以在宴会过程中结识新朋友，扩大社交圈。宴会也是亲朋好友聚会的好机会，它为家人朋友提供了共享快乐、表达关怀和增进情感联系的场合。

（六）宴会强调环境氛围

宴会强调环境的布置和氛围的营造，宴会的环境布置是确保宴会活动成功的重要因素之一。宴会的场地需要根据主题进行装饰，选择适宜宴会主题的风格和元素，营造出相应的氛围，如节日宴会可能会布置得比较喜庆，而商务宴会则可能更注重高雅和专业感，婚礼宴会可能会选择浪漫、优雅的风格。宴会需要根据宴会的规模和类型合理布置场地，确保宾客的座位舒适，同时留有足够的空间供宾客移动。宴会在进行场景布置的色彩搭配时，要选择与主题相符合的色彩方案。色彩可以影响人的情绪和感觉，因此选择合适的色彩非常重要。可以使用主题色作为主色调，辅以中性色或对比色来增加层次感。场景布置时灯光也是营造氛围的关键，可以使用暖色调的灯光来营造温馨的氛围，或者使用彩色灯光来增加活力。此外，还可以利用聚光灯强调特定的装饰或区域。宴会也会使用鲜花、气球、横幅、灯饰等装饰元素来点缀场地。这些元素不仅能够增加视觉效果，还能够强化宴会的主题。如果宴会活动中有演讲或者颁奖等环节，还需要布置一个专门的背景，可以是LED屏幕、背景板或者是装饰性的幕布，背景应该简洁大方，避免过于复杂分散注意力。宴会中还会配置良好的音响设备，选择与宴会氛围相符的背景音乐，更好地营造整体氛围和体验感。如果宴会有特殊布置要求，还可以添加一些个性化的装饰，如照片墙、签名板等，增加宾客的参与感和互动性。

第二节　宴会的类型

宴会有多种分类标准，常见的有按宴会规模、性质、形式、功能、开宴时间、接待规格等指标来分类，这些分类方法各有优点，但相互之间有较多重叠。本节中我们将宴会分为三大类型：制度型宴会、民俗型宴会和文化型宴会，这是从宴会的仪式层面来分类的，这三类宴会的仪式有着较明显的区别。

一、制度型宴会

制度型宴会是国家、政府层面的政务宴会。根据政体、国情的不同，宴会的具体形式、内容及流程也各有不同。制度型宴会的主题大多是由政府的相关管理机构决定的，宴会的管理、策划人员在运作过程中只是各种决策的执行者，并没有太大的设计空间。只要体制许可，制度型宴会历来是其他类型宴会模仿的对象。

（一）制度型宴会的种类

按照宴会主办方层级的不同，可以分为国宴与一般政务宴会。

1. 国宴

国宴是国家元首或政府首脑为国家庆典及其他国际或国内重大活动，或为外国元首、政府首脑来访以示欢迎而举行的正式宴会。国宴是最高等级的宴会，礼仪形式最为隆重。说是最高端，是因为其接待的客人身份地位及宴会的目的是最高端的，并不是因为宴会的豪奢。根据宴会目的不同，现代国宴主要有庆典、欢迎、接待、答谢四大主题类型。

（1）庆典宴会　以国庆宴会为例，它是党和国家主要领导人、党政军各部门负责人、各群众团体、各民主党派、无党派、社会各界人士等出席参加的宴会，还会邀请重要外宾、各国驻华使节、港澳台同胞、外国专家和记者等。请柬、菜单及座位卡上均印有国徽，宴会厅内悬挂国徽和国旗。

（2）欢迎宴会　一般在客人刚抵达酒店的当天举行，以表示对客人的尊敬及重视，一般在宴会前会举行很隆重的欢迎仪式。这是国家元首或政府首脑为欢迎来访的外国元首或政府首脑而举行的正式宴会。邀请主要随行人员、有关国家驻华使节等出席。请柬、菜单及座位卡上均印有国徽，宴会厅内悬挂国徽和国旗。随着我国主办的对外文化体育活动越来越多，各种面向非政治领域的欢迎宴会也越来越多，如2008年北京奥运会的欢迎午宴、2010年上海世博会开幕式欢迎宴会等。

（3）接待宴会　这是国家元首或政府首脑为国内、国际重大活动举行的宴会。例如1954年10月4日，周恩来总理等宴请帮助我国建设的外国专家，举办了1158人的大型宴会。工作宴会也是接待类宴会常见的形式，是主、宾双方在进行谈判或会谈、会见中所进行的宴会，过程较为简单。1965年4月，周恩来总理陪同阿尔巴尼亚外宾参观大寨，然后在村里用农民们吃的农家饭招待这些外宾，虽然饮食简单甚至粗粝，但也是接待类的国宴。

（4）答谢宴会　一般在来访的客人离开酒店的前一天举行，客人落座后主宾会进行简短的讲话，向主人表示谢意。答谢类宴会除了会发生在国家之间外交互访活动中，也常见于国内各地区政府之间的交流活动中。

2. 一般政务宴会

一般政务宴会是由各级地方政府部门举办的政治、经济、文化类的宴会，其中以经济、文化的目的为主。比如地方的旅游推介会、招商会以及港澳台同胞及海外侨胞的联谊会等。此类宴会既有省际的，也有上下级政府之间的，还有政府与社会各界之间的。虽不是国宴，但也是按体制的规定来安排、运转的，在宴会的类型上与国宴相似。

（二）制度型宴会的功能

制度型宴会是体制秩序的重要组成部分，每一场宴会都在各种活动的某一阶段，其功能也是该活动的重要补充。主要功能有三点：展现国家形象、调和社会关系、联系政商业务。

1. 展现国家形象

制度型宴会从制度层面展示了一个国家或地区的政治形态、历史文学、音乐舞蹈、消费理念、民俗风情、审美趣味、饮食文化等，是软实力的展示平台。古代中国朝廷招待前来朝贡的周边藩国与部落，通过宴会向他们展示了天朝大国礼仪之邦的礼乐文明。G20杭州峰会时，宴会的安排既展示了中国近些年来文化艺术的发展，也向各国贵宾推介了杭州的美食与美景。日本G20大阪峰会的宴会饮食，将传统日本料理与西方现代料理的形式相结合，菜品的呈现又努力表达日本的美学观念，这正是日本在保持自身文化特点的情况下融入西方的秩序的社会现状。对于国家形象的理解认识也是不断发展的，古代中国的制度型宴会以丰盛为美，礼仪烦琐、排场很大。中华人民共和国成立初期的国宴相比于同时期的国民生活来说也很丰盛，中华人民共和国成立的开国第一宴从冷菜、热菜到点心共有21道，虽比旧社会的宴会要简单，但党和国家领导人还是指出这与现代社会的食物消费观念不相符，提出宴会改革的构想，逐渐将国宴的食物控制在四菜一汤左右，极大地降低了宴会的成本，树立了清廉政府的形象，也带动了民间宴会简化的潮流。

2. 调和社会关系

政府部门经常会有一些联系社会各界的活动，活动中少不了有宴会，宴会的功能当然是为这些活动的目的服务的。中华人民共和国成立时召开了政治协商会议，在会议的宴会中出现的都是当时的精英，一起讨论的都是中华人民共和国成立的重大议题。

3. 联系政商业务

这是当前各级地方政府比较重要的工作内容。政府部门根据本地经济发展的需要，请来各地投资人、企业家共商投资发展经济的事宜。这一类宴会通常会联系本地的旅游、文化、历史以及物产等资源。这类活动通常会有文化搭台、经济唱戏与经济搭台、文化唱戏的不同做法，但不论如何做，宴会都是围绕着联系招商的主题。

（三）制度型宴会的特点

体制的各种活动总体来说政治性是第一位的，文化性则是必备的要素，此外还应该表现出体制应有的大气、层次。在这种情况下，制度型宴会的流程也就表现出体制化与形式化的特点。

1. 体制化

体制化是指制度型宴会在不同层级的政府部分安排时的等级差异，这种差异也与所在国家、地区、民族的文化传统有关。比如先秦时期，商朝人重鬼神，周朝人重祖先，在宴会的仪式流程上自然祭祀的对象就会有不同。今天不同宗教信仰的国家与民族，其宴会的流程差异也是如此。游牧民族的宴会流程一般比较简单，而农耕民族的宴会流程一般比较复杂，这与生活方式的不同有关。现代中国的宴会与封建社会宴会的差别，主要是因为政治体制的不同，封建社会的政治制度是以特权阶层为核心的，而现代中国政治制度是以人民利益为核心的，因此现代中国制度型宴会比封建社会的宴会要简约得多。从中央到地方各级政府在主办宴会时，所面向的客人与宴会的目的是有层级的，因此宴会的标准、礼仪也是有层级的。

2. 形式化

制度型宴会的形式是基本固定的，宴会的组织者不可以随意作出改动。《仪礼》是春秋战国的礼仪汇编，其中宴会的形式、流程繁缛复杂，需要有专门的人员经过严格的训练才能使宴会顺利进行，因此没有个人发挥的空间。历朝历代的宴会流程虽然并没有完全按照《仪礼》中规定的来做，但已规定好的流程也是不能随意改动的。当一个朝代维系时间比较长的时候，往往在宴会中会出现一些不合时宜的菜品，但因为其有着最初的纪念意义，所以即使已经没有人吃了，这些菜品依然会出现在宴会中。比如清朝入关以后，为表示不忘本，把传说是努尔哈赤所创的黄金肉列为庆典宴会必备的菜品，但清中期以后，接触了山东以及江南精致菜品的贵族们其实已经不爱吃这道菜了。食品雕刻是明清时期高端宴会必备的饰品，是中国饮食文化的一朵奇葩，近几十年来的社会餐饮发展中已经基本不会用到食品雕刻，但在一些高规格的宴会中依然经常出现。

体制化与形式化保持制度型宴会具备相对固定的规格，对于既有规格的增减都会招来批评。商纣王用象牙筷子，箕子就认为这是商王走向腐败、王朝走向衰败的开始，因为用了象牙筷子，陶土的餐具就要升级了，餐具都升级了，食物的数量与质量也要升级了。春秋时子贡为了节省开支建议去掉告朔礼上的活羊，孔子就表示反对，说："尔爱其羊，吾爱其礼"，要维护先人定下来的祭礼制度。我们前面已经介绍过，古代的祭礼很多时候是与宴会连在一起的。

二、民俗型宴会

民俗是指一个民族或一个社会群体在长期的生产、生活中逐渐形成并世代相传、较为稳定的风尚、习俗。宴会是这些风尚习俗中比较重要的内容，在很多群体性的民俗活动中都会出现。当民俗上升进入国家或地方的政治宗教秩序中时，这一类宴会也就会成为制度型宴会；当民俗与学术、文化、艺术结合时，就会向精英文化发展，这一类宴会也就会成为文化型宴会。民俗是群体共同创造或接受并共同遵循的，所以民俗型宴会是各个类型宴会的基础，是社会全员都可以参与的宴会。

（一）民俗型宴会的种类

1. 婚诞类

在中国传统观念中，婚姻是终身大事，不仅是男女两个人的事，也是双方家族的联盟，因此，婚礼都是非常隆重的。现代婚礼虽然传统的意义已经淡了，终身托付的色彩少了，个人的情感色彩增加了，但隆重程度并没有降低。而且，正是由于传统婚礼的仪式简化了，婚宴反而显得更加重要，因此在现代婚礼中，婚宴几乎成为最重要的现场秀。

2. 丧祭类

《论语·学而》中曾子说："慎终追远，民德归厚矣。"慎终是指丧事，追远是指祭祀。这两件事是中国人自古以来就非常重视的，在丧事与祭祀中间以及结束时也都会用宴会来招待前来参加的亲友。丧事相关的宴会中没有娱乐的内容，但祭祀相关的宴会中会有一些娱神的礼乐。因为近代以来家族的概念逐渐弱化，祭祀类宴会在民间少见了，只是在一些修订族谱、家谱的活动中还可以看到。

3. 迎送类

中国人在亲人、朋友、同事、上司长时间出远门时会有送行宴会，在他们回家、到任、客至的时候会有迎接的宴会。最初因为古人旅途风险较高，所以这种送行也有壮行的说法，为远行人加油打气，后来演变成习俗。如果远行人是科举高中、升迁，那送行宴会也有祝贺的意味。接风也称为洗尘，客人远来一路辛苦，所以这种宴会也有慰劳之意，如果是官员到任，这样的接风宴又有祝贺的意思。

4. 聚会类

聚会类的宴会在民俗中最为常见。同事之间因为工作进行到一个节点，聚宴可以沟通彼此的意见；亲友之间因长时间不见，聚宴可以联络彼此的感情；也可能是朋友间的偶然想念，并没有实际的目的而聚宴。这类宴会是主题性最弱的，但也因此可以安排很多活动，比如踏青、赏花、采摘等。

5. 尾牙类

尾牙是港台地区对于公司年终聚宴的一种说法。最初来源于打牙祭，意思是吃点丰盛的食物，另一种说法是"祭五脏庙"。我国东南沿海地区传说农历每月的初二、十六，是福建商人祭拜地基主和土地公神的日子，被称为"做牙"。其中，二月初二为最初的做牙，称作"头牙"；年尾十二月十六的做牙是最后一个做牙，所以被称为"尾牙"。而拜祭后的菜肴或大餐即称为"打牙祭"。每到年尾，各商家行号会在尾牙期间宴请员工，以犒赏过去一年的辛劳。尾牙发展到今天，最流行的风俗是各公司企业在当日举行聚餐晚会和员工联谊活动，称作尾牙宴、尾牙聚餐、企业年会。

（二）民俗型宴会的功能

民俗型宴会有三大功能：联系人际关系、展现民俗文化和体验民俗风情。第一个功能是民俗型宴会的基本功能，是民俗型宴会存在的基础。后两个功能针对的是文化的围观者，在旅游及文化交流类的宴会中体现得较多。

1. 联系人际关系

大多数人是处在各种关系当中的，有亲属、朋友、同事、同学、同好等，宴会就是处于关系中的人们互相交流的平台。人际关系有亲疏、高下之别，在这样的关系中，民俗型宴会也就可以分为两大类：一类是对等关系宴会；一类是不对等关系宴会。一般情况下，生日宴、同学聚会、同事聚会、朋友聚会之类属于对等关系宴会，参加宴会的客人们在这个平台上地位相当；婚宴、开业宴会、升迁宴会、庆功宴属于不对等关系宴会，在宴会上，客人们根据其在体制内的地位被区别对待。这类宴会俗称"应酬"，总的来说参与人员都是关系比较近的人，关系近了就有各种关于工作、合作、学习的机会，也有常见的各种同学会、拜师宴等。

2. 展现民俗文化

民俗型宴会与所在城市的民俗文化关系密切，有着浓厚的地方文化特点。在一般的民俗宴会中，客人们对本地民俗文化的元素不太注意，而对外地民俗文化则会特别关注。基于这一注意特点，以本地民俗文化为标签的餐厅会经常被人忽视其文化特色，而以外地民俗文化为标签的餐厅，其文化特点更容易被关注。

3. 体验民俗风情

宴会中食物的特殊食用方法、服务员的服饰及地方特色的待客之道，这些都属于民俗风情。宴会设计中的民俗风情往往与本地实际的民俗状况不符，很多是基于旅游经营的需要而牵强附会地添加进去的。现代社会文化交流的渠道很多，导致很多地方的特色文化风情逐渐淡化乃至消失，可是人们在各种文字中依然能够看到这些。于是在很多的旅游目的地及文化古城又将这些消失的民俗挖掘出来以供游客观赏体验。

（三）民俗型宴会的特点

民俗型宴会在流程上有地区性、主题性、互动性三个特点，这三个特点决定了民俗型宴会在形式上丰富多彩，在内容上轻松活泼，在流程上简易温暖，人情味浓。

1. 地区性

不同地区的地理与气候条件决定了人们不同的生产生活方式，反映在宴会上也就必然产生地区性的差异。平原地区人口流动与物资流动都很方便，所以位于同一个平原上的宴会文化就会比较接近，国内的如华北平原、关中平原、成都平原、东北平原等，国外的如东欧平原、多瑙河平原等。山地、海岛在古代社会交通不便，位于这些地区的饮食宴会也就会有较大的差别。如四川盆地周围都是险峻高山，这里的宴会文化与周边地区的差别也就比较大。因此，我们可以看到苏北的宴会与苏南的宴会流程有些差别，整个华东、华北与岭南地区的差别又大一些。大致上，我们可以按地区将宴会分为华北、华东、东北、西北、华中、西南、闽粤等几大块，西南、闽粤因为山地复杂，宴会的风俗差异很大。

2. 主题性

民俗型宴会大多是约定俗成的主题，如婚宴、寿宴、乔迁宴等，这类主题其实更准确地来说应该是大的宴会类型下面的小的类型，但在没有特别文化设计的时候，这些就是民俗宴会的主题。还有一些是属于隐性主题的，如与朋友聚餐、同学会等，此类宴会在筹备时并不会给宴会设定一个主题，但这样的聚会本身就是主题。虽然如此，为了明确宴会的目的，人们在召集民俗型宴会时，还是会设定一个显性主题。比如婚宴，宴会主人的身份不同，婚宴具体的主题应该有不同。

3. 互动性

民俗型宴会的人情味比较浓，沟通人际关系是此类宴会的主要目的，而为了达到这个目的，互动就不可或缺。具体的如少数民族宴会中常见的歌舞、汉族民俗宴会中常见的猜拳、中式婚宴中常见的闹洞房、闹新人等。各地民俗宴会中的互动环节也有不同，这些互动有些属于助兴的民俗传统，有些则属于民俗中的陋习，在进行宴会设计时需要加以区别使用。

三、文化型宴会

文化，广义上来说是能够被传承和传播的国家或民族的思维方式、价值观念、生活方式、行为规范、艺术文化、科学技术等，它是人类相互之间进行交流的普遍认可的一种能够传承的意识形态，是对客观世界感性上的知识与经验的升华。狭义上来说，在宴会领域，主要是指艺术、文学、宗教、价值观等。从更窄一点的范围上来说，就是大众消费者所理解的琴棋书画、诗文曲艺。而在宴会中聚集了这些元素，最终要体现出来是一种生活方式。

（一）文化型宴会的种类

文化型宴会区别于制度型宴会与民俗型宴会的一个最大特点是它的自由多样。自古以来，文化型宴会就是文人雅集的重要平台，而文人的情趣通常需要打破传统的条条框框，所以宴会的主题、形式经常是不遵守制度型宴会与民俗型宴会的格式的，也就比较难区分种类。下面列举一些常见的种类。

1. 文宴

文宴也称为诗文酒宴。自古以来，文人聚会宴饮都会有诗文，而讨论、欣赏诗文的时候也大多会有酒宴。著名的诗文酒宴有很多，如留下千古名篇《滕王阁序》的宴会；北宋欧阳修在平山堂上"坐花载月"的宴会。总体上来说，文宴以简约清雅为主要风格。但到明清时期，商人参与文化活动日益频繁，文宴也因他们的加入而增加了一些奢华色彩。清代著名盐商小玲珑山馆的主人马曰璐、马曰琯兄弟兼有商人和文士的双重身份，在小玲珑山馆中宴请汪玉枢、厉樊榭等名士，席间以明代嘉靖龙舟芙蕖雕漆盘饷客，大家盛赞此盘之精美："丽盘出摩挲，髹漆工刻镂，式自果园遗，法匪扬汇授。"这算是非常高端的文宴了。

2. 修禊宴

修禊宴也是文宴的一种，结合了古代上巳节的祓禊活动演化而来的，有春禊、秋禊两种。历史上最著名的春禊宴会是东晋时王羲之与文友们的"兰亭修禊"，从那以后，历代都有很多人模仿这样的修禊宴，如清代王士禛在扬州发起的"虹桥修禊"。不仅是普通文人喜欢这样的宴饮游戏，王公贵族们也喜欢，清代乾隆皇帝就在宫中建了一个禊赏亭，亭中凿了一个流杯渠，亭子周围是假山，亭子四周石栏板上浮雕竹子，以对应兰亭雅集"崇山峻岭、茂林修竹"的意境。秋禊与春禊的意思相仿，只是举办的时间放在秋天，天高云淡，是一种与春天不同的意境。

3. 拟古宴

中国人对古代文化历来有着浓厚的兴趣，在宴会中常常喜欢加入古代的礼仪、菜品、餐具等元素。中华人民共和国成立以后，拟古宴作为研究古代文化的手段也逐渐受到人们重视。各地先后研究推出的拟古宴有：北京的仿膳宴、山东的孔府宴、杭州的仿宋宴、西安的仿唐宴、徐州的仿汉宴、扬州的乾隆宴等。以朝代为主题的拟古宴通常要求宴会的仪式、菜品、环境及流程有一定的历史依据。近些年来，随着汉服文化的流行，出现了一些架空时代的仿古宴会，而主题可以是赏花、赏月，或者其他一些古典生活的主题。

4. 文学宴

文学宴是以文学作品为底本设计的宴会，依据古典名著设计的宴会与古宴相似，但对于菜品、宴会场景的要求是来源于文学作品而非作品所处的年代。这方面的宴会有红楼宴、金瓶梅宴等。现代的文学作品也有人拿来作宴会设计的底本，比如依据金庸的小说《射雕英雄传》设计的"射雕宴"，还有背景更模糊的"武侠宴"等。文学作品中的宴会及美食的描写是服务于作品的，很多并不是实写，所以文学宴的设计空间比较大，如果是依据诗词意境来设计宴会及其菜品的话，设计者个人创意的空间就会更大一些。

5. 茶宴

茶宴在中国宴会中是特别的一类。汉唐以后，古人在简便的生活宴会中经常是茶酒同饮的，到宋元明清时期，饮茶风俗日益兴盛，茶宴上酒的存在感也越来越低，与饮茶相应的茶菜、茶点、茶果日益成熟并形成自己的体系。在主题设置上，茶宴与文宴相似，但相对于文宴来说，茶宴的文化氛围更为浓厚，并且经常与禅宗的意境有关联。历史上著名的茶宴有"清明茶宴"、宋徽宗"文会图"茶宴、苏东坡"石塔寺茶宴"和"径山茶宴"等。南宋的茶宴传到日本后，逐渐形成专门的茶宴形式称为"茶怀石"，这也是如今茶宴设计重要的参考对象。

（二）文化型宴会的功能

文化型宴会是围绕人们的精神生活而设计的，大概来说有休闲娱乐、文化体验、社会教化等三个方面的功能。当然它也经常与制度型宴会或民俗型宴会相结合，作为那些宴会的文化背景而存在。

1. 休闲娱乐功能

这是文化型宴会最早的功能。古代文人诗文唱和，佐之以酒，是日常生活中最常见的娱乐方式。《古诗十九首》记载："今日良宴会，欢乐难具陈。弹筝奋逸响，新声妙入神。令德唱高言，识曲听其真。"李白的《将进酒》中有："烹羊宰牛且为乐，会须一饮三百杯。岑夫子，丹丘生，将进酒，杯莫停。与君歌一曲，请君为我倾耳听。"描写的都是这样的场景。从这些描写可以看出，这些宴会只是为了抒发情感、释放情绪，以娱乐为主要目的。宴会上除诗文以外，音乐、歌舞也是必不可少的，而表演者常由参加宴会的主人或客人来担任，在著名的《韩熙载夜宴图》中可以很直观地看到这样的情形。中国古代的文官都是知识分子，他们有文化、有生活情趣，会表达，也有经济能力组织这一类的宴会。在他们的影响下，当社会经济发展，普通百姓有这样的消费能力时，也会成为此类宴会的消费者。

2. 文化体验功能

很多人对于现实生活以外的风景有兴趣，古人的生活方式、神仙的生活方式、诗人的生活方式对于现代普通人来说都有一抹神秘色彩，而文化型宴会则可以让人沉浸式体验一下那些遥不可及的生活。当客人参加一场仿宋的宴会时，他们要穿着仿宋代的服装，在仿宋代的环境里，听着仿宋的音乐、宋词，按照宋代的宴会流程品尝着仿宋的食物，而盛放食物的餐具也是仿宋的，这样的用餐体验会让人产生一种新奇的穿越感。当然这种体验功能并不一定都是以沉浸的方式来实现，比如以《西游记》为底本设计的宴会更多的是让人体验到素宴的风味，以及场景设计中的异域风情、神仙鬼怪可以增添宴会中的趣味，但并不会让人觉得真有其事。与此相似的还有武侠类的、游仙类的宴会。以诗词为底本的宴会设计也并不能直接让客人学古人那样现场作诗，但通过宴会流程的设计可以让人体验古代文人饮宴活动的风雅，比如曲水流觞宴，宴会节目中除了有诗词还有饮酒的方式，这其实是酒令的一种形式。

3. 社会教化功能

宴会作为礼的一部分，自古以来就有着社会教化的功能。其一是诗教，以诗教化民风民俗是从孔子编定《诗经》后延续下来的，《诗经》分为风、雅、颂三部分，颂是天子宴会所唱的，雅是诸侯宴会所唱的，风则是各个诸侯国的民歌，大多适合在文化型宴会上唱。之后的唐诗、宋词、元曲也都可以作为宴会的唱词。其二是礼教，在拟古的宴会中，一定会有古代的礼仪，这些礼仪在现代社会中虽然已经不予使用，但通过它们可以提醒人们在日常的人际关系中所应有的尊重、文明、规则。其三是雅教，文化型宴会大多数格调高雅，从环境到流程到菜品的盛装方式都提醒客人历史上有过文明雅致的生活方式。

（三）文化型宴会的特点

文化型宴会的流程有三个特点：主题化、趣味化、互动性。体制化与民俗化宴会的举办都有其固定的主题与形式，而文化型宴会则是在这之外设定的主题，形式上也灵活很多。现代文化型宴会的流程可以模仿古代同类的宴会，也可以模仿古代的制度型宴会或民俗型宴会，因为时代的间隔，那些宴会也都具有了作为文化体验的价值。

1. 主题化

文化型宴会因为不在制度里，也不在民俗中，因此，每次宴会的召集都会有一个主题，而这样的主题并不是格式化一成不变的，而是根据宴会举办者的情绪、时间而随机安排的。比如曲水流觞宴的时间古代是在三月三这天，但是否能按时举办，要看主人、客人与天气的具体情况而定；《红楼梦》里贾府的小姐们因为写诗而结社，有海棠社、菊花社、桃花社等，这是文人诗宴在文学作品中的反映。

2. 趣味化

现代文化型宴会的主题很多，可以有赏花（芍药开时有簪花宴、荷花开时有清莲宴等）、听琴、品戏、游园等中老年人喜欢的主题，也可以有仙侠、游戏、穿越、动漫等年轻人喜欢的主题。在主题的选择与流程的安排上，趣味化是文化型宴会设计中的重要方向，有趣味，一场宴会也就成功大半了。

3. 互动性

文化型宴会中的等级色彩较淡，宾主之间的气氛比较和谐，因此在宴会流程中的互动环节也就比较多。文宴、曲宴中的朗诵唱和需要有客人的参与才会有气氛；游园、拟古中的园林、插花、茶道的欣赏以及汉服的穿着和礼仪的学习也都需要有客人的参与才能完成。可以说，文化型宴会几乎所有的主题都需要客人主动地参与才能使宴会的主题突出，才能使宴会的趣味设计得到体现。

第三节　宴会在餐饮经营中的作用

不是所有的餐饮企业都经营宴会，但仪式完整的宴会一定是在餐饮企业的平台上经营的，它不能离开餐饮企业而独立存在。相对于普通的用餐来说，宴会需要更大的场地和更专业的服务及运营团队。所以，一个餐饮企业选择销售宴会产品，一定是因为它有利于企业的经营。

一、宴会经营的特点

（一）用餐人数多且相对集中

通常零点用餐人数不确定，且用餐时间不确定，从开餐到下班，几乎每个时间都可能有客人来用餐。宴会则不同，在确定了宴会任务之后，用餐的人数与用餐时间就基本确定了，一场宴会的人数少则十多人，多则数百人。对于餐饮企业来说，一方面是规模产生效益，另一方面也对服务水平与接待能力提出要求。

（二）菜肴与服务的标准统一

宴会标准一致，菜肴与服务的标准也应该是统一的。标准统一使得宴会生产过程变得简单，每个餐饮企业都有其经营的价格范围，不需要接待不符合本店消费标准的客户。

（三）价格档次差异明显

宴会档次是用宴会的销售价格决定的。在确定价格档次时，不同档次的宴会在价格上要有明显的差异。档次不同，提供的菜品与服务水平也不同，如果档次之间的价格接近，就很难体现出差异性来。

（四）事先有预约

零点用餐是即时性的，零点菜单为了满足客户需求的多样性，菜品的种类也比较丰富，这使得厨房在食材的准备上要尽可能全面，而对于食材的消耗却是不完全可控的。宴会大多数是有预约的，可以根据预约来准备食材，相关工作就会显得有条理不琐碎。即使没有预约的临时宴会，也会有不同档次的套宴菜单供客户选择，这种套宴菜单实质上是另一种形式的预约，它预先设置了给客户的选择项。

（五）可以服务多种类型客户

宴会厅曾经也称多功能厅，空间大，使用灵活，可以根据客户的要求改变桌型、空间布置、灯光及音响效果等。这样的多功能厅可以用作会议厅，到晚上经过布置就成为一个宴会厅，可以经营桌餐，也可以经营自助餐。事实上有大型宴会厅的餐饮企业就有了更多宴会周边业务的接待能力。

二、宴会在经营中的作用

（一）宴会是餐饮企业重要的营业项目与利润来源

宴会通常在两个空间举办，一是包厢小厅的小型宴会，1~10桌；二是大厅的大型宴会，10桌以上。宴会厅的总面积往往占餐饮企业餐厅面积的35%~50%，甚至更高。按照同等的菜品及服务水平，宴会厅的工作人员与客人的比例要小于零点餐厅，而它的业务量要远远超过零点餐厅，食材的综合利用率也远远超过零点餐厅，所以从整体上来说，宴会的利润是高于零点餐厅的。

（二）宴会经营是餐饮企业形象的窗口

宴会是融合了多种文化、艺术、技艺的综合性饮食产品，它接待的人越多，活动影响越大，服务质量要求就越高，所以就会成为重要的形象窗口。现代餐饮企业的宴会经常还伴随着一些商业的、时尚的、文化的乃至社会公益的活动，有些宴会的参加者地位比较高，大多数宴会也都有着融洽的氛围，加上传统纸媒的新闻报道与现代网络媒体的传播，可以有效地提高餐饮企业的声誉。

（三）宴会经营是餐饮企业管理水平与特色的集中体现

宴会工作包括物资采购、菜品生产、宴会服务、空间设计与布置、宴会节目等多维度内容，涉及饮食学、服务学、美学、心理学、工程学、政治学、民俗学等多学科的知识与技能。为了完美地呈现一场宴会，需要对厨房的生产流程与细节进行演练，需要对服务员的服务技能与临场应变能力进行训练。所以通过宴会，可以看到一个餐饮企业的餐饮、服务、后勤、策划、管理的综合水平，而所有这些水平最终体现的是餐饮企业的管理水平。

第三章
宴会主题设计

任何一个宴会的设计,都是从确定主题开始。拟好一个主题,是宴会设计成功的一半。宴会主题设计决定了元素的运用、风格调性的把控等。所有宴会都是根据主题来设计的。有些主题是显性的,在宴会任务下达的时候就明确了设计的目的与要求;有些主题是约定俗成的,以致让人觉得是无主题宴会。宴会设计的恰当与否,首先就是看其与主题的契合度。宴会主题与宴会类型并不是天然对应,同一类型的宴会可能会因其所关联的人和事不同而有所不同。宴会主题与主题名称也不是一成不变的,同一名称的宴会也可能关联不同主题、不同类型的宴会。主题与名称是对宴会最具体的规定与统摄,会因为场景与参会人心情的改变而改变,也是宴会文化风格最简约的文字定义。

第一节 主题设定

一、场景与主题

场景可以分为园林场景、住宅场景、城堡场景、古风场景、现代场景、室内场景、露天场景、娱乐场景、宗教场景等,场景本身的属性由其建筑、历史、环境、装饰、文化、空间大小等决定,而主题的设计也就与这些场景相关联。

(一)东方场景

近代以来的西式潮流使得很多建筑都带有西式建筑的痕迹,而明显带有东方文化特点的大多是一些古典场景。中华文化圈的古典场景大多比较相似,因此这里以中式场景为主,结合日本、韩国及东南亚国家的特点来一起解说。

1. 园林

东方的古典园林几乎都是生活与观赏一体化的。中国的园林依据占有者身份可以分为皇家园林、宅第园林、寺观园林和名胜园林四大类,其中,名胜园林的生活气息较弱。

(1)皇家园林 从风格上来说,皇家园林气势宏大,富丽庄严,有皇权的象征意义,比较适合政治主题、奢侈品主题、古董文物主题、婚宴主题的宴会。中国现存的皇家园林基本都在北方,整体风格精致中有粗犷气息,不太适合温婉、小资主题的宴会。在现实中，除极个别的地方或特例的原因外，皇家园林不大可能成为宴会的场所，而一些因为影视拍摄需要而搭建的皇家园林场景就成为较好的替代场景。

（2）宅第园林　其透出的休闲、隐逸气息是中式园林中所独有的，并且对于皇家园林有影响。宅第园林是古代士大夫在城中或郊外所建，有京师派、江南派和岭南派，其中以江南派水平最高，数量也最多，且在历史上多有用来经营餐饮的传统。现在，中国南方的一些地方私人造园的很多，其中不乏用作餐饮场所的。结合园林的文化特点，宅第园林比较适合隐逸主题、艺术品鉴主题、婚宴主题、文艺雅集主题等的宴会，也适合文化交流主题的政务宴会。

（3）寺观园林　多数建于山水名区，宗教氛围浓厚，而中式的宗教文化经唐宋以来的儒释道三教合一的演变，更多一些玄思禅意，不仅是宗教信徒活动的场所，也是很多文人流连的地方。这样的场所比较适合宗教主题、艺术主题、学术主题的宴会。寺观园林的大部分区域还是宗教活动场所，但也有一些区域如客堂、香积厨都是可以举办此类宴会的。由于寺观特殊氛围，这里的宴会必须符合相关宗教戒律。很多城市里的寺观并不包含园林部分，会缺少一种山水林泉的情境，但那种宗教的氛围还是一样的，适合的主题与寺观园林相仿，更多一些烟火气。

2. 宅第

并不是所有宅第都拥有园林的，有更多的古旧大宅只有生活功能，如山西著名的王家大院、乔家大院，号称百宴厅的扬州卢氏盐商宅邸、西南沿海地区的土楼和碉楼等。卢氏盐商宅邸虽然也有一个小花园叫意园，但在名园聚集的扬州城里，也就只能算长了几棵树的一个小院子而已。很多古宅被拿出来进行利用性保护，在符合消防等要求的情况下作为宴会场所使用。古宅作为不可再生的资源，在现代化的社会里属于稀缺资源，其氛围比较适合一些艺术主题、轻奢主题、隐逸主题的宴会，作为高端的家宴主题、婚宴主题也非常合适。

3. 宫殿

宫殿作为曾经最高统治者工作生活的场所，在中国目前都是不向宴会开放的。而在日本天皇的宫殿里经常会有一些宴会，但也都是围绕政治主题的，且这样的场所如何来策划宴会都由国家的礼宾部门来负责安排。

4. 农庄

农庄作为农业文明的东方社会中最常见的场景之一，在消费者中有着广泛的接受度。在中国文化里一般称为乡村，但受现代西方农庄的影响，现在很多地方也把乡村称为农庄。中国的农庄有中国人最留恋的田园风光，非常适合乡村主题、隐逸主题、休闲主题的宴会，也适合一些农产品推介主题、乡村旅游主题的宴会。

（二）西式场景

这里说西式场景不说西方场景，是因为自15世纪以来，西方文化对全世界的建筑、园林都产生了不可磨灭的影响。这里以西方国家的相关场景为主，兼及中国的一些西式场景来解说。

1. 城堡

城堡在西方与东方场景中有很大区别。西方城堡原本是为了战争防御而建,多用石材,所以质地相对比较坚固。城堡的主人都是当时贵族的领主,因此在饮食上并不铺张,但对于饮食宴会的仪式感是不马虎的。城堡独特的文化氛围使其更适合奢侈品主题、艺术主题、玄幻主题、婚恋主题、古代文化主题的宴会。欧洲很多古堡现在还属于私人财产,政府也会将一些古堡交由私人保护性使用,因此在这些地方的宴会并不少见。在中国也有一些仿建的城堡,可以用作类似主题的宴会场地。

2. 园林

西方的园林受法国的影响很大。17世纪下半叶,法国造园家勒诺特尔主持设计凡尔赛宫苑,根据法国这一地区地势平坦的特点,开辟大片草坪、花坛、河渠,创造了宏伟华丽的园林风格,被称为勒诺特尔风格,各国竞相仿效。18世纪中叶以后,英国的自然风景园开始流行,在法式园林的基础上吸收了中国园林的一些做法。19世纪下半叶,美国风景建筑师奥姆斯特德把传统园林学的范围从庭园设计扩大到城市公园系统的设计,以至区域范围的景观规划。英法的传统园林在宴会场景中较为常见,尤其是大片草坪在婚宴主题、政治主题以及一些下午茶会中较为多见。

3. 酒庄

酒庄原本是生产与贮藏酒的地方,近些年来也成为宴会的备选场景。酒庄的建筑不同于住宅、教堂、宫殿,它是为生产而设计的,这让客人们在此得到了新奇的宴会体验。酒庄的环境更适合品酒主题的宴会,也适合一些文学、艺术品、奢侈品主题的宴会,这个场景中的宴会多少都会与西方的酒神文化有一些关联。

(三)现代场景

现代场景从空间用途与美学风格上是迥异于传统的东西方宴会场景的,是以现代美学概念与功能来构建的。从美学观念上来说,现代派与后现代派的风格较为多见;从空间大小来说,因为建筑技术的发展,柱子在空间里越来越少,空间也就显得比较大;在空间的功能上趋向于多功能,没有太明显的场景功能设定。

1. 体育场馆

现代大型体育场馆往往可以容纳上万人,在赛事结束以后,这些场馆除了运动区域以外,需要转向经营以免空置。由于空间较大,而装饰又较简洁,用来布置新的空间相对比较容易。这样的场馆适合运动主题、政治主题、艺术主题的宴会。

2. 美术场馆

现代的美术馆空间也比较大且空旷,建筑设计又自带艺术气息。适合艺术主题、婚宴主题、文化主题的宴会。

3. 会展场馆

会展场馆在很多城市都有,当没有会展活动的时候,这些场馆也是可以用作宴会场所的。会展的空间很大,可以容纳大规模的宴会,在主题应用方面与体育场馆相似,相对来说政务主题、文化主题或婚宴主题的宴会更适合些。

4. 老厂房

在现代空间里，老厂房的艺术性与其自身的工业文化符号相关，因此在主题设计时必须考虑到这个因素。而老厂房陈旧的时代感，又让其与城堡、酒庄、寺观有相似之处。在这个场景里比较适合艺术主题、文化主题、奢侈品主题的宴会，也适合现代格调的婚宴或怀旧主题的宴会。

二、时令与主题

时令本身就是与宴会密切相关的，无论是二十四节气、花信，还是各种节日，不同的时令使宴会的规格丰富多彩。

（一）二十四节气

二十四节气来自中国古代订立的一种用来指导农事的补充历法，是中华民族劳动人民长期经验的积累成果和智慧的结晶。2016年11月30日，中国"二十四节气"被正式列入联合国教科文组织人类非物质文化遗产代表作名录。二十四节气中反映四季变化的节气有：立春、春分、立夏、夏至、立秋、秋分、立冬、冬至8个节气。其中立春、立夏、立秋、立冬齐称"四立"，表示四季开始的意思。反映温度变化的有：小暑、大暑、处暑、小寒、大寒5个节气。反映天气现象的有：雨水、谷雨、白露、寒露、霜降、小雪、大雪7个节气。反映物候现象的有惊蛰、清明、小满、芒种4个节气。

在几千年的农业文明中，中国人的日常饮食生活与季节变化有着密切关系，这种关系早在《礼记·月令》中已经明确记载。与节令相关的主要有劝农主题、养生主题两大类，而劝农在古代是由州府或县乡的首脑、家族长者来主持的重要仪式，在现代则可以用作农业旅游中的宴会主题。

（二）花信

花信也称花信风，就是指某种节气时开的花，因为是应花期而来的风，所以称为信风。人们挑选一种花期最准确的花为代表，叫作这一节气中的花信风，意即带来开花音讯的风候。花信有两种说法都可以使用，一是十二花信："一月梅花，二月杏花，三月桃花，四月蔷薇花，五月石榴花，六月荷花，七月凤仙花，八月桂花，九月菊花，十月芙蓉花，十一月山茶花，十二月水仙花"；二是二十四花信，南朝宗懔《荆楚岁时记》说"始梅花，终楝花，凡二十四番花信风。"顺序为："小寒：一候梅花、二候山茶、三候水仙；大寒：一候瑞香、二候兰花、三候山矾；立春：一候迎春、二候樱桃、三候望春；雨水：一候菜花、二候杏花、三候李花；惊蛰：一候桃花、二候棣棠、三候蔷薇；春分：一候海棠、二候梨花、三候木兰；清明：一候桐花、二候麦花、三候柳花；谷雨：一候牡丹、二候荼蘼、三候楝花"。经过24番花信风之后，以立夏为起点的夏季便来临了。

花信风除了与农时有关，有些花还被赋予了情感元素，这更多地与古人的审美生活有关，如梅花与兰花寓意品格、海棠寓意富贵、桃花和杏花寓意情爱、棣棠寓意兄弟情义、荼蘼寓意着伤春等等，这些寓意都可用作宴会的主题。

（三）节日

节日有的来自节令，有的来自祭祀，还有的来自礼仪活动。如清明节，由中国古代的上巳节、寒食节与清明节气组合而成，涉及风俗有踏青、相亲、祭祀三大类；端午节源于自然天象崇拜，结合了伍子胥、曹娥及介子推等传说和养生辟邪的内容，是集拜神祭祖、祈福辟邪、欢庆娱乐和饮食于一体的民俗大节；中秋节源自天象崇拜，由上古时代秋夕祭月演变而来，逐渐增加了团圆、思乡和祈盼丰收、幸福的元素，自古便有祭月、赏月、吃月饼、玩花灯、赏桂花、饮桂花酒等民俗；春节是中国的农历新年，由上古时代岁首祈岁祭祀演变而来，逐渐增加了除旧布新、驱邪攘灾、拜神祭祖、纳福祈年等内容，近代以来人口流动较为频繁，春节也成为中国人团圆的日子，人们不管在何地工作，都期望在春节时能够与家人团圆，与友人聚会。

中国所有的节日都有关于饮食的习俗，也都会有相关的宴会，这些宴会的主题均来自各个节日的习俗。大致来说，祭祀主题常见于清明节、端午节、中元节、乞巧节、中秋节、冬至、除夕等节日；团圆会友主题常见于中秋节、重阳节、春节等节日；文艺雅集主题常见于清明节、端午节、中元节、乞巧节、中秋节、重阳节、春节、元宵节等节日；养老健康主题常见于清明节、端午节、重阳节等。现代旅游业中也经常把这些相关的节日宴会与客户的旅游体验结合起来放到大旅游的主题中去。

三、事务与主题

事务包括民俗、社交、商务、政事等内容，是生活与工作中最主要的部分，也是宴会最常见的目的。事务本身常常就可以作为宴会的主题，如2015年，纪念抗战胜利70周年的宴会主题名为："为欢迎出席中国人民抗日战争暨世界反法西斯战争胜利70周年纪念活动的贵宾，中华人民共和国主席习近平举行招待会"；也有在国宴的事务主题下，用著名宴会作为主题的，如2018年，在青岛举行的"上海合作组织青岛峰会"的宴会用的是"孔府菜"，孔府菜所联系的孔子学说"己所不欲，勿施于人"正与"上合组织"的宗旨相吻合，作为这一宴会主题自然是非常恰当的。商务宴会、民俗宴会与国宴的这种主题形式相似，都要求清楚、通俗、准确表达宴会目标。社交宴会则要看具体的情况，有明确目标的如相亲、拜师、答谢等都是以事务本身为主题的；雅集、聚会之类的往往没有明确目标，或者说是雅集聚会的形式掩藏了宴会真正的目的，这种情况下，常常会以场景、风景、节令之类作为宴会的表面上的主题。

第二节　主题宴会名称的出处

主题名称在很多场合会作为宴会的名称，尤其是在文化型宴会和一些高端的民俗型宴会中。好的主题名称在设计层面是对整个宴会内容的统摄，反过来好的宴会设计也是必须围绕主题来进行的，两者是相互关联的。

一、出自文学作品

诗词是中国语言美的典范，能给人各种意境的想象空间。按照中国人的语言习惯，名称多以二字、三字、四字为宜，也有选择六字、七字或更多的。诗词的内容有记事、有歌颂、有抒情，其中尤其以抒情的内容为人所熟知。在选择名称时，需要了解名称背后所蕴含的意思，不要选择伤感、悲情或不吉祥的词语，也不要选择古今理解有歧义的词语。例如《楚辞》虽是著名诗集，但内容多有郁郁感慨，就不太适合从中选取宴会名。小说是明清以后最受欢迎的文学形式，其中大多数对于饮食生活有比较细腻的描写，其他非饮食场景也都深入人心，因此也是主题名称的重要出处。下面略举数例。

（一）诗歌中适用的宴会名称

1. 生活宴会

（1）摽梅宴　出自《诗经·国风·召南·摽有梅》的诗名，这是描写待嫁女子心情的一首诗，从等待的迫切心情中可以想见新人爱情的美好。适合用作婚宴的名称。

（2）棠棣宴　出自《诗经·小雅·棠棣》的诗名，这是歌颂、赞美兄弟亲情的诗，也因此棠棣成为兄弟的代称。诗中写道："傧尔笾豆，饮酒之饫。兄弟既具，和乐且孺。妻子好合，如鼓瑟琴。兄弟既翕，和乐且湛。"适合用作大家族聚会的宴会名称。

（3）满庭芳宴　满庭芳是词牌名。从字面上看可以用作庆贺乔迁的宴会名字。另外，传说古时有大人物出生时空中有异象，室内有异香。因此，庆贺宝宝出生的宴会可以用"满庭芳"作为宴会名，寓意孩子长大后前程无限。

2. 雅集聚会

（1）鹿鸣宴　出自《诗经·小雅·鹿鸣》的诗名，这首诗描写的就是当时的宴会场景，主人安排了酒肴，安排了音乐，热情地招待朋友。唐代有招待乡试举子的鹿鸣宴。非常适合作为友人聚会与庆贺升学的宴会名。

（2）辋川宴　辋川因大诗人王维而知名。这里是王维隐居之所，他在这里写过很多诗歌。其中有些可以作为宴会菜品设计的出处，如《积雨辋川庄作》描写道："积雨空林烟火迟，蒸藜炊黍饷东菑。漠漠水田飞白鹭，阴阴夏木啭黄鹂。山中习静观朝槿，松下清斋折露葵。野老与人争席罢，海鸥何事更相疑。"他还画过一幅《辋川图》，五代时尼姑梵正依据这幅画制作过拼盘"辋川小样"，后来被纳入西安的仿唐菜当中。这个名字适合用作为隐逸主题的宴会，让客人们体验千年前的隐居生活情调。

（3）春江花月宴　出自唐代张若虚《春江花月夜》诗名，这也是隋唐时期的乐府诗题。张若虚的这首诗在文人雅集中经常被拿来吟诵，同名音乐也非常优美，很适合作宴会的名称。以此为主题的宴会地点比较适合江平水阔的长江下游地区城市。

（4）桃李春风宴　出自北宋黄庭坚的《寄黄几复》诗："桃李春风一杯酒，江湖夜雨十年灯"，原意是指朋友间聚会的温暖。这个名字适宜用在春天的雅集宴会上，主题可以是畅叙友情，也可以是桃花时节的赏春宴。

3. 风情体验

（1）鱼丽宴　是《诗经·小雅·鱼丽》的诗名，描写的是捕鱼以后宴会的场景，诗中明确提到有6种鱼，"鱼丽于罶，鲿鲨。君子有酒，旨且多。鱼丽于罶，鲂鳢。君子有酒，多且旨。鱼丽于罶，鰋鲤。君子有酒，旨且有。""鲿、鲨、鲂、鳢、鰋、鲤"，可以制作成6个菜，也恰巧与现代宴会的菜品数量相近。适合用作全鱼宴的名称、水乡的船宴或以鱼为主的农家宴的名称。

（2）嘉鱼宴　出自《诗经·小雅·南有嘉鱼》的诗名，这首诗描写的是主人与客人快乐宴饮的场景。因为诗名中有嘉鱼，也很适合作为以鱼为主的宴会名。或者是一语双关，招待朋友们用的就是全鱼宴。

（3）七月宴　是《诗经·国风·豳风·七月》的诗名，这首诗很长，描写的是乡村生活的场景，其中"六月食郁及薁，七月亨葵及菽。八月剥枣，十月获稻，为此春酒，以介眉寿。七月食瓜，八月断壶，九月叔苴，采荼薪樗，食我农夫。"和"二之日凿冰冲冲，三之日纳于凌阴。四之日其蚤，献羔祭韭。九月肃霜，十月涤场。朋酒斯飨，曰杀羔羊。跻彼公堂，称彼兕觥，万寿无疆。"描写的是乡村食物的生产与宴会的场景。这样的名称既可以与季节配合，也可作经营观光农业的乡村宴会名称。

（4）烟花三月宴　出自李白诗《黄鹤楼送孟浩然之广陵》，因为这首诗与扬州有关，所以在使用时只适合用在扬州。适合用作春季扬州的宴会，三月正是扬州风景最美的季节，宜用作旅游主题的宴会名称。

4. 政务招待

（1）皇华宴　出自《诗经·小雅·皇皇者华》的诗名，这首诗歌颂的是忠于职守，为国为民的官员形象，明朝时也曾用作专门接待外国使臣的驿馆名称叫皇华亭。适合用作一些简便的公务宴会名称。

（2）天保宴、九如宴　是《诗经·小雅·天保》的诗名，是祈求上天保佑国泰民安的诗。用作政务宴会名称比较合适。诗中有九处用到"如"：如山如阜、如冈如陵、如川之方至、如月之恒、如日之升、如南山之寿、如松柏之茂，因此也可名为"九如"，在古代也常用作贺寿的吉语。

（二）散文小说中适用的宴会名称

1. 风情体验

（1）桃源宴　出自陶渊明的《桃花源记》，原指与世隔绝的世外桃源，后来常被人用作神仙洞府的代称，至唐代词牌中还有《宴桃源》词牌，又名《如梦令》。可以用作与桃源地名相关地区的旅游文化宴会名称，也可用作观光农业中的宴会名称。

（2）蓬莱宴　蓬莱是传说中神仙的居所，神仙之间自然也少不了各种宴会。在清代通俗说唱作品集《聊斋俚曲集》中即有《蓬莱宴》一部。可以用作与蓬莱地名相关的旅游文化宴会名称，因蓬莱是仙人居所，所以也可作为寿宴的名称使用。

2. 雅集聚会

（1）东坡宴　在苏轼的《东坡志林》及其他诗词中多处提到美食，他也因此成为北宋时期写美食最多的名人。适合于以苏东坡描写或提到的美食为设计的宴会名称，也可用于东坡爱好者的宴会或苏东坡曾经做官地方的宴会名称。

（2）洛阳耆英宴　出自北宋司马光的《洛阳耆英会序》。这是北宋文彦博与富弼、司马光等十三位退休重臣模仿唐朝白居易的香山九老会而组织的宴会，宴会地点在洛阳名园古刹内。这样的宴会主题适合退休官员或文人艺术家团体，具体名称也可将"洛阳"换成客人所在地或所在文化界别的名字。

3. 情境模拟

（1）红楼宴　这是以小说《红楼梦》命名的宴会。在小说中有很多宴会场景，可以用来作宴会的名称。如贾宝玉梦游太虚幻境是中国古代游仙文学一类，其中的宴会上贾宝玉欣赏警幻仙子为他安排的"红楼梦"歌舞，因此可以命名为太虚曲宴。其他的根据宴会的情境还可以分为诗社主题的红楼诗宴，宫廷主题的元妃省亲宴，节令主题的红楼上元宴等。

（2）西游宴　以小说《西游记》中的宴会场景设计的各类宴会都可称西游宴，在设计时可根据宴会风格及其在小说中的情境来选择合适的名称。由于小说本身属于古代志怪、游仙文学一类，其相关的宴会也必然是带有这类风格的。如表现天宫饮宴场景的宴会可以用蟠桃宴、安天宴、盂兰盆宴等名称，如果设计另类妖怪主题的宴会也可名为洞府宴、龙宫宴等。

（3）武侠宴　这类宴会取名均与相关的武侠小说有关，其中又以金庸作品居多，以前就有人设计过金庸武侠宴，但是从宴会风格细分来说，以大漠草原为主题的可以命名为射雕宴，以江南宫廷美食为主题的可以命名为宋宫宴，以小说角色为主题的可以命名为金庸群侠宴等。

二、出自典故

历史上一些著名宴会的名称也是可以用在现代宴会设计中的，由于古今环境人文不同，在使用时需要赋予它新的内涵。

（一）历史上已有宴会名

（1）清明宴　是唐代的宫廷宴会名称，是在农历清明祭祀春神活动后进行的一场宴会。今天的清明节主题为祭扫先人，与古代不同。如今，这个名字可将其与清明的踏青、祈福等活动联系在一起。

(2）琼林宴　宋代宫廷宴会名称，用来招待新科进士的宴会。如今，庆贺升学，尤其是高考录取后的庆贺宴会可以用这样的名称。

(3）烧尾宴　唐代官场宴会，用来庆贺升官或科举高中，是历史上奢华宴会之一。如今的宴会中可以结合汉服活动采用这个名称。

（二）名人轶事

(1）曲水流觞宴　永和九年三月初三上巳日，晋代贵族、会稽内史王羲之偕亲朋在兰亭修禊后，举行饮酒赋诗的"曲水流觞"活动，引为千古佳话。这一儒风雅俗，一直流传至今。在这次游戏中，有十一人各成诗两篇，十五人各成诗一篇十六人作不出诗，各罚酒三觚。王羲之将大家的诗作收集起来，用蚕茧纸，鼠须笔挥毫作序，乘兴而书，写下了举世闻名的《兰亭集序》，因此这个宴会适合文宴主题。宴会需要有一个曲水流觞的环境设计，适合作为清明前后诗文雅集等文艺主题的宴会名称。

(2）四相簪花宴　北宋庆历五年，韩琦任扬州太守时，官署后花园中有一种叫"金带围"的芍药一枝四岔。韩琦邀请当时在扬州的王珪、王安石和陈升之一同饮酒赏花。韩琦剪下这四朵金带围，在每人头上插了一朵。此后的三十年中，四人先后做了宰相。以四相簪花作为宴会的名字，寓意参加宴会的人以后都可以有一个光明的前途。

(3）乾隆宴　民间有很多关于乾隆皇帝微服私访的传说，而他本人也确实多次巡幸江南，这让他与美食结下不解之缘，乾隆宴就是在清宫饮食资料以及他的相关饮食传说的基础上产生的。作为帝王的奢侈饮食，乾隆宴不符合今天的饮食消费观念，但将其简化过后，还是可以满足一部分消费者的需要。在乾隆南下曾经到过的地方，乾隆宴也是其地方旅游文化的符号之一。

三、出自风俗

中国幅员辽阔，各地风俗差异很大，宴会情况也各不相同，相应的宴会名称也各有特点。

（一）季节风俗

1. 春夏季风俗宴会名称

春季中国很多民族都有踏青游春的习俗，时间不限，从初春到暮春都有，这中间少不了有饮宴的需要。《浮生六记》中即有芸娘为沈复与朋友们踏青准备临时用的烹饪器具的记载。这类宴会可以命名为游春宴、探春宴、赏春宴等。上元节的宴会，可以用花灯宴、灯谜宴之类的名字。

古人在农历上巳节（农历三月初三）时在水边举行的被除不祥的活动称之为"修禊"，自东晋王羲之的兰亭修禊后，这种民俗活动逐渐演变为文人、名士的文学饮宴活动。在清明节成为祭祀主题的节日之后，文人雅集多用"修禊"的名称。修禊宴在定名时宜加上地名，这样更能突出地方特点，如兰亭修禊、红桥修禊等等。清代两淮盐运使卢见曾在"红桥修禊"雅集上独创出"牙牌二十四景"的文酒游戏，把瘦西湖的二十四景刻在牙牌上，与宴者依次摸牌，然后根据摸的牌上的景致当场吟诗作句，吟不出的就罚一杯酒，这种酒令的新形式很快就在全国流行起来，瘦西湖也因此而声名远播。

农历五月初五的端午节是中国古代重要节日，这一节日的风俗内容较多，如纪念屈原、伍子胥、介子推、孝女曹娥；由祭祀活动发展而来的赛龙舟、吃粽子；由纪念主题发展而来的诗会等。不同主题要求的端午宴会需要有不同的宴会名，如与祭祀、辟邪相关的宴会叫"端午十二红"，与屈原和诗会相关的可以叫"佩兰宴""漪兰宴""浴兰宴"，与赛龙舟相关的宴会可以叫"逐浪宴""竞渡宴""龙舟宴""会船宴"，等等。

夏季天气炎热，不宜举办复杂的、大型的宴会，这一时节，纳凉是最适合的宴会主题，相应的宴会名称可以用"荷风消夏宴""赏心茶宴"，等等。

2. 秋冬季风俗宴会名称

七月七日乞巧节也称七夕、女儿节，传说是牛郎织女相会的日子，宗懔《荆楚岁时记》记载："七月七日，为牵牛织女聚会之夜……是夕，人家妇女结彩缕，穿七孔针，或以金银鍮石为针，陈几筵酒脯瓜果于庭中乞巧。有蟢子网于瓜上，则以为符应"。这一天的风俗主要有两个：一是乞巧，是年轻女孩的节日，可以用的宴会名称如"兰心斗巧宴"；二是爱情，可以用"鹊桥仙"作为宴会的名字。

中秋节是中国人一年中非常重视的节日，人们在这一天赏月并祈求团圆。这一天的宴会主题设计可以与一些传说结合，如结合唐玄宗游月宫的传说可以命名为"明皇游月宴"，与团圆的主题结合可以命名为"花好月圆宴"，单纯以赏月为主题的可以用"婵娟宴"等。

九月九日重阳节在民俗上有两大主题，一是登高，二是敬老。这个时令的花卉是菊花与桂花，也经常用作宴会的主题。以登高为主题的宴会可以命名为"茱萸宴""平山宴"；以花卉为主题的可以命名为"东篱菊花宴""持螯赏菊宴"；结合高考、升学主题的宴会可以命名为"蟾宫折桂宴"；结合敬老主题的可以命名为"南山寿宴"等。

冬季天气寒冷，在我国北方地区常有围炉夜话的朋友聚会形式，如白居易《问刘十九》："绿蚁新醅酒，红泥小火炉。晚来天欲雪，能饮一杯无？"结合宴会的场地主题，可以有"林海围炉宴""围炉赏雪宴""梅雪迎春宴"等。

（二）婚寿风俗

1. 婚诞习俗宴会名称

（1）婚事宴会 传统的婚事内容很多，有说媒、相亲、会亲、过礼、择吉、迎娶、拜堂、喜宴、回门等，其中多个环节需要有宴会，尤以会亲与喜宴最为重要。具体的宴会名称可以用吉语如：珠联璧合宴、鸾凤和鸣宴、龙凤呈祥宴、秦晋欢好宴、天成佳偶宴等。如果是中老年人的婚宴也可用白头偕老宴这样的名字。

（2）新生儿宴会 孩子出生是家庭中的大事，现在一般的中国家庭都会办满月酒与百日宴。满月宴会名字可以根据性别定夺，生男孩的宴会叫"麒麟宴""弄璋宴"，生女孩的宴会叫"弄瓦宴""梧桐引凤宴"等；百日宴在民间也叫"百晬宴"。

2. 庆生祝寿宴会名称

（1）男性生日宴会的名称　年轻人可以用"雏凤宴""鸣岐宴""鲲鹏宴"等寓意奋发向上的名称；中年人适宜用"四海宴""宏图宴"等寓意事业发达的名称。

（2）女性生日宴会的名称　年轻人可以用"静姝宴""清扬宴""花信宴"等寓意美丽婉约的名称；中年人可以用"漪兰宴""凤仪宴""倾城宴""牡丹宴"等名字。

（3）老年人生日宴会的名称　大多数时候可以通用。如"德邻宴""永受嘉福宴"等，如果是家中父母同时过寿，可以用"椿萱并茂宴""松龄鹤寿宴"等名字。

第三节　成功的宴会主题设计

一、从客户需求的角度明确主题

所有成功的主题设计都是围绕客户需求进行的。具体有两种类型：一是被动设计，由客户提出宴会主题，设计者依据客户要求确定宴会的名称、价位、菜单、场景及流程等；二是主动设计，设计者预设客户的需求，再确定宴会的名称、价位、菜单、场景及流程等。被动设计的成功率较高，因为客户的要求基本是显性的，设计过程中也方便沟通，但设计者的发挥空间较少。主动设计的成功与否取决于客户预设是否准确，如果预设的客户群体过于小众或根本不存在，设计就会失败，优点是设计者有较大的发挥空间。不论何种类型的设计，均要满足客户的正向需求，考虑到消费者的时间成本、经济成本、文化接受度等。在实际工作中，完全的被动设计或完全的主动设计都是不存在的，设计者通常是根据市场分析预设客户需求，进行主动设计，然后再根据客户的要求对原设计进行修改。因此，在主题宴会的设计过程中，要与消费者积极沟通，获得认同与理解。对于消费者提出的主题，酒店要利用专业知识与技能，帮助消费者开发更多具体、生动的环节，来形成浓厚的主题氛围。

二、从文化的角度深化主题

文化是人类在社会实践过程中所获得的物质、精神的生产能力和创造的物质、精神财富的总和。它包括了政治、宗教、文学、艺术、历史、民俗等诸多方面，这些就是宴会主题设计的深化点。具体来说有两个大的角度。

（一）地方文化对主题的深化

文化虽然有一个统一的概念，但落实到各个地方却有不同，如西安是周秦汉唐的都城，西屏大漠，东瞰中原，有秦腔、兵马俑、古城墙、汉唐碑林等文化符号，这些应该有选择地出现在西安地区的宴会主题中。内蒙古的宴会主题中则应该有草原、牛羊、胡笳、王昭君等文化符号，甘肃的宴会主题当然应该有敦煌、飞天、驼铃、玉门关之类的文化符号。

（二）节日节令对主题的深化

在中国，每一个节日和节气都有其独特的饮食文化，几乎每个节日或节气都对应着特定的美食。假日已经成为现代商业中非常重要的营销时期。伴随着节日文化的兴盛，节日经济的蓬勃发展所带动的节日宴会也巧妙地借助节日，有了明确的主题，并产生了各地不同风情的宴会形式。

其他的文化基本可以在上述两点统摄下展开。主题宴会的文化设计，需要围绕主题进行挖掘，找到文化的真正内涵。独特的文化魅力，才是主题宴会的核心竞争力。

三、从市场角度宣传主题

随着时代的发展，互联网与物联网将实现人、机、网的多维度互通互动。市场环境也在不断变化，主题宴会的传播方式需要根据这些变化进行相应的设计调整。例如，在全民直播时代，主题宴会的内容与主题一定要具有可传播性。

如某酒店以"海贼王"为主题设计了一个在毕业季的主题宴会，吸引了大量的青年消费者聚餐，而其中的经典菜式"可乐鸡饼"、经典人物路飞塑像成了就餐者拍照、直播的刷屏主题，而现场售卖的系列周边产品则为酒店带来了额外收入，并在一段时间内成为传播话题。

每年春季是各种山野菜上市佳季，某餐厅及时推出了"春季野菜宴"迎合了大众健康饮食消费者的需求。餐厅并没有花很大力气做广告，只是在餐后送给每一位就餐者一袋野生苦菜，然而，口口相传的口碑营销竟然为餐厅带来了大量的宴会订单。

四、宴会主题设计关键控制点

（一）主题的明确性

中国文化博大精深，现代信息时代的各类文化资讯不断涌现，在进行主题宴会设计时需要汇集有效资源、收集与主题吻合的信息，忌讳主题缺乏个性、缺乏特色。要避免设计环节主题不清晰，或主题平淡无奇，没有创造性。主题宴会的设计要主题明确、与众不同，具有自己独特的风格。

（二）主题的可行性

主题不宜过大，过大则容易空洞，空洞的主题在后续的设计中容易导致内容空心化。常见的主题宴会偏离主题的现象有强拉主题进场、重环境而轻菜品、重宣传而轻服务、重营销而轻质量等。主题宴会要做到名副其实，才能赢得餐饮市场竞争的胜利，否则就会出现昙花一现而迅速凋零的现象。

（三）关注细节、不断打磨

这一点考验的是酒店的执行能力。团队的执行能力表现在对细节的打磨上，这些细节包括环境的小饰品、台面的小修饰、服务的小细节、菜点的小革新、节目的小改动、安全的小提示等。每一次主题宴会的实施对于酒店来说都是一个全新产品的应用，这就要求综合考量宴会设计师和酒店多部门及个人在软件配套、硬件设施、文化底蕴、团队执行力等多方面的能力及协作水平。只有协同并进，才能保证主题宴会的主题突出、特色鲜明，实现酒店品牌与经济效益双丰收，实现满足消费者需求的目的。

第四章
宴会菜单设计

菜单与宴会设计是一项知识性、艺术性和技术性很强的工作，不但内容广泛，而且要求很高。所以，必须以客人的需求为中心，根据菜单的特点、规格、标准、饮食对象、厨房的设备条件、技术力量、原料的供求情况和成本费用等因素，精心设计，不断研究，在总结经验的基础上，掌握好设计原则、要求和程序等。

第一节 宴会菜单设计的方法

宴会菜单是根据客人预订的菜式来定，按照宴会的结构和要求，将冷盘、热菜、羹汤、席点、水果与酒水等食品按一定比例和程序编制成菜点清单。

一、宴会菜单设计原则

宴会菜单设计应遵循以下主要基本原则：

（一）满足宾客需求

定制宴会菜单，首先要把握宾主的需求喜好，掌握客人信息。按照"八知三了解"：知开宴时间，知出席人数（或宴会桌数），知席标准，知宾主身份，知宴会主题，知宴会程序，知菜式品种及出菜顺序，知服务要求；了解宾客饮食习惯，了解宾客风俗忌讳，了解宾客特殊要求等信息。客人提出的要求，只要是在条件允许的范围内，都应当尽量满足。

（二）符合客观条件

定制菜单时要考虑原料的供应情况，因料施艺，原料不齐的菜点尽量不配，积存的原料则优先选用；其次要考虑设备条件，厨房中的设备设施、数量直接关系到菜肴制作的速度和质量，关系到菜单设计的实施效果，菜单中各类菜式和烹调的种类、数量比例必须合理，应依据厨房设备设施的条件安排菜单，做到各种设备设施得到充分的利用；最后要考虑自身的技术力量，量力而为，菜单设计与餐饮部设备设施、员工的技术力量和水平之间的关系互相协调，菜单设计才更为科学合理，以保证宴会菜品的完美呈现。

（三）按价搭配，保证宴会品质

根据价格标准，宴会档次可分为高级、中级、普通三个等级。而价格标准的高低只能在原料使用上有所区别，宴会的效果不能受到影响。因此在规定的餐标内，把菜点搭配好，使宾主都满意尤为重要。在菜品质量上，要按宴会的价格水平高低，在保证菜肴有足够的数量的前提下，从主料、辅料的搭配上进行设计。高级宴会的菜品特点是：用料精良，制作精细，造型别致，风味独特；中级宴会的菜品特点是：用料较高级，口味纯正，成形精巧，调味多变；普通宴会的菜品特点是：用料普通，制作一般，具有简单造型，经济实惠，口味丰富。

（四）应季搭配，突出时令特色

宴会菜肴要突出季节的特点，力求将时令佳肴搬上餐桌，突出时令风格，这需要注意以下三点：一是要按季节精选原料，使用鲜活原料，达到丰美爽口的特点；二是要按时令调配口味，酸苦辣咸，四时各宜。原则上是春夏偏重于清淡爽脆、色泽要求淡雅；冬令偏重于味醇浓厚、色彩要深一些，盛器常选用保温性能好的火锅、煲、砂锅之类的器皿；三是要考虑到食养结合的关系，根据季节的不同，适当组配滋补肴馔，摄生养体。《周礼》中说："春多酸、夏多苦、秋多辛、冬多咸，调以滑甘。"在配制宴会菜肴时，应与采供人员密切配合，选质优鲜嫩的动、植物原料来制作宴上佳肴，才能保证宴会的成功。

（五）营养均衡，注重食品安全

配置宴会菜肴，要多从宏观上考虑整桌菜点的营养是否合理，而不能单纯累计所用原料营养素的含量；还应考虑这组食品是否利于消化，是否便于吸收，以及原料之间的互补效应和抑制作用如何。在理想的膳食中，脂肪含量应占20%～30%，碳水化合物的含量应占50%～65%，蛋白质的含量应占10%～15%。与此同时，宴会中的膳食还要提供相应的矿物质、丰富的维生素和适量的植物纤维，要求食品种类齐全，营养比例适当，提倡"两高三低"（高蛋白质、高维生素、低热量、低脂肪、低盐）。所以，现今选择菜点，应适当增加植物性原料，使之保持在1/3左右；此外，在保证宴会风味特色的前提下，还需控制用盐量，以清鲜为主，突出原料本味，以维护人体健康。

二、宴会菜单设计步骤

（一）合理分配宴会菜点

宴会菜单在编制时，一是要选择合适的菜点，二是要将它们按宴会的要求和饮食习俗依一定顺序排列起来，使其与宴会风格相符合。如宴会菜单的类别、每类菜品的数量、各种菜点的规格等，所有这些都与宴会的档次密切相关。

在设计宴会菜单时要遵循"按质论价"的原则，防止菜品组配不合理。一般采用中式宴会的格局，合理组配宴会菜品，分为冷菜、热菜、点心、水果等，还要做好宴会菜品成本的分配，以确定菜点的选用范围。

（二）确定宴会菜点

宴会菜单编制原则的前提下，要分清菜品的主次，第一，要考虑就餐者对宴会的具体要求；第二，要考虑客人的饮食习俗，在选用菜点上尽量显示当地风味；第三，要发挥酒店烹饪特色，推出厨师特选，突出酒店名菜点；第四，要充分考虑能显示宴会主题的菜点，展示宴会的特色；第五，要考虑时令特色菜点，选择富有特色的地方原料；第六，要考虑烹饪原料的供应情况，适当安排一些价廉物美的菜点，便于合理调配宴会成本。

宴会的主要菜点是整桌宴会的主角，各地区餐饮界一般以头菜来作为整桌宴会的核心。因此，首先要选择好宴会头菜，在用料、口味、技法、装盘、点缀等方面要讲究。头菜确定以后，其他菜点选择都要围绕头菜来组配，在质量和规格上要与头菜相适应，力求起到衬托头菜、突出宴会主题的作用。

（三）核算菜肴成本

首先确定宴会售价和毛利率是宴会成本控制的关键，不同类型的宴会其毛利率有差异，特色宴会比普通宴会、高档宴会比低档宴会、工艺复杂和技术性较强的宴会比工艺相对简单的宴会、名师主理的宴会比普通厨师主理的宴会毛利率要高。其次要保证毛利率实现，重视原料成本控制，对各种原料的市场价格、拆净率、涨发率、成本毛利率、售价的核算应该烂熟于心。对每一道菜点进行细致的成本核算，根据毛利率制订合理的销售价格。选择、组合有较高利润的菜品。对整套宴会菜品进行成本核算，将成本控制在规定的毛利范围之内。

（四）确定菜品名称

菜品的命名往往直接影响顾客对菜肴的选择和购买，同时也关系餐厅服务人员和厨师的工作安排，一份好的菜单所设计出的菜名必须名实相符、雅致得体，给人以艺术美的享受。为此，我们在给菜品命名时要掌握其中的原则和方法。

1. 菜品命名的原则

（1）要真实可信　好的菜名不仅要好听、好记，而且要能体现出菜肴的特色，反映菜肴制作的全貌，能给顾客留下深刻的印象，不能故弄玄虚、夸大其词。

（2）要雅致得体　好的菜名应当朴素大方、含义深刻，不可牵强附会、滥用辞藻，更不能低俗下流。

（3）要便于记忆　菜品的名字不宜太长，字数不宜太多，读起来应当顺口，易写易记。

（4）要满足客人的心理　不同的饮食对象有不同的饮食心理，要根据人们的就餐心理，设计出不同的菜名。

2. 为了凸显餐饮企业的特点与文化传承常见的菜品命名方法

（1）写实性命名方法　菜名如实反映原料搭配、烹调方法、风味特色或冠以发源地。强调主料，再辅以其他因素，通俗易懂，简单明了，名实相符。中国北方菜名偏重写实，一般菜品崇尚朴实，日常便宴菜名趋向自然、稳重朴实。适用于餐厅零点菜单、宴会销售菜单和厨师生产、员工服务的生产菜单。写实性菜品命名方法如表4-1所示。

表4-1　写实性菜品命名方法

命名方法	命名特点与实例
配料加主料	如龙井虾仁、腰果鸡丁、芦笋鱼片、松仁鳕鱼、西芹鱿鱼等，使客人知道菜肴主、辅料的构成与特点，能引起人们的食欲
调料加主料	如黑椒牛排、茄汁虾仁、蚝油牛柳、豆瓣鲫鱼、韭黄鸡丝等，用特色调料制成菜肴，突出菜肴口味
烹法加主料	如小煎鸽米、大烤明虾、清炒虾仁、红烧鲤鱼、黄焖仔鸡、拔丝山药等，突出菜肴的烹调方法及菜肴特点，知道用什么烹调方法和原料制成
色泽加主料	如碧绿牛柳丁、虎皮蹄膀、芙蓉鱼片、白汁鱼丸、金银馒头等，突出菜肴艺术特性，给人美的享受
质地加主料	如脆皮乳猪、香酥鸡腿、香滑鸡球、软酥三鸽、香酥脆皮鸡等，突出菜肴质地特性，给人美的享受
外形加主料	如寿桃鳊鱼、菊花文鱼、葵花豆腐、松鼠鳜鱼、琵琶大虾等，突出菜肴美观外形，给人美的享受
味型加主料	如酸辣乌鱼蛋羹等，突出菜肴味型特性，给人美的享受
器皿加主料	如小笼粉蒸肉、瓦罐鸡汤、铁板牛柳、羊肉火锅、乌鸡煲等，突出烹制器皿或盛装器皿及烹调方法
人名加主料	如东坡肉、宫保鸡丁等，冠以人名，具有纪念意义和文化特色
地名加主料	如北京烤鸭、西湖醋鱼、千岛湖鱼头等，突出菜肴起源与历史，具有饮食文化和地方特色
特色加主料	如空心鱼丸、千层糕、京式烤鸭、响油锅巴等，体现菜肴特色
数字加主料	如一品豆腐等，富有语言艺术性
调料加烹法加主料	如豉汁蒸排骨、芥末拌鸭掌等，全面了解菜肴所用的主、辅料及采取的烹调方法
蔬果加盛器	如西瓜盅、雀巢鸡球等，将水果、土豆做出食物盛器形状，来装盛菜肴，既是盛器，又是菜肴
中西结合	如西法格扎、吉列虾排、沙司鲜贝等，采用西餐原料或西餐烹法制成中餐菜肴，体现西餐味道

（2）寓意性命名方法　抓住菜品某一特色加以形容和夸张渲染，赋予诗情画意，满足客人希望、祝愿心理，起到引人入胜的效果，但不可牵强附会，滥用辞藻，更不能庸俗下流。讲究文采和字数整齐一致，工巧含蓄，耐人寻味。南方菜名擅长寓意。适用于宣传推销、顾客纪念与量身定制的宴会菜单。对不太容易看明真相的菜名，可在后面附上写实命名。若是外国菜肴名称不能随意修饰和改变，保证菜名特色和原貌。适用于宴会即席菜单和宴会定制菜单。寓意性菜品命名方法如表4-2所示。

表4-2　寓意性菜品命名方法

命名方法	命名特点与实例
模拟实物外形	强调造型艺术，形象法。如金鱼闹莲、孔雀迎宾等
借用珍宝名称	渲染菜品色泽，借代法。如珍珠翡翠白玉汤、银包金等
镶嵌吉祥数字	表示美好祝愿，修辞法。如二龙戏珠、八仙聚会、万寿无疆等
谐音寓意双关	讲究寓意双关，谐音法。如早生贵子（红枣桂圆）、霸王别姬（鳖鸡）等
敷演典故传说	巧妙进行比衬，拟古法。如汉宫藏娇（泥鳅钻豆腐）、舌战群儒等
赋予诗情画意	强调菜肴艺术，文学法。如百鸟归巢、一行白鹭上青天等
寄托深情厚谊	表达美好情感，寄情法。如全家福、母子会等

（五）编排菜单样式

宴会菜单不仅强调菜品选配排列的内在美，也很注重菜目编排样式的形式美。编排菜单的样式，其总体原则是醒目分明，字体规范，易于识读，匀称美观。

中餐宴会菜单中的菜目有横排和竖排两种。竖排有古朴典雅的韵味，横排更适应现代人的识读习惯。菜单字体与大小要合适，让人在一定的视读距离内，一览无余，看起来疏朗开放，整齐美观。要特别注意字体风格、菜单风格、宴会风格三者之间的统一。附外文对照的宴会菜单，要注意外文字体及大小、字母大小写、斜体的应用、浓淡粗细的不同变化。其一般视读规律是：小写字母比大写字母易于辨认斜体适合于强调部分，阅读正体和小写字母眼睛不易疲劳。

一般中餐菜单菜品类别排列顺序：按冷菜、热菜（海鲜、河鲜、肉类、禽类、锅仔煲仔类与蔬菜类等分类排列）、汤羹、饭面点心、饮料等大类名称排列；西餐菜单菜品类别排列顺序：按主菜（海鲜、鱼虾、牛猪羊肉、禽肉）、开胃菜、汤、淀粉食品及蔬菜、沙拉、甜点、饮料等大类名称排列。

（六）宴会菜单的附加说明

作为宴会菜单的补充和完善，宴会菜单的附加说明可以增加菜单的实用性，充分发挥指导作用。宴会菜单的附加说明通常包括以下内容。

（1）宴会的风味特色、适用季节和就餐者要求。
（2）说明宴会规格、宴会主题和举办宴会的目的。
（3）列齐所用宴会烹饪原料和餐具。
（4）写清宴会菜单出处和掌握的有关菜品制作具体信息。
（5）介绍重点菜点的制作要求和整桌宴会的具体要求。

第二节　宴会菜品设计

一、中式宴会菜品

中式宴会菜单，一般由冷盘、热菜、甜菜、点心和汤菜、水果等组成。一年四季所开列的菜单变化无穷，并且开列菜单又有一定的排菜顺序和格式。

（一）中式宴会菜品组合

中式宴会一般由冷菜、热菜、甜菜、汤菜、点心、水果组成。

1. 冷菜

冷菜通常造型美观、形态各异，作为"前奏曲"来吸引顾客。在组配时，要求荤素兼备，质精味美，诱人食欲。冷菜道数一般依就餐人数而定，其荤素用料比例为2∶1，或者荤素各半，如盐水鸭、五香牛肉、泡椒凤爪、酸辣黄瓜。有时配上主盘，如潮式卤水拼盘、艺术冷盘。

2. 热菜

热菜中，头菜烹饪原料以山珍海味、家畜、家禽为主，要求方法细腻，现烹现吃烹制过程比较讲究。上菜时，质优者先上，质次者后上，突出山珍海味，以显示宴会规格，如佛跳墙、灵芝鲍脯、上汤辽参、木瓜哈士蟆等都可以作为主菜。还有大菜，由2~4道组成，在制作上讲究风格，相互烘托整桌宴会的主要菜品，如脆皮乳鸽、蟹粉狮子头、清蒸鲈鱼、豉汁生蚝等。

热菜中的素菜是宴会中的重要组成部分，它是利用植物性原料而烹制的菜肴。现在人们对素菜的要求越来越高，在宴会中要选择时令的、新鲜的蔬菜。配制菜肴时要取其精华部分，烹制时应体现原料的口感特色，并进行简单的符合卫生的造型，如罗汉斋、大煮干丝、上汤白灵菇、蒜蓉芥蓝等，目前的宴会通常配有两道素菜。

3. 甜菜

甜菜泛指一切甜味菜品，品种丰富，风味独特，视季节和宴会而定，并结合宴会档次综合考虑，如蜜汁山药、桂花芋艿、拔丝苹果、冰糖湘莲等。

4. 汤菜

宴会中的汤菜种类繁多，制作时调配严格，对汤料和配菜的要求比较高，如高汤菜心鱼丸、炖草鸡、砂锅鱼头、鞭笋老鸭煲、松茸乌鸡汤等。

5. 点心

宴会点心在制作上体现精细，讲究造型，注重款式和口味，如四喜饺、素菜小包、黄桥烧饼、海棠酥、千层酥饼，一般配2~4道。

6. 水果

水果是宴会的"尾声"，一般宴会最后要上1~2种水果，其数量不要太多，可大盘盛装，也可每人一份。

（二）中式宴会菜单设计的注意事项

（1）宴会菜单的设计根据档次和就餐人数确定菜品数量和质量。
（2）菜肴品种在营养、口味、烹调、色泽上要满足消费者需要。
（3）菜单中菜品要显示宴会主题，展示地方特色。
（4）宴会菜单在设计时要做好菜品的成本控制。
（5）选择主要菜品还要考虑酒店厨师的技术状况、设备以及原料供应等因素。

（三）中式宴会菜单实例

香港豪华百日宴菜单：

富贵黄金猪；特级鲍粒酿响螺；松露菌香槟忌廉龙虾球；燕带蟹黄扒时蔬；红烧大鲍鱼；辽参鲜鲍脯；当红炸子鸡；紫菜龙虾长寿面；高汤瑶柱灌汤饺。

"时令水果宴"美食节菜单：

冷菜：雪梨双脆、柠檬软鸡、酸辣白菜、橙汁鱼片、橘香牛肉、樱桃晶虾、三丝泡藕。
热菜：橘盅炒虾仁、芙蓉瓜丝羹、红烛荔枝鸽、鳜鱼蜜瓜条、菠萝柱侯鸭、四色蔬果拼。
席点：三鲜枇杷果、鲜美柿子图。
汤品：龙眼乌鸡汤。
甜品：猕猴西米盅、拔丝金钩蕉。

二、西式宴会菜品

西式宴会菜品组合西餐在菜单的安排上有其特殊性，特别讲究上菜的顺序和节奏。法国宫廷宴追求奢华，以安东尼·卡雷姆为代表，他引用建筑学原理，创立了奢华宴会菜单体系，一道道菜品有节奏地上菜，往往包括十几道菜点。随着现代健康饮食诉求的不断加强，西方宴会也越来越简单，主要表现在道数的精简方面，一般有5道菜品，国宴就只有3道菜，考究的话可能有7道菜。

（一）西式宴会菜品组合

1. 头盘

第一道菜是头盘，也称为开胃菜。开胃菜的内容一般有冷头盘或热头盘之分，常见的品种有鱼子酱、鹅肝酱、烟熏三文鱼等。开胃菜的目的是开胃而不是满足食欲，所以开胃菜一般都具有特色风味，味道以咸和酸为主，所以数量较少，质量较高。

2. 汤

第二道菜是汤。西餐的汤大致可分为清汤、浓汤、冷汤等。清汤和浓汤的品种有牛尾清汤、各式奶油汤、海鲜汤、罗宋汤；冷汤的品种相对较少，如西班牙冷汤等。

3. 鱼盘或副盘

鱼类菜肴一般作为第三道菜，也称为副菜。品种包括各种鱼类、贝类及软体动物类。鱼类菜肴的肉质鲜嫩，比较容易消化，所以放在肉类菜肴的前面。

4. 主菜

畜肉、禽类菜肴多为第四道菜，也称为主菜。肉类菜肴的原料取自牛、羊、猪等各个部位，最有代表性的要数各式牛排，按取用部位不同则有西冷牛排、菲利牛排、"T"骨牛排、肉眼牛排等。

5. 甜品

甜品是主菜后食用的，可以算作是第五道菜。常见的有各式慕斯、布丁等。

为了表达盛情和追求丰盛，可以在主菜之间安排一道雪葩（Sherbet），也称为"果汁冰"，通常以小巧玻璃杯承载少量，其目的是清洁口腔，从而更好地品尝接下来的主菜。另外，还可在主菜和甜品之间加一道芝士，以增加营养。

（二）西式宴会菜单设计的注意事项

（1）要充分考虑不同元素体现主题，展示特色。
（2）要根据接待标准，确定档次和菜品数量。
（3）要按照接待对象的特点（身份、职业、年龄、宗教信仰等）选定菜品。
（4）要考虑原料、技法、口味、色彩、营养等诸方面的多样化和丰富性。
（5）要根据毛利标准做好菜品的成本控制，确保接待单位和顾客的双赢。
（6）要考虑厨房的技术水平和生产能力，保证菜品的高质量。

（三）西式宴会菜单实例

复活节宴请菜单：

伊甸园色拉配鸡蛋、金枪鱼罐头、小生菜、大蒜和沙拉酱（Spring Garden Vegetable Salad with Eggs, Canned Tuna, Little Gem Lettuce, Garlic and Mayonnaise）；诺亚菊苣汤配香肠、鸡肉和蒜蓉面包（Chicory Soup with Sausage, Chicken and Garlic Bread）；意式龙虾尾配菊芋、米饭、葡萄干和番茄籽油（Italy Lobster Tail with Artichoke, Rice, Sun-dried Grape &Tomato Oil）；烤羊背脊配迷迭香、蚕豆、豌豆和奶酪（Roast Lamb Saddle with Rosemary, Broad Bean, Pea and Cheese）；芝士拌无花果（Cheese with Fresh Fig）；双色慕斯（Chocolate and Raspberry Mousse）。

三、中西结合宴会菜品

在中国传统的宴会基础上,吸取西式宴会制作的独特风味和中式宴会特色,二者结合而形成的新式宴会,近年来在餐饮界颇为流行,是中西饮食文化交流的产物。通常有自助餐式宴会、冷餐酒会式宴会、鸡尾酒会式宴会、茶会式宴会、中西结合式宴会等,深受各界人士的欢迎。

(一)中西结合宴会菜品组合

中西结合宴会菜单的内容包括冷菜、沙拉、中菜、西菜、汤、点心、甜品、水果等。中式菜品和西式菜品在类别、品种、烹调方法等方面应各占一定的比例。

(二)中西结合宴会菜单设计注意事项

(1)菜品上菜顺序严格按照宴会的要求进行编排。
(2)菜品的品种尽量满足消费者的特殊需求。
(3)选择好菜品组合方式,考虑中西式菜品组合之间的联系。
(4)菜单组配营养搭配要合理,以满足人们的营养需求。

(三)中西结合式宴会菜单实例

> 某中餐宴会厅中西结合宴会菜单:
>
> 蔬菜沙拉、中式冷盘、酥皮海鲜盅、胡椒汁煎西冷、黄油焗大虾、香蕉龙利鱼、蒜蓉西蓝花、海鲜意面、南瓜蒸饺、冰激凌。

第三节 不同类型宴会菜单设计实例

一、国宴菜单设计实例

国宴,是国家元首或政府首脑为国家重大庆典,或为外国元首、政府首脑到访以国家名义举行的最高规格的公务宴会。国宴的政治性较强,礼节仪程庄重,宴会环境典雅,宴饮气氛热烈。根据宴会主题的不同,国宴有欢迎宴会、送别宴会、国庆招待会、新年招待会、主题公务宴会等类型,以中式宴会席居多。国宴成功与否在很大程度上取决于菜单设计与菜点制作是否合乎规格。国宴菜单须依据宴会标准与规模、主宾的宗教信仰和饮食嗜好,以及时令季节、营养要求及进餐习俗等因素综合设计与科学调配。国宴所用菜品的规格档次不一定很高,但其菜单设计、菜品制作和接待服务都要符合最高规格的礼仪要求。我国目前的国宴菜单通常是以中餐为主,西餐为辅;菜品的数量精练,主要突出热菜,另加适量的冷菜、水果和点心，主要搭配的酒水为茅台酒、绍兴加饭酒、青岛啤酒或优质矿泉水等；中西餐具并用，实行分餐制，进餐时间一般控制在1小时以内。

> 2010年4月30日，上海世界博览会欢迎晚宴菜单：
>
> 迎宾冷盘。
> 汤：荠菜塘鲤鱼。
> 热菜：黑鱼子龙虾、一品雪花牛、春笋相豆苗。
> 饭点蜜果：上海馄饨、慕斯鲜生果、冰激凌。
> 饮品：咖啡、茶。
>
> 2017年9月4日，金砖国家领导人第九次会晤欢迎晚宴菜单：
>
> 冷盘。
> 汤：松茸炖鸡汤。
> 四小菜：荔枝龙虾球、油淋海石斑、沙茶焖牛肉、锦绣时令蔬。
> 饭点蜜果：厦门炒面线、鲜果冰激凌。
> 饮品：咖啡、茶。
>
> 2019年9月28日庆祝中华人民共和国成立70周年招待会晚宴菜单：
>
> 冷盘。
> 汤：酸辣乌鱼蛋汤。
> 热菜：鲍脯三鲜、枣香牛肉、草菇甜豆、煎烤三文鱼。
> 饭点蜜果：咖喱鸡饭、点心、水果。
> 饮品：咖啡、茶。

二、政务宴菜单设计实例

政务宴注重规格。环境布置气氛热烈，放置或悬挂宴请方和被宴请方的标志或旗帜等。接待规格与宾主双方的身份相一致。宴会程序相对固定，如开宴前的祝酒致辞、席间祝酒和宴会结束后的安排等都有相应的惯例。

政务宴的形式多样。按照政务活动从简的原则，可以是规范的正式宴会，菜肴道数为1冷菜、4热菜、1汤、2点心、1水果、1主食，菜肴以地方特色菜与时令菜为主。也可以是简便的鸡尾酒会、冷餐会、茶话会或中西合璧式的宴会。

> 2001年10月21日，亚太经济合作组织（APEC）第九次领导人非正式会议以"相互依存，共同繁荣"为主题的宴会菜单：
>
> 相辅天地蟠龙腾（迎宾龙虾冷盘）
> 互助互惠相得欢（翡翠鸡蓉珍羹）
> 依山傍水鳌匡盈（炒虾仁蟹黄斗）
> 存抚伙伴年丰余（香煎鳕鱼松茸）
> 共襄盛举春江暖（锦江品牌烤鸭）
> 同气同怀庆联袂（上海风味细点）
> 繁荣经济万里红（天鹅鲜果冰盅）

三、商务宴菜单设计实例

设计商务宴会，涉及主题策划、环境布置、接待仪程、服务礼仪、菜单设计、菜品制作等多个方面，必须体现一定的主题思想、民族特色、文化要素和艺术效果。一般来说，商务宴经常和商务谈判同时进行，宴会的参加者大多是一些文化层次较高、餐饮经验丰富、烹饪审美能力较强的人士。作为东道主来说，为了商务活动的成功，在预订宴会时往往愿意多花一些钱财，以便扩大本企业的影响。商务宴会要更为注意商业心理学、市场营销学和公共关系学的运用，着意营造一种"和气生财""大发大旺"的环境气氛，在菜单的编排和菜名的修饰上多下一些功夫。

在设计商务宴菜单上，要尽量了解宴饮双方的生活情趣和饮食嗜好，在环境布置、菜品选择、菜肴命名、宴饮接待上投其所好，避其所忌，使商务洽谈在良好的气氛与环境中进行；其次商务宴请的目的和性质决定了宴会的礼节仪程、上菜节奏与其他普通宴会有所不同，宾主之间往往是在较为和谐的气氛里边吃边洽谈，客观上要求菜单设计者掌握好菜品数量、安排好排菜格局、控制好上菜节奏；最后商务宴会的接待规格相对较高，宴会格局较为讲究，菜品调排注重程式，菜肴命名含蓄雅致。因此，设计商务宴菜单，应在注重菜品内容设计的同时，突出菜单的外形设计，特别是菜品命名的文化性，可促使整个宴会气氛和谐而又热烈。

四、婚庆宴菜单设计实例

婚庆礼宴会是举办婚庆大礼的重要组成部分，主要为前来祝贺的亲朋好友而设置。设计此类宴会菜单，可通过吉祥菜名烘托夫妻恩爱、新婚快乐、吉庆甜蜜、幸福美满的主题；可借用重八排双等宴会格局，寄寓良好祝愿，从心理上愉悦宾客；可沿用当地的饮食习俗，趋吉避凶，将美好的祝愿与美妙的饮食交织在一起，使宾客在品位与审美上获得最大满足。

> **百年佳偶宴婚宴菜单：**
>
> 喜庆满堂（迎宾八彩蝶）；鸿运当头（大红乳猪拼盘）；浓情蜜意（鱼香焗龙虾）；金枝玉叶（彩椒炒花枝仁）；大展宏图（官燕烩雪蛤）；金玉满船（蚝皇扒鲍贝）；年年有余（豉油胆蒸老虎斑）；喜气洋洋（大漠风沙鸡）；花好月圆（花菇扒时蔬）；幸福美满（粤式香炒饭）；永结连理（美点双辉）；百年好合（莲子百合红豆沙）；万紫千红（时令生果盘）。

五、寿庆宴菜单设计实例

寿庆礼宴会是指为纪念和庆贺诞辰日所设置的酒宴。一般都在逢十大寿时提前一年操办，讲究"做九不做十"，避讳"十全为满，满则招损"。汉族贺寿食俗大多带有健康长寿寓意，期盼通过祝寿而增寿。寿庆礼宴会菜品的调配应尽可能使用低糖、低盐、低脂肪食品，汤羹菜应多，下酒菜宜少，力求软烂可口，易于消化吸收。需配寿桃、寿面、蛋糕、白果等象征吉祥的食品，烘托气氛。宴会席面最好是采用"九冷九热"的格局，体现"九九上寿""天长地久"之意；菜名也要选用"松鹤延年""五子献寿"等吉言。

> **某酒店恭贺"80大寿"寿宴菜单：**
>
> 麻姑献寿——拼盘围碟
> 阖家欢乐——彩色虾仁
> 祥和如意——佛手鱼卷
> 蟠桃盛会——鸽蛋鱼盒
> 吉庆有余——鲍鱼四宝
> 花开富贵——桃仁花菇
> 松鹤延年——寿星全鸭
> 长命百岁——蛋黄寿面
> 寿比南山——猕桃银耳
> 五彩果盘——时令果拼

六、节日宴菜单设计实例

逢年过节赴酒店设宴团聚的宾客越来越多，尤其是团年饭（俗称年夜饭）是一年节日里最重要的团聚。针对不同节日的特点及各个节日所处的季节，推出既传承习俗又新颖独特的菜单。一家人年龄、嗜好、身份状况均不同，对饮食的种类、口味要求也不尽相同，因此菜单既要照顾全面，又要兼顾少数。菜肴名称要突出节庆、祥和的喜气，表达人们良好的祝愿，增添浓厚的文化氛围。注意出菜程序，通常香的、炸的菜肴要先上，接着是软的、酥的菜肴，后面再跟着炒的、硬的菜肴，最后以甜的菜肴或点心收尾。

> **八闽风味元宵宴菜单：**
>
> 　　精美六围碟
> 　　鲜菌佛跳墙
> 　　红糟香螺片
> 　　鲍菇牛仔骨
> 　　龙身凤尾虾
> 　　清蒸多宝鱼
> 　　松茸炒鲜蔬
> 　　蛹草蒸乳鸽
> 　　闽南鲜汤团
> 　　合时水果拼
>
> **巴蜀风味团年宴菜单：**
>
> 冷菜：椒麻肚片、灯影牛肉、陈皮兔丁、葱油青笋。
> 热菜：菜心肉圆、什锦火锅、五福海参、百花江团、粉蒸牛肉、干烧岩鲤、樟茶鸭子、渝州童鸡。
> 小吃：吉庆年糕、三鲜水饺。
> 饭菜：蒜蓉菠菜、跳水泡菜。

第四节　宴会菜品与饮品的搭配设计

　　饮品在现代宴会中也称为酒水，但传统筵席中的饮品不只酒水，包括酒、茶、羹、饮四大类。

一、酒

　　酒主要指宴会中用来配餐的酒，中餐里传统的酒有白酒、黄酒和米甜酒，西餐中用的酒主要有葡萄酒、啤酒、鸡尾酒。酒以成礼，在大部分国家和地区的宴会中都需要用到酒，它是仪式的一个部分，但具体在使用时会因宴会形式、主题类型、菜品、习俗而有所不同。

（一）不同宴会形式中酒的配置

1. 传统宴会用酒

中国宴会中用酒的传统以中高端白酒为上，南方则以中高端黄酒为上，封建王朝时期宫廷及贵族阶层会有专供的酒品。传统的法国宫廷宴会最常饮用的是葡萄酒，啤酒与苹果酒被认为是平民的酒。这个传统也影响到现代宴会中酒的配置，葡萄酒比其他的酒在宴会中有着更高的地位。

2. 现代宴会用酒

现代社会中，涉及一些相对严肃议题的制度型宴会，酒的配置使用主要有两个特点：一是品质高；二是不影响宴会气氛。在我国国宴中经常使用国产的优质干红与干白，这样的配置还顺带宣传了国产品牌。高度酒曾是很多国家和地区宴会中常用酒，即使在制度型宴会中也经常使用，如中国的茅台、俄罗斯的伏特加、欧美普遍使用的威士忌和朗姆酒等，但是因为高度酒在饮酒后很容易让人因过量而失态，所以现代的制度型宴会一般都不再配置烈性酒。

3. 商务宴会用酒

商务宴会中主宾各方都力求突出修养、谈吐，中间还有必不可少的人际沟通，因此也不宜使用高度酒。一般来说各种红酒比较合适，在我国南方地区也可以选用本地区所产的黄酒、米酒等以彰显地方特色。高品质的啤酒也可以使用。

4. 庆典宴会用酒

庆典宴会气氛热烈，通常会选用啤酒、鸡尾酒、香槟等适合纵情畅饮的酒。香槟开瓶比较有仪式感，一般会用在宴会的开头或高潮阶段。

5. 自助餐会用酒

自助餐会气氛轻松，人们行动自由，一般会准备多种酒品，红酒、威士忌、朗姆酒、鸡尾酒、啤酒、香槟等都会有，中式的自助餐会也可以配些黄酒与米酒。这样的配置一是使酒水台陈列精致，二是可以照顾到客人们的不同喜好。

6. 民俗宴会用酒

我国北方地区的民俗型宴会中，高度白酒依然是人们的首选。其他酒类在宴会中经常是多种混搭的，但白酒通常只选一种，因为很多人在一场宴会中喝了两种以上白酒时容易醉。除白酒外，也为不喝白酒的人准备一些啤酒、红酒。江南地区的宴会中经常用黄酒，现在也较多用红葡萄酒、白葡萄酒等。但在广东的沿海地区，民俗宴会中常用的则是外国酒水，这与当地的海洋经济有关。在传统中餐筵席中，一场宴会用一种酒是惯例。也有在筵席中使用专供品尝的特制酒品，与配餐的酒并列，如清代仪征学者吴楷在其婚宴中就使用了一款他自己研制的古代名酒"玉练鎚"。

（二）酒与菜品的搭配

酒有多种香型、滋味与口感，在与菜品搭配时也有一定的讲究。西餐里酒与食物的搭配一向有红酒配红肉、白酒配白肉的说法。虽然这只是一个笼统的说法，但依然被很多人所遵循。现代宴会中酒与菜品的搭配方式有三种。

1. 酒与菜品的风味搭配

滋味浓郁偏肥腻的牛、羊肉类通常适合搭配高度数的红葡萄酒，禽类可以配干白葡萄酒或低度红葡萄酒；甜味的葡萄酒或香槟比较适合与布丁搭配；鱼和甲壳类海鲜一般适合搭配干白葡萄酒等。大概的规律是甜酒配甜食、偏咸与偏酸的食物搭配酸度较高的酒、苦味的食物与略带苦味的酒相配、红酒配红肉、白酒配白肉。这样搭配的原因是咸味会增强酒的苦味，酸味会影响酒的甜味，腥味与辣味可以中和酒的酸味。这是西餐配酒的常见做法，对于其他地区的人来说并不一定适合。

中餐里对酒与食物的风味搭配不是十分讲究，讲究酒与食物的性味搭配更多一些，如《红楼梦》中认为吃螃蟹要配上热的烧酒才能压得住，这是因为中医认为螃蟹性味寒凉，酒是热性的，热的烧酒或黄酒更是热性的，这样才可以压住螃蟹的寒性。很多中国人无论是冬天还是夏天吃火锅时都会配啤酒，也是认为火锅是热性的而啤酒是凉性的。关于风味匹配的餐酒搭配也有讲究，如吃鱼生时需要搭配高度数的白酒，猪牛羊之类大荤的食物也需要用烈性酒来配才可以解腻，烧烤类的菜肴一般配啤酒或白酒。

2. 酒与菜品的价格搭配

在品质有保证的情况下，无论中餐还是西餐，酒与菜品搭配时都应该考虑价格因素。价格高的食物应该配上价格高的菜品，普通的菜品则与普通的酒相配。但这种搭配不能按单个菜品的价格来衡量，而要按宴会的档次来衡量，因为在一场宴会中，有些菜品的原材料成本并不高，而人们不会去计算单个菜品的成本与价格关系。一般来说，低档宴会的配酒价格低于菜价的一半，中档宴会的配酒价格高于菜价的一半，而高档宴会的配酒价格常常是高于菜价的。

3. 酒与菜品的文化搭配

文化搭配与菜品的风味及材料成本关系不大，也与宴会的档次没什么关系，要点在于我们的文化中对某一种酒、某一款菜品的加持。比如东坡肉这样的菜品，从风味上来说黄酒、白酒、红葡萄酒都比较适合，但搭配江南的黄酒可以让我们联系到苏轼的那首《猪肉颂》；吃螃蟹时，温热的黄酒与白酒也都适合，但结合季节元素，秋季正是桂花的季节，我们可以为其配上桂花酒，这两者的风味也是相得益彰的。这种文化上的搭配也没有固定的做法，主要在于对饮食文化的挖掘深度与观察角度。以江南文化为背景的宴会通常适合搭配黄酒、青梅酒、桂花酒之类；以塞外文化为背景的宴会比较适合搭配烈性酒、葡萄酒、马奶酒等；以海派文化为背景的宴会适合搭配各种洋酒，也适合搭配黄酒，这样的搭配也适合有情调的宴会。

二、茶

茶在三国魏晋南北朝时期就是筵席上重要的饮品。三国末期的吴国皇帝孙皓召集大臣们饮宴，在宴会过程中密赐不胜酒力的韦曜茶水以代酒，这是宴会史上最早的以茶代酒。唐代吕温在三月三日的祓禊宴饮中与众人一起都用茶来代替酒。宋徽宗的文宴中，茶与酒是同时存在的。茶、酒并用在今天的中式宴会中也是很常见的。

（一）茶在宴会中的作用

在宴会中茶的作用主要有三个：一是客人初入座时上的茶，用来润口解乏开胃，其中的奶茶、炒米茶之类还有临时充饥的作用；二是宴会过程中上的茶，用来解腻，也是让味蕾得到休息；三是宴会结束后上的茶，用来消食兼清理口腔。开胃茶品通常应该选用红茶，国产红茶以滇红、英红为宜，茶味浓强鲜，能刺激人胃的蠕动增加饥饿感；解腻茶品宜用绿茶，清新而略带苦涩的风味可以让口腔变得清爽；消食茶品宜选用普洱，无论生普还是熟普都能刺激胃肠蠕动，去除饮食带来的油腻感，很多人因此还会觉得普洱有减肥的功效。这里所说的只是相对更合适的选择，实际经营中，还是按各地的条件与习惯来安排。

（二）茶品的调配

1. 擂茶

擂茶又名三生汤，始于汉朝，盛于明清。擂茶在中国广东、湖南、江西、福建、广西、台湾等地都有分布。一般用大米、花生、芝麻、绿豆、食盐、茶叶、山苍子、生姜等为原料，用擂钵捣烂成糊状，冲开水和匀，加上炒米，清香可口。

2. 奶茶

奶茶原为中国北方游牧民族的日常饮品，至今已有千年历史。自元朝起传遍世界各地，目前在华人主要聚集区、中亚国家、印度、阿拉伯、英国、马来西亚、新加坡等地区都有不同种类的奶茶流行。清代北方地区的宴会开始前会安排咸奶茶，而南方地区与下午茶相连的宴会则使用的是甜味的英式奶茶。咸奶茶用的多为青砖茶或黑砖茶，加水与牛奶煮后用盐调味；甜奶茶用的是红茶，泡与煮都可以，用糖与巧克力调味。

3. 果茶

果茶是指将瓜果与茶一起制成的饮料，有枣茶、梨茶、橘茶、香蕉茶、山楂茶、椰子茶等。将果品投入壶中后，一般稍稍浸泡或煮至出色、出味即可。

4. 花茶

这是在茶叶中加花的做法，除了用市售的花茶外，还可以在相应的花季采花来与茶相配，如秋季的桂花与冬季的梅花，使用时直接冲泡就可以。这是宴会中为便捷而采用的临时创意。

5. 清茶

这是汉族人最常用的茶饮，无论用哪种茶叶，都采用冲泡的方法，并且不添加任何调配料。具体使用时，绿茶是使用最广泛的，福建与广东常用乌龙茶，两广与云南宴会中常用普洱茶。

三、羹与饮

（一）羹

饮品中羹是区别于菜肴中羹的，用在宴会开始的时候，主要是用来临时充饥，也有饮酒前保护胃的作用，味道以清甜为主，这样的羹通常是糊状。作为菜肴用的羹中有丝、粒等细小形状的食材，用在宴会前端通常是咸鲜味的，用来护胃；在宴会中后端的羹主要是用来醒酒的，也称为醒酒汤或解酒汤，味道以酸辣为主。

作为饮品的羹常见的有山药汁、五谷杂粮汁、玉米汁、红豆沙、绿豆沙等，大多数是淀粉类食材，如果在宴会中用来佐餐，很容易会有饱腹感，影响筵席中后程菜品的享用。

（二）饮

饮的内容比较复杂，有鲜榨果汁，也有煮熟的果味汤，还有加药材煮的汤（在宋代称为饮或熟水）。饮一般是为不饮酒的客人准备的，也有些是有食疗养生作用的。熟水大多用于夏季，大多性味清凉，利于消暑，常见的有：豆蔻熟水，用连梢的白豆蔻放入水中用小火慢煮；紫苏熟水，有各种配方，《博济方》的记载是以紫苏、贝母、款冬花、汉防己同煮，还可以用紫苏与陈皮、姜片、冰糖同煮；鸡苏熟水，用鸡苏草小火慢煮而成；夏季为客人准备西瓜汁是有消暑作用的。冬季的饮大多性味温热，有祛寒功效，常见的有：姜枣汤，用生姜与红枣小火慢煮；姜葱汤，用生姜与葱白同煮，并用红糖调味。葛根白茶饮则是具有解酒作用。

第五章

宴会氛围设计

宴会场景的设计是宴会设计过程中最重要的部分之一,它不仅可以为宴会赋予特定的氛围,还能为宴会的成功举办作出关键贡献。宴会场景的构成包括宴会外部(自然和人文)环境和宴会内部(厅内)环境。宴会场景设计的内容包括空间设计、气氛设计、背景设计和康乐设计。宴会场景的整体规划直接影响宾客在宴会过程中的体验感,对于宴会的顺利进行起到关键作用。

第一节 宴会场景设计

一、宴会场景构成

(一)外部环境

1. 自然环境

自然环境是环绕生物周围的各种自然因素的总和,是由各种自然要素如大气、水、土壤、岩石矿物等相互作用而形成的,它具有明显的地域性特征。宴会外部自然环境是指宴会场所所处的自然地理环境,如湖泊、山川、草原、沙漠和海洋等。在风景壮丽的环境里举办宴会活动,不仅能让宾客感受大自然的魅力,还能整体提升宾客的宴会体验。

2. 人文景观

人文景观是指历史形成的与人的社会性活动有关的景物构成的风景画面,它包括建筑、道路、摩崖石刻等。人文景观是社会、艺术和历史的产物,带有其形成时期的历史环境、艺术思想和审美标准的烙印,具体包括名胜古迹、文物与艺术、民间习俗和其他观光活动。国内的中式古典庭院、国外的城堡庄园等是餐饮业中常见的人文景观,这些场景能够将宾客带入特定的文化背景,使宾客提升宴会体验的同时品味人文古韵,从而增强宴会特色。

（二）内部环境

1. 功能性设施

功能性设施对于宴会内部环境来说是至关重要的，包括宴会厅内的建筑风格、硬件设施等，这些基本是在最初的建设与装修时确定下来，是相对固定的。酒店在设计宴会内部环境的时候，会考虑到很多元素，例如宴会厅的功能多样化、宴会厅的空间利用、宴会厅的颜色氛围等；再如中式古典建筑的梁柱结构、门窗位置以及建筑上的雕花等，这些都是不可变动的。

2. 装饰性布置

装饰性布置如地毯、帐幔、挂画、空间花艺、舞台、灯光、厅内绿植等，这些是可以随着宴会主题的改变而改变的。尤其是灯光、花艺与绿植是室内空间用来衬托宴会氛围的重要元素。餐桌也是重要的可变元素，它的设计与布置相对独立，将在第六章中专门讨论。

二、宴会场景设计的原则

（一）实用性

宴会场景设计应该注重实用性，主题突出，应根据客户需求制订合理、合适的宴会场景，另外还需要考虑到宴会的规模、个性化设计等因素，满足宴会的功能要求。实用性的关键是要在有限的宴会场所内为客户提供最优化的餐位和宴会动线设计。

（二）美观性

宴会场景设计应该注重美观性，营造温馨、舒适、浪漫的氛围，提升宴会的品质和形象。为突出宴会的独特性，美观性设计应涉及宴会厅内场景的颜色、声音、气味等综合感官体验。另外，基于场内动线设计的合理性，还应考虑动线周边的软装设计。

（三）安全性

宴会场景设计应该注重安全性，考虑到宴会的规模、参与者的安全等因素，合理布置场地，确保宴会的安全和秩序。由于宴会通常是多人聚集的社交活动，安全性应该是设计因素中最重要的之一，如突发紧急情况后，人员的疏散流程应有清楚的图标指引，针对消防安全宴会厅应有完善的消防体系以备不时之需。

（四）主题性

对于一般的宴会来说，宴会场景与主题的联系可以松散一些，但对于主题较强的宴会，场景的设计布置应该切合主题的年代感与文化属性。要从灯光、色彩、器物、意境等方面尽可能贴近宴会的主题。

三、影响宴会厅场景设计的因素

影响宴会厅场景设计的因素众多，这些因素共同决定了宴会厅的最终呈现效果和功能性。以下是一些主要的考虑因素。

（一）空间局限

宴会厅在建设与装修时空间的大小、功能与基本美学风格已经确定，在这样的空间里为特定主题的宴会进行场景设计一定会受原有条件的局限。通常宴会厅会划分为不同的区域，如接待区、用餐区、休息区、舞台、舞池和演讲台等，此外餐桌的布局也至关重要，如圆桌、长桌的选择等。原空间的功能区划分越模糊，基本硬件以外的设施设备越少，设计的自由度也就越大，但相应的布置成本也会上升；相反，原空间的功能区划分越清晰，条件越完备，设计的自由度也就越小，但布置成本也会比较小。

（二）物料局限

大多数宴会从预订到举办的时间很短，这就要求布置所用的物料能够在宴会所在地区买到。受此局限，可能一些设计创意无法准确表达。所以正确的做法是因地制宜、因时制宜，在现有物料的基础之上完成设计与布置。

（三）客户要求

对于同类型同主题的宴会，不同的客户会有各自个性的要求，这与客户的消费能力、社会身份以及兴趣爱好有关。即使在类型、主题、客户都不变的情况下，换个时间，客户的要求也可能会有不同，这与当时客户个人的具体情况有关。尽可能围绕着客户或潜在客户的需求进行设计是宴会场景获得认可的基本条件。

（四）成本控制

餐饮企业方自身对于宴会厅的装修费用不在某一场具体的宴会成本的计算范围内，但可变的空间布置所需要的费用需要算在宴会的成本当中，因此在接到宴会任务之后，就应该确认本次宴会的场景氛围设计所占的成本比例。具体有固定比例法与费用单独预算法。固定比例法适用于餐饮行业常见的婚宴、寿宴，各个餐饮企业根据自身条件以及宴会的规模与餐标确定一个比例；单独核算是非常规宴会的成本控制法，根据接待需要预算宴会场景设计费用。无论采用哪种方法，宴会的场景氛围设计与布置都与可以支配的费用相关。

（五）安全性与环保性

在设计宴会厅空间时，还需考虑安全性和环保性。安全性应是设计宴会厅空间的重中之重，宴会厅的安全性不仅是在消防、电路、建筑建构等方面，还需要特别关注空间内的布置品（桌、椅和舞台等）对使用者（员工和宾客）的安全。宴会厅的安全性通常可以体现在贵宾出入口的设置、紧急疏散通道的规划、消防设施的配备等。另外，宴会厅内的布置品的重量，材质是否对使用者安全也同等重要。同时，宴会厅的空间设计需要选择环保材料和节能设备，也是实现绿色宴会厅的重要途径。

综上所述，影响宴会厅空间设计的因素的多样性使设计过程的难度大大提高，因此设计师需要综合考虑从而实现宴会厅的功能性、美观性、舒适性和安全性等方面的平衡。

四、宴会厅空间布局设计

宴会厅的空间布局在实际宴会运营过程中可分为营业区域（专指宴会厅前场运营区域不包括厨房区域）、可装饰区域、储藏区域和公共区域。空间分布的具体比例要以实际运营需求为核心进行设计。营业区域一般指的是对客区域包括宴会厅主体、宴会厅的副厅和宾客休息区域等。可装饰区域通常指的是在宴会厅的营业区域中宾客可自由装饰布置的区域例如舞台、一部分宴会厅的墙面和部分宴会厅空余空间。储藏区域是指非对客区域因为宴会厅的布置需要大量桌、椅，甚至还包括可移动舞台等硬件设施设备。另外，为了能够轻松移动这些设备，还需要空间储藏运输推车等运输设备，因此储藏区域的设计是必不可少的，而且储藏区域的空间大小应随着宴会厅空间增大而增加。储藏空间的位置对于宴会厅空间整体布局也是非常重要的，它直接影响宴会工作的效率。最后是公共区域布局，宴会厅的公共区域这里指的是宴会厅公共设施，例如洗手间、宴会厅连廊、宴会厅通道等。另外，在设计宴会厅的空间布局过程中一定要考虑残障人士的功能性需求，尤其是公共区域的设计，例如洗手间需要留残障人士洗手间空间、楼梯需要有无障碍通道、连廊需要设置无障碍扶手等。

第二节 宴会气氛设计

宴会气氛对于整个活动的成功与否起着至关重要的作用。它不仅影响着宾客的心情和体验，还直接关系到宴会的整体效果和口碑。一个恰到好处的宴会气氛能够营造出温馨、愉悦的氛围，让宾客在享受美食的同时，也能感受到宴会主办方的用心和热情。宴会气氛是一个综合性的概念，包括环境布置、音乐与声效、色彩与灯光、气味与温度以及人员氛围等多个方面。

一、宴会气氛的重要性

首先，宴会气氛对于宾客的心情有着直接的影响。一个舒适、放松的气氛能够让宾客感到愉悦和满足，使他们更加投入地参与宴会活动，享受其中的乐趣。相反，如果气氛过于紧张或压抑，宾客可能会感到不自在，影响他们的心情和体验。

其次，宴会气氛也直接关系到宴会的整体效果。一个优雅、浪漫的气氛能够提升宴会的档次和品质，使宾客对活动产生更好的印象。同时，通过精心营造的宴会气氛，主办方还可以向宾客传达特定的主题和理念，增强活动的文化内涵和吸引力。

最后，宴会气氛还对口碑传播产生着积极的影响。一个成功的宴会往往能够引起宾客的共鸣和好评，而这些好评往往与宴会气氛的营造密不可分。一个令人难忘的宴会气氛不仅能够让宾客在离开后依然回味无穷，还能够促使他们向亲朋好友推荐和传播这次活动，进一步扩大活动的影响力和知名度。

因此，在策划宴会时，主办方应该充分重视宴会气氛的营造。通过选择合适的场地、布置精美的装饰、搭配适宜的灯光和音乐等手段，打造出符合主题和风格的宴会气氛。同时，还要注重细节的处理，从宾客的入场到离场，每一个环节都应该充满惊喜和温馨，让宾客感受到宴会主办方的用心和热情。总之，宴会气氛是宴会成功与否的关键因素之一。通过精心营造和打造恰到好处的宴会气氛，主办方不仅能够为宾客带来一场难忘的盛宴，还能够提升活动的品质和口碑，实现双赢的效果。

二、宴会气氛的构成

构成宴会气氛的元素包括环境布置、音乐与声效、宴会色彩应用、宴会灯光应用、宴会气味应用、宴会温度应用以及人员氛围等多个方面。

1. 环境布置

环境布置是宴会气氛的基石。从宴会厅的选址、布置到装饰细节，都需要精心策划。比如，选择具有中式特色的场地，运用屏风、窗花、灯笼等传统元素进行装饰，可以营造出浓郁的中式古典氛围。

2. 音乐与声效

宴会音乐的选择对于营造整体宴会氛围至关重要，它不仅能提升宴会的品位，还能使宾客沉浸在愉悦的环境中。音乐是宴会气氛的灵魂。选择合适的音乐能够调动宾客的情绪，营造出特定的氛围。首先，音乐的选择应与宴会的主题和风格相符，例如，如果宴会的主题是中式古典，那么可以选择一些传统的中国乐器演奏的曲目，如古筝、琵琶等；若是西式宴会，则可以选择西洋乐器演奏的古典音乐或轻音乐。其次，音乐的节奏和风格应与宴会的进程相一致。在宴会开始时，可以选择一些欢快的曲目来营造轻松愉悦的氛围；在宴会高潮部分，可以选用更为激昂的音乐来增强氛围；而在宴会结束时，则应选择舒缓的音乐，为宾客留下美好的回忆。此外，音乐的音量和节奏也需要特别注意。音量不宜过大，以免干扰宾客之间的交流；节奏也不宜过于激烈，以免影响宾客的心情和体验。音乐应以轻柔、舒缓为主，为宾客创造一个宁静、舒适的环境。最后，在选择音乐时，还需要考虑宾客的欣赏水平和文化背景。尽量选择那些既符合宴会主题又能被广大宾客接受和喜爱的曲目。同时，也可以适当引入一些具有民族特色和地方特色的音乐元素，以展示宴会主办方的文化底蕴和用心。在具体操作上，可以提前制订一个音乐播放列表，根据宴会的进程和氛围调整音乐的播放顺序和音量。也可以请专业音乐师进行现场调控，根据现场情况灵活调整音乐的播放。总之，宴会音乐的选择是一项需要综合考虑多个因素的工作。通过精心挑选和搭配合适的音乐，可以为宾客带来更加愉悦和难忘的宴会体验。以下是一些宴会音乐的案例，呈现不同宴会场景下音乐的选择与应用。

（1）中式古典宴会　在这种场合下，可以选择中国传统乐器演奏的曲目，如古筝曲《高山流水》或二胡曲《空山鸟语》。这些曲目能够营造出古朴典雅的氛围。

（2）西式浪漫宴会　对于西式的浪漫宴会，可以选择浪漫的小提琴曲或钢琴曲，如《爱的致意》或《秋日私语》。这些曲目能够营造出浪漫而温馨的氛围，为宾客带来愉悦的体验。

（3）现代简约宴会　在现代简约风格的宴会中，可以选择一些轻松愉快的流行音乐或电子音乐。这些曲目能够营造出轻松活泼的氛围，使宾客感受到现代时尚的气息。

（4）晚宴舞会　对于晚宴舞会这样的活动，可以选择一些节奏明快的舞曲，如华尔兹或探戈舞曲。这些曲目能够激发宾客的舞蹈热情，让现场气氛更加热烈。

（5）宴会定制乐曲　定制乐曲一般是在规格极高的宴会中实施的，一些规格极高的宴会主办方会按照宴会的格调和氛围提前选定音乐人为宴会定制乐曲，让乐曲彰显唯一性，提升宴会档次。

3. 宴会色彩应用

宴会色彩应用是宴会策划中极为重要的一环，它不仅影响着整体视觉效果，更直接关系到宾客的心理感受和宴会氛围的营造。

首先，色彩的选择应与宴会的主题和风格相契合。比如，在浪漫主题的婚礼上，粉色、紫色等柔和、温暖的色彩常被用于营造浪漫和舒适的氛围。而在复古怀旧主题的宴会中，黄色、奶油白和淡蓝色等复古色系则能很好地展现怀旧感。

其次，色彩的应用应考虑到空间布局和层次感。通过不同色彩的搭配和对比，可以突出宴会厅的重点区域，营造出丰富的空间感和层次感。例如，在宴会厅的入口或舞台背景处使用鲜亮的色彩，可以吸引宾客的注意力，增加视觉冲击力。

此外，色彩的选择还应考虑到季节因素。在寒冷的冬季，使用暖色调如红色、橙色等，可以给宾客带来温暖的感觉；而在炎热的夏季，选择绿色、蓝色等冷色调，则能给人带来清凉和舒适的感觉。

同时，不同的色彩还能引起不同的心理反应。例如，红色代表生命、热情和活力，常用于喜庆的场合如婚宴；蓝色则代表天空、海洋，给人冷静、和谐的感觉，适合营造宁静而优雅的宴会氛围。而绿色作为大自然的色彩，具有平衡人类心理的作用，常用于营造自然田园风格的宴会。

在具体实践中，色彩的应用可以通过多种方式实现。比如，利用餐具、桌布、窗帘、地毯等物品的色彩搭配来营造氛围；通过灯光和投影效果来强调或改变空间的色彩；甚至可以通过服务员的服装色彩来与整体宴会氛围相协调。

最后，值得注意的是，色彩的应用并非一成不变，它可以根据宴会的性质、目的以及宾客的喜好进行调整和创新。因此，在策划宴会时，应充分考虑这些因素，灵活运用色彩搭配技巧，以营造出既符合主题又充满个性的宴会氛围。

4. 宴会灯光应用

宴会灯光的应用是宴会策划中不可或缺的一环，它对于营造氛围、提升宴会品质具有至关重要的作用。首先,不同的主题和风格需要不同的灯光效果来营造相应的氛围。例如,浪漫主题的婚礼可能需要柔和、温暖的灯光来营造浪漫氛围;而现代简约风格的宴会则可能需要明亮、简洁的灯光来突出简约感。

其次,灯光的亮度和色温也需要精心调整。亮度过高可能会让宾客感到刺眼,而亮度不足则可能使现场显得昏暗。色温的选择同样重要,暖色调的灯光能够营造温馨、舒适的氛围,而冷色调的灯光则可能带来清新、现代的感觉。

此外,灯光的层次感和动态变化也是提升宴会氛围的关键。通过利用不同类型、不同角度的灯具,可以营造出丰富的空间感和层次感。同时,通过控制灯光的开关、亮度和色温等参数,可以实现灯光的动态变化,使现场氛围更加生动、有趣。

在具体实践中,可以采用多种灯光类型和技巧。例如,基础照明用于提供均匀的亮度,确保宾客能够舒适地活动;局部照明则用于突出特定的装饰元素或主题,增加视觉焦点;移动式灯光则可以根据需要调整位置和角度,创造出不同的光影效果。

另外,智能控制技术在现代宴会灯光设计中也得到了广泛应用。通过使用智能照明控制系统,可以根据宴会的进程和需要,便捷地调整灯光的亮度、色温、动态效果等参数,实现自动化控制和优化。

最后,需要注意的是,灯光设计并非孤立的环节,它需要与宴会的其他元素如装饰、音乐、色彩等相互协调、相互配合,共同营造出完美的宴会氛围。

5. 宴会气味应用

宴会气味是营造宴会氛围、增强宾客体验的重要元素之一。通过巧妙运用气味,可以为宴会增添独特的魅力,使宾客在享受美食的同时,也能沉浸在愉悦的氛围中。首先,宴会气味的选择应与宴会的主题和风格相契合。例如,在举办以花卉为主题的宴会时,可以选择清新自然的花香,如玫瑰、茉莉等,为现场带来芬芳的气息。而在举办复古风格的宴会时,则可以选用带有历史韵味的香薰,如檀香、沉香等,营造古朴典雅的氛围。其次,气味的浓度和扩散范围也需要控制得当。过于浓烈的气味可能会让宾客感到不适,而气味扩散不足则可能无法达到预期的效果。因此,在布置宴会场地时,应合理摆放香薰或香氛设备,确保气味能够均匀、适度地扩散到整个空间。此外,不同的气味还可以引发宾客的联想和情感共鸣。例如,某些特定的香味可能让人回忆起美好的往事,或者唤起某种特定的情感。因此,在选择宴会气味时,也可以考虑宾客的文化背景和情感需求,选择能够引发共鸣的气味,增强宴会的情感价值。宴会气味是提升宴会品质、增强宾客体验的重要手段。

6. 宴会温度应用

宴会厅的温度控制对于提供舒适的用餐环境至关重要。首先,宴会厅的温度应根据季节和天气变化进行适时调整。在冬季,室内温度应保持在温暖舒适的范围内,一般来说,不低于18~22℃是比较适宜的。而在夏季,为了避免过热,室内温度应控制在22~24℃。当用餐高峰时段客人较多时,可以适当调低温度,但一般不应超过24~26℃,以确保客人能够在一个舒适的环境中用餐。

其次,温度的控制不仅仅是一个固定的数值问题,还需要考虑到客人的舒适感受。因此，宴会厅的温度应可随意调节，以满足不同客人的需求。例如，有些客人可能更喜欢稍微凉爽一些的环境，而有些客人则可能更偏好温暖的环境。通过提供可调节的温度设置，可以确保每位客人都能享受到满意的用餐体验。

除了温度本身，室内空气的流通性和新鲜度也是影响舒适度的关键因素。因此，宴会厅应保持良好的通风，确保空气新鲜，并避免二氧化碳和其他有害物质的积聚。一般来说，换气量应不低于30m^3/人/小时，其中二氧化碳含量应控制在0.1%以下，可吸入颗粒物也应保持在较低水平。

为了确保宴会厅温度控制的准确性和稳定性，宴会厅所属单位必须定期维护和检查空调设备，确保其正常运行。同时，也可以采用一些智能温度控制设备和技术，如温度传感器和自动控制系统，以实现更加精准和高效的温度调节。通过合理控制宴会厅的温度，提供舒适的用餐环境，可以大大提升宾客的满意度。

7. 人员氛围

人员氛围也是宴会气氛中不可或缺的一部分。服务人员的态度、举止以及宾客之间的互动都会影响整个宴会的气氛。服务人员的热情周到、彬彬有礼会让宾客感到宾至如归；而宾客之间的友好互动和愉快交谈也能营造出轻松、愉悦的氛围。第一，宴会员工的仪容仪表和着装规范是营造良好氛围的基础。员工应保持整洁干净的形象，穿着与宴会主题和风格相符的制服，给宾客留下良好的第一印象。第二，宴会员工的服务态度和专业素养也是营造氛围的关键。员工应始终保持微笑、热情周到地服务每一位宾客，及时回应宾客的需求和疑问，并主动提供帮助。同时，员工应具备丰富的业务知识和服务技能，能够熟练地为宾客介绍菜品、推荐酒水，并提供专业的用餐建议。第三，宴会员工之间的团队合作和默契配合也是营造良好氛围的重要因素。员工之间应保持良好的沟通和协作，确保各项服务工作的顺利进行。在宴会过程中，员工应相互支持、互相帮助，共同应对各种突发情况，确保宾客的宴会体验不受影响。

此外，宴会员工的情绪状态和积极态度对于营造氛围同样重要。员工应保持积极、乐观的心态，面对工作中的挑战和困难时能够保持冷静和耐心。同时，员工应善于调节自己的情绪，将正能量传递给宾客，让宾客感受到愉悦和放松。

通过以上几个方面的努力，宴会员工可以共同营造出一个积极、热情且专业的宴会人员氛围，让宾客在宴会体验过程中感受到舒适和愉悦，从而提升宴会的整体品质和宾客的满意度。

第六章 宴会实物设计

与宴会服务师直接相关的实物设计主要集中在餐桌上面，其内容有两类：一是餐桌中间的桌景设计，在餐饮企业中，这部分工作可以交给第三方设计制作，但要由服务师来完成搭配更能符合宴会的设计要求；二是餐桌的组合排列与桌面餐具的摆放，这和宴会的文化风格与用餐内容直接相关。

第一节 餐桌桌景设计

桌景是近些年来逐渐流行的概念，是桌面景观的简称，由传统的餐桌装饰演变而来。桌景的设计结合了插花、园林与陈设布置等手法，营造出与宴会主题相应的景观，用以烘托宴会的氛围。在使用中，常见的桌景有花卉型、景观型、器物型、叙事型四大类；按使用餐桌来说有圆桌、长方桌两大类，地席的布置往往与环境布置联系更紧密一些；从桌景构图来说，有中心构图、中线构图两大类。中心构图的桌景是一桌所有客人视线的焦点，中线构图则有多个焦点。大型宴会的看台、圆桌与8人以内长方桌的桌景以中心构图较为常见，长条桌的桌景都是中线式构图。桌景设计时既需要考虑到美观，也要注意高度不可遮挡客人的视线，以免影响餐桌上的交流。

一、花卉型桌景设计

花卉型桌景也称为花台、台花，这类桌景设计在中西宴会中最早出现，也是应用最广的。简便的圆桌桌景可以用花瓶、花篮插花，这类插花占用空间较小，可以用在面积小的餐桌上；较大餐桌的台花通常会占用餐桌的转盘。

（一）桌面插花基本工具与手法

插花是最传统的桌景设计，在我国宋朝时就已经有了餐桌的插花，清末民国以来，餐桌插花多以西式插花为主，近些年又有用中华花艺与日式插花的。插花几乎可以应用在各种类型的桌景中，所以它也是桌景设计的基础。

1. 插花造型工具

（1）剑山　是中国、日本、韩国等国家插花常用的工具，是将铜针固定在不同形状的铅块上做成的，大小形状各有不同，适合放在不同的容器中使用。插花前先将剑山放于花器中，加水至没过剑山的针，然后将花枝插在剑山上，花枝便能吸水了。水少了再向花器里加水，这样的花比插在花泥中能更很好地吸水，花枝保鲜时间就更长一些。用在透明容器中的一般是带吸盘的塑料剑山。

（2）花泥　也称花泉或吸水海绵，是用酚醛塑料发泡制成的一种插花用品。同剑山一样，是一种固定和支撑花材的专用特制用具，形似长方形砖块，质轻如泡沫塑料，色多为深绿，吸水后又重如铅块，插作花篮和使用宽口浅身花器时都离不开它。

（3）定花器　这是中式插花最早的固定工具，最初见于五代时期。定花器的形状各异，有莲蓬形、铜钱形、山石形等，明清以后很多定花器被设计到花瓶上，与花瓶连为一体。定花器的材质有陶瓷与金属的。

（4）撒　这是中式插花经常使用的，作为固定材料，一般用树枝、竹枝来做，与插花的材料差不多，显得自然。撒的形式有一字撒、十字撒、井字撒、Y字撒等。

（5）铁丝、胶带　这是用来固定花枝、帮助花枝塑形的工具，颜色与植物枝条接近。

（6）花剪　剪断花枝所用，有园林用的大花剪、日本花道用的蕨尾剪等。

2. 插花手法

插花手法有中式、日式、西式三大类，其他国家与地区的插花基本是在这三类的基础上融入各地的文化、民俗形成的。

（1）中式插花　中式插花在结构上与绘画相通，自宋以来的文人的画中经常见到有插花，明清以后此类作品更为多见，一些来华的西洋画家的作品中也能看到插花。中式插花与明清以来的文人画有内在的关系，更多的是文人的随意、隐逸趣味。宫廷与市井的插花往往更喜欢吉祥富贵的寓意。在花器的选用上，常见的有花篮与花瓶两种。

花篮的用法在宋以前就已经出现，唐宋传奇故事中常用仙人提篮采花、采药、采茶的场景，宋以后的神仙主题的故事在民间大多与市井的价值观结合，因此花篮插花大都表现出世俗所喜爱的富贵与繁华。李嵩的《花篮图》（图6-1）真实地记录了这种形式：一个竹编花篮中按季节的不同插满了当季的花草，造型丰满，雍容富丽，体现了一个时代的精神面貌。

花瓶的用法出现时间较早。宋朝时人们喜欢收藏把玩商周青铜器，并用陶瓷仿制了很多青铜器的器型，如罐、瓶、罍、觚等，这些器型成为花瓶插花的主要容器。明朝文人偏爱隐逸文化，也常用粗陶罐作花瓶。在构图与意境上，文人画中的插花作品是当时人们模仿的主要对象。明朝陈洪绶的《停琴啜茗图》（图6-2）中有一瓶白莲，它的结构是三花两叶、高低错落，陈洪绶其他的荷花图很多也是这种构图。

（2）日式插花　起源于中国隋朝的佛前供花，在其发展过程中一直受到中国插花理念的影响。最早，日本流行的是立花，与宋徽宗《文会图》中的桌面插花差不多。当宋元文人画及一些中国文人来到日本以后，日本的插花又受他们的影响，被称为文人花。日本在学习中国花道时做了一件非常重要的工作，他们把原本靠悟性靠意会的插花，总结出布局、结构、色彩等规律，使插花变成可学的技术。在风格上，日式插花更多强调侘寂意境（图6-3）。

（3）西式插花　也称西洋插花，在晚清民国以后影响了中式宴会。传统的西式餐桌插花大多为几何结构，平面以圆形等分最为常见。现代西式餐桌插花也有很多借鉴东方花艺的自然风格，白色、米色、粉色、蓝色是常见的色彩基调。

图6-1　李嵩《花篮图》

图6-2　陈洪绶《停琴啜茗图》中的插花

图6-3　日本花道中的盛花

（二）类型与应用

不论哪种手法，从观赏的角度来说，花卉型桌景可分为单面观、双面观与四面观三大类。单面观的插花通常用在靠墙摆放的自助餐桌上，双面观的插花通常用在客人两面对坐的长条形餐桌上，四面观的插花通常用在圆形餐桌上，客人围坐，每个角度都可以观赏。所用花材以清香为佳，过于浓烈的花香与菜品的气味混在一起会影响品尝美食。花篮与花瓶插花在宴会餐桌上的使用非常多见。因为这类插花安放很方便，对桌面菜品也没有大的干扰，对宴会的档次也没有很高的要求，既可以用在中档宴会上，也可以用在高档宴会上，既可用在文化型、民俗型宴会上，也可用在制度型宴会上。下面结合图示说明一下中心式桌景与中线式桌景。

1. 中心式桌景

中心式桌景是将台花放在餐桌中间。圆形餐桌宴会桌景用四面观的插花就可以，这类桌景在圆桌中间，也被称为团式花卉桌景（图6-4）。长条桌的中心式桌景用在较短的餐桌上，一般是8人左右的餐桌，在长条桌的中央位置放置一个桌景，两端放上烛台类的装饰（图6-5）。传统的西式餐桌上会有烛台装饰，现代餐桌上则不一定出现。

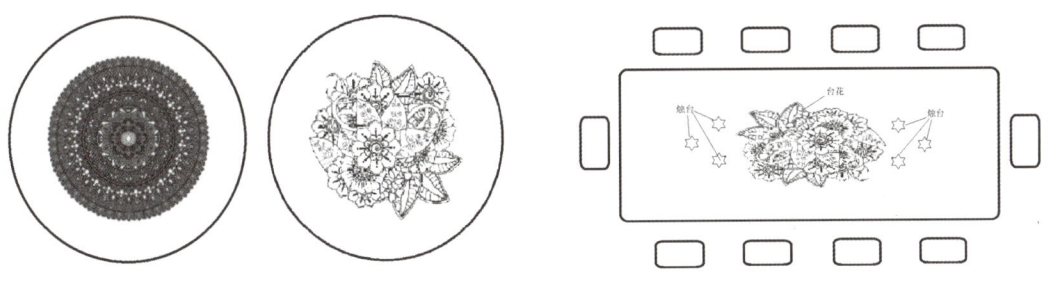

图6-4 团式花卉桌景　　　　　　　图6-5 中心式花卉桌景布置

2. 中线式桌景

中线式桌景是在长条桌的中轴线上放置花卉，一般用于较长的餐桌，通常餐位在10人以上，采用双面观插花。桌景的制作手法有瓶花、盘花、篮花、盆栽等，在审美风格上，不管是中式还是西式、日式，只要贴近主题都可以。2019年大阪G20峰会的宴会就采用了中线式花卉桌景（图6-6），结合了日本的传统美学风格，色调以青、白为主，清新淡雅。

图6-6 中线式花卉桌景布置

二、景观型桌景设计

景观型桌景是用造园的手法在桌面上营造出山水、园林或市井的景观，多用于高端主题宴会。普通的景观可以用一些造好的沙盘模型，高级些的可以用新鲜的花草来布置。

（一）造景的材料与方法

1. 材料

（1）基础材料　这是用来做假山基础的材料，可以选择营养土、花泥等，这些材料可以保持水分，使放在假山上的植物易于保鲜。沙石主要包括白色、黑色的细沙，以及鹅卵石或其他景观石等。桌面造景所用的泥料与沙石不可有虫，不可有霉味或其他异味。

（2）绿植　桌面造景的绿植不宜选高大的，较细小的花卉比较适合，如澳梅、苔藓、兰叶、文竹、绿毛球、蓬莱松等。

（3）微景道具　造景时常用的一些小道具，如亭台楼阁及人物、动物、车船、城门的模型等。铺垫物是造景时易被忽略的，用来隔绝造景材料与桌面的接触，以免桌面受污受潮。常用的铺垫物有盘（石头、亚克力等）和锡纸。

2. 方法

（1）中式造景　以山水为主，结合人文景观。因此，在结构上，中式造景是山水与亭台楼阁的组合。每个桌景设计都必须有一个主题，然后围绕主题来展开。景观小到园林中的竹石主题，大到千里江山的表现。山水造景的规律是"山贵有脉，水贵有源，脉理贯通，有无相生，高下相倾，前后相随"。桌景需要有高有低，有虚有实，山水有来处有去处，前后关照。

（2）日式庭园　日式庭园吸收了中国禅宗的美学理念，形成了独特的日本侘寂美学。在造景的基本原则上与中式相似，但日式庭园在结构上很少表现整体，对于山水这样的宏大场景常作简化处理，更多是对细节的放大审视。最为有名且有特点的就是日式庭园营造中的枯山水手法。

（二）类型与应用

桌景的观赏形式与花卉型桌景相同，但常见的是四面观与两面观两类，四面观桌景用于圆桌，两面观桌景用于长桌。在设计桌景时，通常有宴会主题型桌景与场景主题型桌景两类。我们从宴会主题与场景主题的角度来介绍景观型桌景。

1. 宴会主题型

2017年，某商人在杭州宴请友人的宴会用的是长条桌，两侧坐满20人，见芥工作室的设计师为这场宴会在餐桌中间制作了一条绵延起伏的山峦，并用宝石、香熏装点其间，使其成为一座宝山、一座仙山，寓意与宴宾客均在宴会中有所收获，暗扣"入宝山不空回"的意思（图6-7）。

2017年，"一带一路"国际合作高峰论坛欢迎宴会的长桌中间是一幅气势雄伟的山河图，有大运河上的风帆、西安的大雁塔、大漠戈壁的驼队等，展现的是中国与西亚地区数千年来的文化交流场景以及"一带一路"为沿途的国家与人民带来的辉煌过去与更可期待的灿烂未来。这种宏大的景观通常只会出现在制度型宴会中。

2. 场景主题型

这一类型的桌景通常与宴会的环境背景有关,而宴会的主题大多也是围绕着环境来设计的,布置不一定都是宏大、奢华的,也可以从微观着眼来设计的。宁波的一场省亲答谢家宴(图6-8),因宴请的都是乡贤,风格自然以朴素为基调,用一张长长的大板桌,桌子中间布置成乡间小溪,用芋头、鹅卵石装点,其间还安放了几个LED小灯模拟溪水中的月光,桌子两头分别布置了竹篱笆与小树,一切都是乡间常见的田园景象。这种适合做景观桌景的长条桌的宽度2米左右。

个园四季盐商宴(图6-9),圆桌中间的桌景就设计成以竹石为主的园林小景,为避免桌景污染桌面,将其盛放在一个白色大石盘中。在圆桌上,所有客人的目光都会经过圆心,因此圆心周围既是观赏桌景的核心区域,又要避免桌景高至与客人的视线平齐影响交

图6-7 见芥夜宴餐桌上的景观设置

图6-8 宁波的一场省亲答谢家宴的桌景设计

图6-9 个园四季盐商宴竹石主题的园林小景

流。如有较高的装置,应该安排在靠近边缘的区域。桌景的下面,若有转盘转动,则更便于客人观赏,也无遮挡之弊。这种适宜做景观桌景的圆桌通常直径为220厘米以上。

三、器物型桌景设计

器物展现的是一种生活场景和情调,此类桌景有的是以宴会的事务性主题来设计,有的则是以宴会的文化主题来设计。

(一)造景的材料与方法

1. 材料

器物型桌景的材料比较简单,主要是根据宴会主题来选择文化风格合适的器物。用古典的微型家具、花瓶、茶器、香具、古董等可以表达古典主题,如仿宋宴的桌面可以选择宋代著名的瓷器、书法来布置,秦汉主题的宴会桌景可以用青铜器摆件来布置;用现代风格的艺术品,或者普通的生活用品,以现代艺术手法呈现出来,也可以表达现代风格的主题,如现代都市主题的宴会就可以用这类桌景来布置。除这些器物之外,通常要搭配些花卉,使场景气氛显得柔和,或者用花卉来点明主题。

2. 方法

(1)拟景法 模拟真实的生活场景中器物的摆放与搭配。通常模仿的对象是书房、客厅,当然也可以是某部著名话剧的布景,或者是某幅名画中的场景。所有这些场景的布置都是采用微型家具摆件。

(2)陈列法 将某个时代或某种类型的器物陈列在桌上。这种布置方法大多与文物鉴赏的主题有关,当宴会的地点安排在博物馆风格的空间里时,这种布景方法就非常适合。

(3)烘托法 这是利用器物的材质、器形所携带的文化符号,配合空间的灯光、色彩来渲染某种意境。所用的器物本身与宴会主题之间并不一定有实质的联系。

(二)类型与应用

1. 器物型桌景的类型

此类桌景从时代来说有古典型、现代型等;从内容来说,有家具类、古董类、珠宝类、工业类、艺术鉴赏类等;从艺术风格来说,有古典风格的写实类、现代风格的抽象类等。

2. 器物型桌景的应用

器物型桌景既可用于生活型的主题宴会,也可用于艺术型的主题宴会。见芥夜宴餐桌(图6-10)上用了仿古铜器的花瓶,酒具选用了青花瓷小杯与琉璃酒杯,共同构成表达古典意韵的桌景,体现这场宴会的审美趣味。

图6-10 见芥夜宴餐桌上的器物布置

3. 器物型桌景对桌形的要求

基本上，用于圆桌上的器物布置也可以用在长条桌上，区别在于圆桌上布置的是一个焦点，而长条桌上的布置是散点的，也就是有多个焦点的。长卷的书画作品是长条桌是常用的装饰品，铺在桌子中间，画的边上安排一些灯光、器物来装点，如《清明上河图》《千里江山图》《富春山居图》等。

四、叙事型桌景设计

叙事型桌景在选材布置上与景观型、花卉型、器物型都有交叉，但主题是人或事，在制作时会兼用前三种类型的技法，再以人物、故事作为主题连缀在一起。例如，以"竹林七贤"为主题设计的桌景中，主体人物——竹林七贤，人物的造型神态来自相关的典故，此外作为景观的竹林与作为器物的酒具都是不可缺少的；以"八仙过海"为主题设计的桌景中，主体是八仙，由于八仙的故事在民间家喻户晓，在布置时可以用面塑的八仙形象，也可以不出现人，只出现与八仙有关的器物，如葫芦、花篮、笛子、芭蕉扇等，八仙的背景则是大海和仙山。浙江天台的"和合宴"桌景（图6-11）直接塑造了和合二仙的形象，主题明确，手法上结合了插花与人物叙事。扬州"八怪宴"展台的桌景（图6-12）是以群像出现的，八怪的故事在扬州家喻户晓，群像给了观众丰富的联想空间，每个人都有自己喜爱的人与故事，大众的个性喜好在这样的桌景中得到了满足。

图6-11　和合宴上的叙事型桌景

图6-12　八怪宴展台桌景

第二节　餐桌与器皿设计

宴会所用的餐具在餐桌的位置以及餐具的种类、类型等都是与宴会的形式密切相关的，而最主要的是与餐桌的关系。餐桌是菜品陈列的直接空间，是菜品的背景与环境。普通的宴会餐桌需要符合相应的消费等级与宴会类型需求，在主题宴会中，餐桌要与主题及菜品风格相关联。

一、餐桌类型

从形状上分，餐桌有圆形、环形、正方形、长方形；从组合上分，有单桌、多桌；从用餐形式分，有设座餐桌和不设座餐桌；按文化风格分，有中式餐桌、日式餐桌、韩式餐桌、西式餐桌、现代餐桌；从材质上来分，有木质餐桌、玻璃餐桌、金属餐桌、石头餐桌等。宴会的主题多种多样，餐桌也可以从多角度进行分类。以下介绍餐桌的圆形与方形两类。

（一）圆形、环形餐桌

圆形餐桌是清代以后中餐最常用的餐桌，原本只有一层，后来为了用餐方便，在中间加了一个可以转动的转盘。中餐宴会最常见的餐桌转盘，是1932年东京"雅叙园"创始人细川力藏的发明。日料都是小碗小碟，而日本人吃中餐时，大盘大碟非常不方便，站起来搛菜又很失礼，因此想出了这种转盘餐桌。传统的中式筵席（图6-13）一桌有8~10个餐位，后来随着大餐厅的出现，餐桌也相应地变大，一桌可以坐12~16人。较大的圆形餐桌在用餐时，服务员无法把菜肴放到转盘的中间，即使放过去，客人也无法正常取食。因此，餐桌的中间就需要留下一个空间，更大的餐桌甚至会做成环形（图6-14），中间是一个无法进入的空间。

（二）正方形餐桌

大的正方形餐桌每边可坐2人，满座时为8人，因此俗称为八仙桌（图6-15）；小号的可以坐4人，相应的也就叫作四仙桌。八仙桌之所以可以坐8人，与旧时摆台餐具少有关，每位客人面前只需一碟、一碗、一杯、一筷、一汤匙。如现在常见中西结合的餐具摆台，只能坐4位客人。方桌用于桌面空间较小，没有花台装饰的空间，桌面的装饰主要靠餐具与桌子本身。

（三）长方形餐桌

长方形餐桌有两类，一类是较短的一人用的餐桌，用于仿古宴会中；另一类是较长的

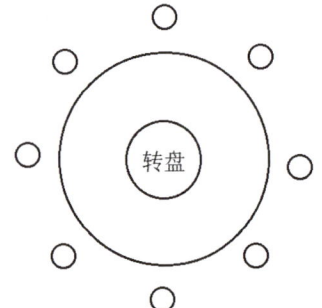

图6-13　八座转盘圆桌

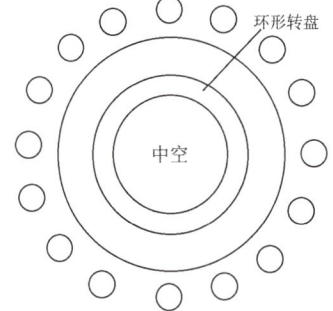

图6-14　十六座中空环形转盘圆桌

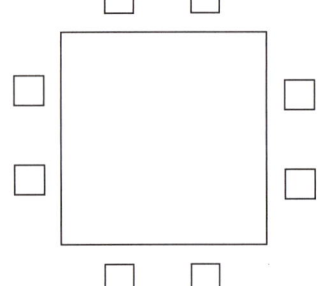

图6-15　八座八仙桌

多人用餐桌。在现代普通宴会中，长方桌的使用很少见，但在高端宴会中，长方形餐桌配合分餐制菜品是很常见的情况。西式宴会、日韩宴会采用长方形桌是很常见的。正方桌与圆桌有相对固定的人数要求，而长方形桌对于宴会人数的安排相对自由，通过拼桌就可以增加人数。具体布局在安排时，受宴会厅的限制会有一些变化。

长方形或长条形餐桌的餐具摆台与圆形餐桌相仿，但由于空间相对较小，摆台所用的杯碟也以简明实用为佳。这种台形在安排菜品时不宜用大盘菜，所有菜肴均需按位上，为了不破坏菜品的美感，在制作时也都是按位装盘的。因此，上菜时，就需要考虑餐桌上的空间是否可以放得下这些菜品，随菜换盘依然是最合适的做法。

一字形餐桌（图6-16）通常设在宴会厅的中央位置，与四周的位置大致相等。长桌两端有弧形和方形两种。圆弧形长桌适用于豪华型单桌的西式宴会，正副主人坐在长桌的两端，其他客人坐在长桌的两边。长方条桌既可以用在单桌宴会上，也可以用在大型宴会上，主人与主宾坐在长边的中间。大型宴会餐桌可以由多个一字形餐桌排列组合而成，也可用长条桌与圆弧桌组合成U字形餐桌、用长条桌拼成E字形和T字形、用长条桌与圆桌拼成星形餐桌、用长方桌排列成鱼骨形餐桌或是用长条桌排列成教室形餐桌。具体餐桌型要看场地条件以及宴会流程的设计。如教室型餐桌所有客人只坐在桌子的一边，因为另一边朝向的位置会有演出节目或重要演讲；鱼骨形餐桌的排列适合用在长方形的场地中，并且朝向的位置是节目表演的区域。此类餐桌的桌景设计形式与一字形餐桌类似，风格上符合宴会主题要求即可。餐具摆台也与一字形餐桌的摆放方式相仿，以西式摆台较为多见，中式摆台与日式摆台也很多。U字形餐桌（图6-17）与T字形餐桌（图6-18）的顶边是贵宾的位置，相应的餐桌与餐椅也比中间的长桌要高出一些来。

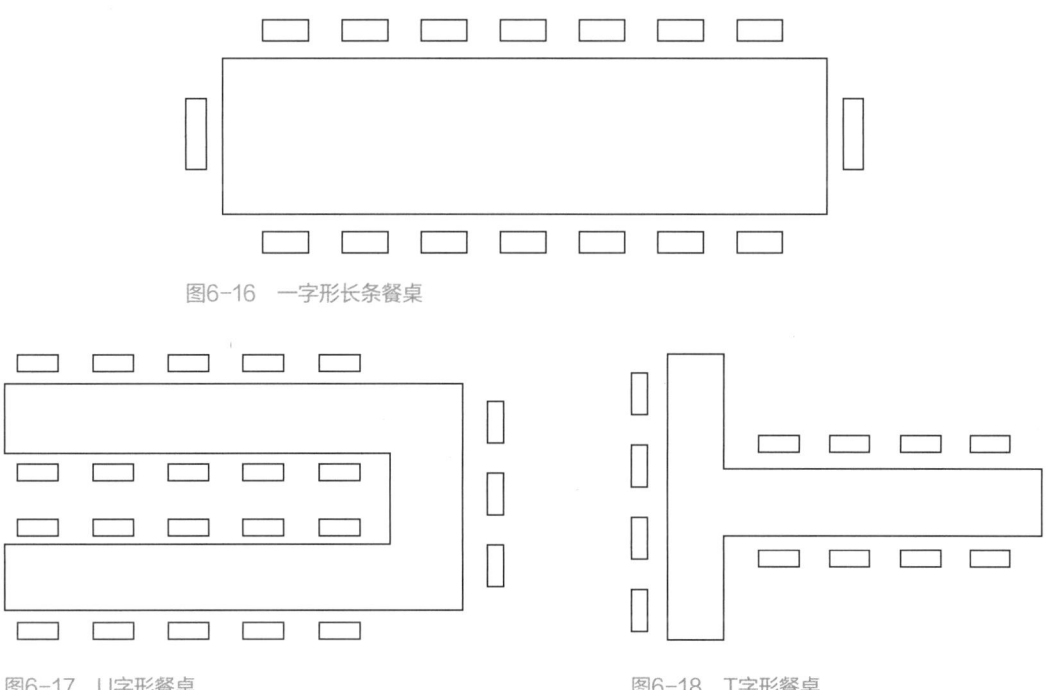

图6-16　一字形长条餐桌

图6-17　U字形餐桌

图6-18　T字形餐桌

二、基本布置

基本装饰包括餐桌的台布、座椅的椅套、餐巾等。

1. 台布

台布与椅套的颜色、质感应该相协调。在颜色选择上，要注意与餐具的配合，以衬托餐具。白色、米黄色会使人更有食欲，适合搭配白色、金色、天青色等色系的餐具，搭配红色餐具则不协调；金色彰显富贵大气，适合搭配红色、白色、天青色以及青花餐具，与其他色调餐具搭配也大多协调；红色是中国人喜欢的颜色，象征喜庆，适合搭配天青色、明黄色以及青花餐具，搭配深色餐具容易显得黯淡；黑色、紫红色以及深咖啡色的台布显得压抑，会影响人的食欲；深灰色的台布会有一种高级感，但也会有一种冷淡的感觉，与白色餐具搭配比较适合。

餐桌中间有时用来摆放共食的大盘菜，也有时用来摆放装饰桌景，不论哪一类，餐桌中间的圆形餐桌也需用桌布套起来或者装饰一下。中间布套的颜色可以与大台布一致，也可以用对比协调的色布。椅套的颜色一般应与台布的主色调相协调，当整个宴会厅色彩比较单调时，可以用对比色的布带在椅背上束一下。

2. 餐巾

餐巾也称口布，是餐桌上常见用品。在正式用餐时，可以防止菜汁溅到衣服上，也可以在餐后用来擦嘴擦手。而在正式用餐之前，餐巾则是餐桌上的装饰，既要考虑与台布色彩的搭配，也要考虑在餐桌上的造型。餐巾常见有两种呈现方式，一种是杯盘折花；另一种是用餐巾扣装饰。通常主座上的餐巾花比较突出，并且高于其他席位以突出客人的身份。

（1）杯盘折花（图6-19） 是传统的餐巾折花，形式多样。其图形有花草类、飞禽类、蔬菜类、走兽类、昆虫类、鱼虾类以及其他一些造型。一般的宴会对于餐巾花的造型种类没有要求，但在主题宴会上，相应的餐巾花可以烘托宴会的气氛。如以海鲜为主的宴会上用鱼虾类餐巾花、以圣诞为主题的宴会上可以用蜡烛等造型的餐巾花。大型宴会上，餐巾花还是以简洁为上，太多花型会显得凌乱。

图6-19 口布花的形式——盘花与杯花

（2）餐巾扣　既可以离开杯盘以固定餐巾花，也可以直接套在餐巾上，不一定需要服务人员会折餐巾花，操作简便，提高了餐桌装饰的效率。餐巾扣的造型有中式风格、西式风格、古典风格、现代风格等，可以根据宴会主题来选用。

三、餐具摆台

餐具本身就是餐桌上的装饰品，因此在摆台时也可以与宴会的主题相契合。比如当宴会的主题是海洋、航海时，餐具可以选用与主题相配的颜色或造型，餐巾可以选海水蓝色；以宫廷、国宴等为文化背景的宴会，常常会选用明黄色彩或宫廷图案的餐具。

（一）中式摆台

餐具摆台最初多采用西式摆台，但在中餐背景下，人们很快参照修改，形成了如今的中式摆台（图6-20）。

1. 酒具

酒具为三套杯，有西式餐桌中常用的红酒杯、水杯，也有中餐宴会不可缺少的白酒杯。现代宴会在白酒杯旁通常还需要配一个小的分酒盅。在庆功宴、升学宴或是夏季举办的一些宴会中，很多人喜欢喝啤酒，所以还要配上啤酒杯。红酒杯、水杯、啤酒杯大多是玻璃的，在一些仿古主题的宴会上，白酒杯需要用高脚瓷杯，在喝黄酒的地区还会用较大的酒盏。三套杯的摆放位置可以在左前方，也可以在右前方。

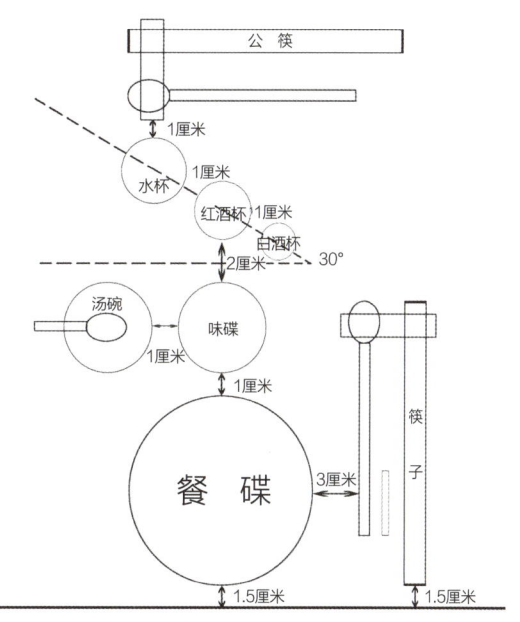

图6-20　正规宴会中式餐具摆台

2. 取餐用具

取餐用具多为筷子与羹匙，但随着西餐菜品在中餐宴会中的频繁出现，很多宴会摆台时也会放一副刀叉。传统的中式筵席多为同桌共餐，从卫生的角度出发，通常会在正副主人的面前各放一副公筷公勺。在现代高端宴会中，用餐卫生成为首要问题，分餐制被一些民众呼吁并采纳。采用分餐制以后，由于所有菜品都是按位上，菜品离客人比较近，较长的筷子、勺子以及公筷都没有了存在的必要。

3. 餐碟与羹碗

餐碟也称骨碟，与羹碗配套使用。餐碟用来取食没有汤的菜品，也是临时放置食物残渣的地方。但这种做法使得客人的面前很不清爽，也妨碍用餐。传统的做法是由服务员加快为客人更换餐碟，但这并不能从根本上解决问题。现在，一些高端餐饮场所会在餐碟的左上方放置一个渣斗，这原本是中国古代宴会上用来盛放食物残渣的容器，比羹碗略高，客人看不到里面的食物残渣，不会影响到品尝美食的情绪。而羹碗用来取食有汤的菜品。中餐厨师在菜品制作中的一些创意餐具常常与摆台用的餐碟冲突，因此在现代一些高端宴会中，也出现不放餐碟、随菜换盘的做法。一般的中式简便宴会餐具摆台方法如图6-21。

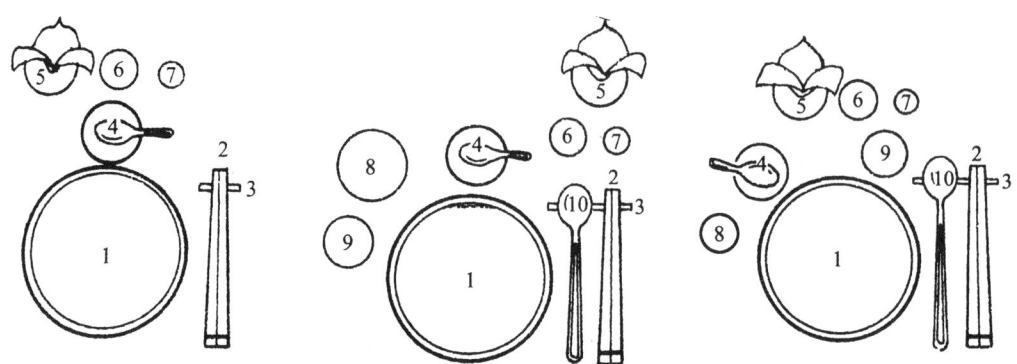

图6-21 中式简便宴会餐具摆台方法
1. 餐碟 2. 筷子 3. 筷架 4. 羹匙、羹匙垫 5. 水杯、餐巾花 6. 葡萄酒杯
7. 白酒杯 8. 汤碗 9. 味碟 10. 公匙

4. 菜单与席次牌

菜单与席次牌根据餐桌的大小与宴会的规格有所区别。对于中档宴会，一般10人左右的餐桌放2份菜单，10人以上的餐桌放4份菜单；对高档宴会来说，同桌的客人身份地位都比较高，菜单可以安排人手一份。席次牌常用于制度型宴会，其他的大、中型宴会上也会规定客人的桌次，但不规定客人的座次。

（二）西式摆台

1. 酒具

根据餐桌的具体情况，酒具可以平行于桌边摆在餐具的最前列，也可以与桌边呈45°的斜线摆在左前方或右前方（图6-22）。西餐酒具的使用比中餐复杂，有白葡萄酒杯、红葡萄酒杯、水杯、香槟酒杯、白兰地酒杯、开胃酒杯、啤酒杯、威士忌酒杯、鸡尾酒杯、利口酒杯等，材质通常是玻璃的。西餐摆台的酒具常常也是三套杯，有水杯、红葡萄酒杯、白葡萄酒杯。

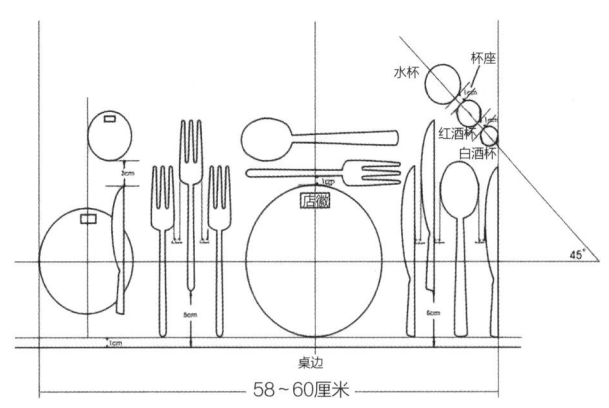

图6-22 普通西式宴会摆台

2. 取餐用具

相对中餐来说，西餐的取餐用具比较复杂，有餐刀、餐叉、匙三类。餐刀又有黄油

刀、鱼刀、沙拉刀、主餐刀；餐叉有沙拉叉、鱼叉、主餐叉、甜品叉；匙有汤匙和甜品匙。这些餐具通常不混用。具体摆台时，要根据宴会的规格、内容来决定放置种类。具体摆放时，餐刀在右，餐叉在左。

3. 餐碟

简单宴会的餐碟可以只放一层，高等级宴会则需要放两层，下层的餐碟稍大，上层的稍小一些。除了摆在中间的餐碟，一般还会有面包碟与黄油碟等。因为西式宴会菜品都是按位上，所以多数时候是随菜换碟，食物残余也在换碟时一起撤走。高级宴会所用餐碟比较华美，有较强的装饰性。

4. 菜单与席次牌

菜单与席次牌的用法在中餐中差不多，正式宴会上也都是人手一份菜单，客人根据席次牌的安排入席。

具体摆放形式参见2001年上海APEC会议工作午宴的西式摆台（图6-23）。

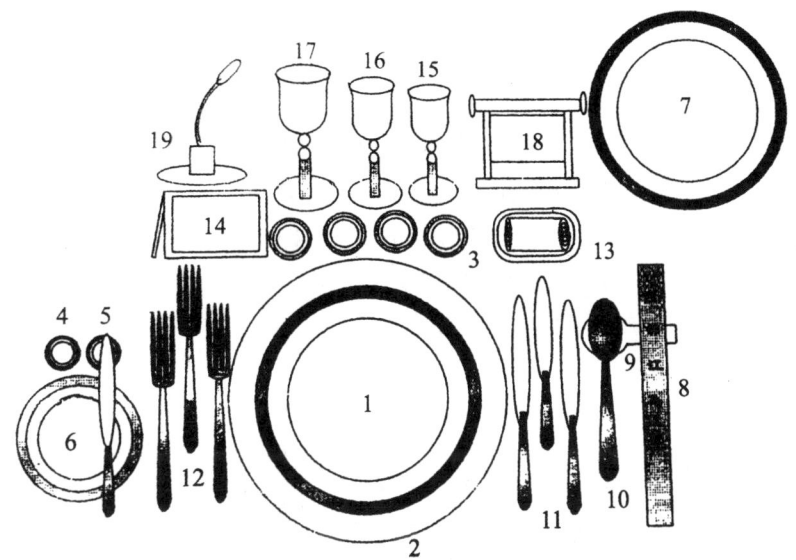

1. 12英寸餐盘
2. 13英寸垫盘
3. 4英寸分位冷碟
4、5. 2.5英寸调味碟
6. 8英寸面包碟与黄油刀
7. 12英寸青花看盘
8. 筷子
9. 筷架
10. 汤匙
11. 餐刀
12. 餐叉
13. 毛巾碟
14. 席位卡
15. 白葡萄酒杯
16. 红葡萄酒杯
17. 水杯
18. 菜单
19. 话筒

图6-23　2001年上海APEC会议工作午宴的西式摆台

（三）日式摆台

现代日本宴会的摆台大多数是学习了西餐的摆台方式，但在传统日本料理宴会中，还是采用日本风格的摆台方式。相对于中餐宴会与西餐宴会，日本宴会上用的餐具体积小、品种多，摆放的方式与中式及西式的差异比较大。具体在摆台时会照顾到欧美人的用餐习惯摆上刀叉（图6-24）。

1. 酒具

日本酒具比较丰富，对应不同酒使用。枡，是木制四方形的日本传统酒具，点木桶装的清酒时常见，现在主要被作为盛放酒杯的工具，起到托盘的作用；盃，是饮用日本清酒时使用的酒杯,最常见的是木漆质、玻璃质、金银锡等金属质、陶瓷质、土器质等;猪口酒盅,个头较小的称为猪口杯,个头较大的是吞杯,基本上任何种类的日本酒都可以用吞杯来饮用,其大小正好可以单手稳稳握住;德利壶,通常有陶瓷质和玻璃质,样式种类较多,小德利壶容量为1合(180毫升),大德利壶容量为2合(360毫升);片口壶,与德利壶一样都是盛

图6-24 现代日餐的摆台

清酒的,不同在于没有瓶颈,开口大,有一处壶嘴,通常是陶瓷质、玻璃质,容量约为2合(360毫升)。

2. 取餐用具

取餐用具主要是筷子与羹匙。日本筷子短而尖细,因为传统的日本食案空间较小,所以筷子是横放在托盘后面的,这有别于中餐、西餐中竖着放。羹匙材质有木质、陶瓷,也有金属。

3. 托盘

在传统日式宴会中经常可以看见有托盘,形状有圆形,也有方形;有木器托盘,也有漆器托盘。托盘里一般不直接盛放菜品,而是作为其他碗碟的平台,作用相当于中餐摆台中的餐碟。

四、茶宴类摆台

之所以把茶宴单独列出来,是因为在传统的餐饮中茶宴很少作为一个单独的饮宴形式受到关注,在餐饮市场中几乎也没有份额。近二十年来,随着茶文化热潮在全国的兴起,茶宴也受到了普通餐饮行业的关注。茶宴的席面由茶饮调制区与用餐区组成,根据不同的设计,这两个区可以分列在两个区域中,也可以融合在一个区域中。餐桌的形状也有长方形、正方形、圆形、扇形以及开放式几种,因此无法分到常见的圆形餐桌与方形餐桌中去介绍。

(一)长方形茶席摆台

长条桌的茶席摆台以左右对称最为常见(图6-25):泡茶的壶、品茗杯放在正中,水盂、煮水壶、花器等对称放在两边。这样的布局一般适合5~6人的茶席,茶艺师一个人可以照顾到每位客人,每位客人的品茗杯都由茶艺师亲自奉出。当茶席上的客人比较多,茶艺师无法照顾到每位客人时,在行茶时通常采用传杯的方式。泡茶席设在桌子的一端,客人坐长桌的两边,桌子中间可以摆放茶点和插花来装饰(图6-26)。行茶时,泡茶席上用多个匀杯,泡茶器也可以选大号的,将茶分入匀杯,交由客人自己斟茶,斟好后将匀杯传予下一位客人。由于客人较多,这样的茶席除茶艺师外,一般要准备一位助手,处理茶艺服务中的一些临时事务,比如添加点心、更换品茗杯、清理茶渣废水等。

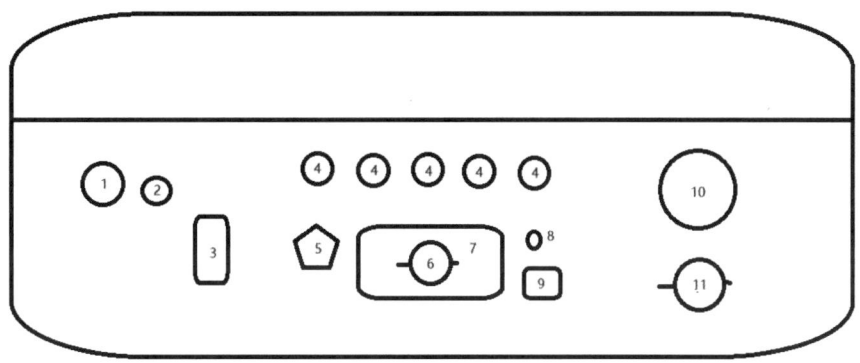

图6-25 六人以内茶席
1. 茶道工具组 2. 茶仓 3. 茶则 4. 品茗杯 5. 匀杯 6. 泡茶器 7. 壶承 8. 盖置
9. 茶巾 10. 水盂 11. 煮水器

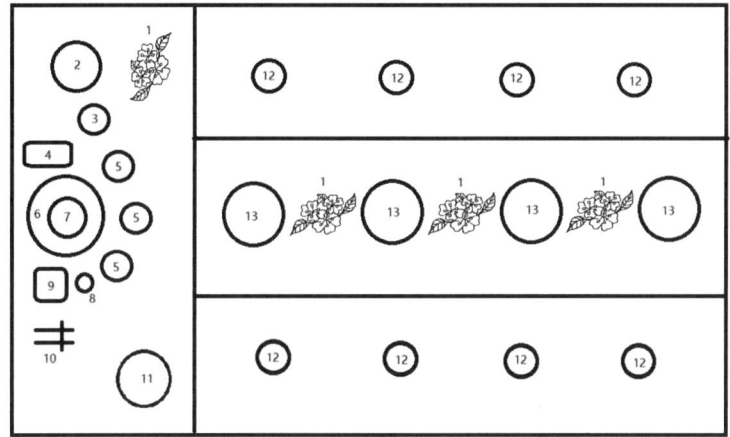

1. 插花 2. 煮水器 3. 茶仓
4. 茶则 5. 匀杯 6. 壶承
7. 泡茶器 8. 盖置 9. 茶巾
10. 茶道工具 11. 水盂
12. 品茗杯 13. 点心碟

图6-26 六人以上茶席

（二）正方形茶席摆台

相比长方形茶席，在正方形茶席中，茶艺师与客人的距离要近些，桌面上留给茶艺师布席的空间也就要小，因此，正方桌的茶席上茶具的安排要简洁些。在布席时，最常用的是"回"形席与"由"形席。方桌一般以八仙桌最为常用，最多可招待6人。当人数为6人时，通常采用"回"形席，由于席面空间限制，煮水器通常不放在桌上。茶艺师距离对面的客人比较远，行茶时，茶艺师可以站起奉茶，也可以传杯行茶。图6-27所示的是方桌"回"形席，茶席已经满员。泡茶的各种工具不要放到离客人太近的地方，不宜用桌布把桌子满铺，以免妨碍客人起坐。煮茶器放左边或右边均可，具体根据场地条件而定。

人数较少时，八仙桌的茶席可以摆成"由"形席（图6-28）。因为客人少，桌面上的空间大，可以用插花来装饰一下。茶具的摆放与长方形桌席并无大的差别。因为方桌茶席茶艺师与对面的客人之间距离较远，所以也可以把茶杯摆成圆弧形，以茶艺师行茶时能拿到为度。此外，潮汕的圆形茶盘也非常适合这样的桌面。

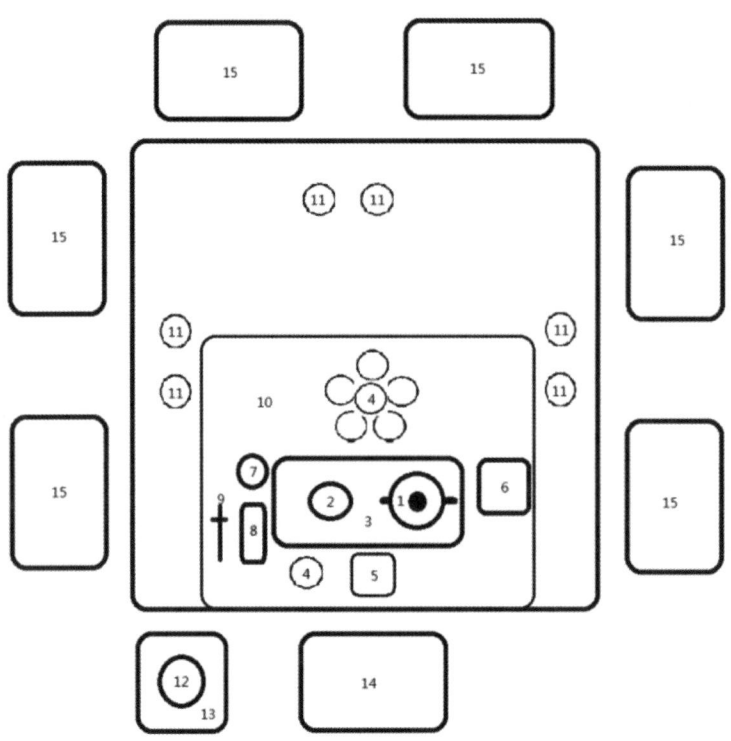

1. 泡茶器　2. 匀杯　3. 壶承
4. 品茗杯　5. 茶巾　6. 水盂
7. 小茶仓　8. 茶则　9. 茶针
10. 敷物　11. 点心碟
12. 煮水器　13. 炉座
14. 茶艺师座　15. 客座

图6-27　方桌"回"形席

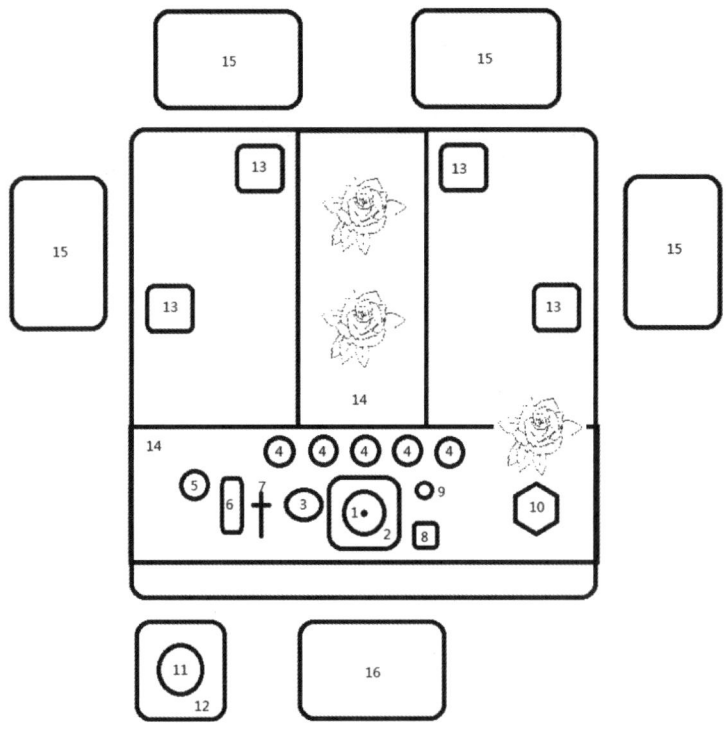

1. 泡茶器　2. 壶承　3. 匀杯
4. 品茗杯　5. 小茶仓
6. 茶则　7. 茶针　8. 茶巾
9. 盖置　10. 水盂　11. 煮水器
12. 炉座　13. 点心碟　14. 敷物
15. 客座　16. 茶艺师座

图6-28　方桌"由"形席

（三）圆形茶席摆台

圆形茶席在使用中比较少见，在布局时比长方形与正方形的茶席都有难度，因为敷物（铺在桌上的装饰布草）大多是长条形或正方形的，放在圆形的茶桌上感觉不是很协调。在这样的场合，我们可以选择圆形的敷物。圆形桌席的布局最常见的是摆成团凤席（图6-29）与葵花席（图6-30）。团凤席的图案与我国古代圆形凤凰的图案相似。团凤席用两块大小

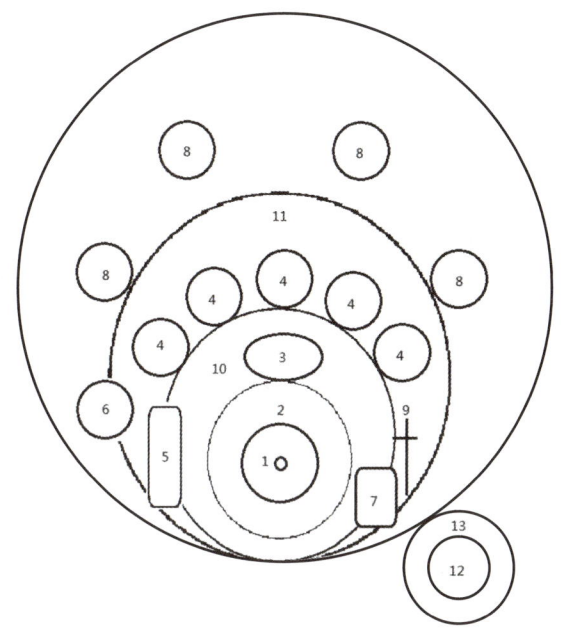

图6-29　团凤席
1. 泡茶器　2. 贮水壶承　3. 匀杯　4. 品茗杯
5. 茶则　6. 小茶仓　7. 茶巾　8. 点心碟
9. 茶针　10. 圆形敷物(小)　11. 圆形敷物(大)
12. 煮水壶　13. 炉座

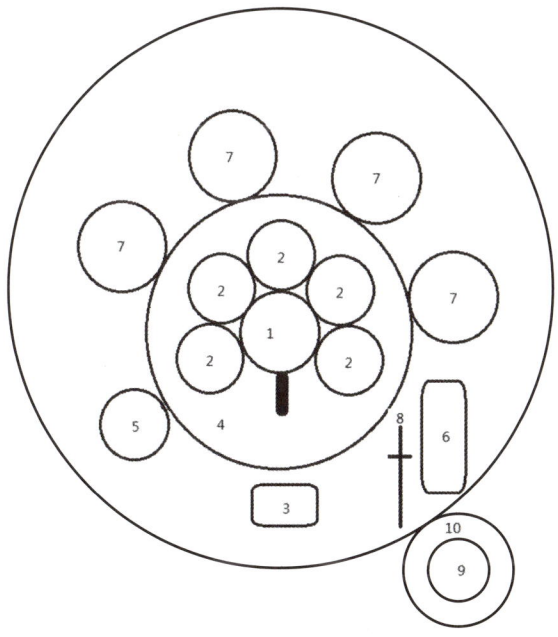

图6-30　葵花席
1. 泡茶器　2. 品茗杯　3. 茶巾　4. 贮水茶盘
5. 小茶仓　6. 茶则　7. 点心碟　8. 茶针
9. 煮水壶　10. 炉座

与色彩均不同的圆形敷物装饰桌面。葵花席与向日葵的结构相似，以潮汕地区常见的圆形贮水茶盘为中心，应用更为简便，在日常生活茶席中更为常用。

（四）地席的布置

地席是日本茶道与韩国茶礼中常见的。近些年来，我国有一大批汉唐文化爱好者又推动了地席的普及。在应用上，地席一般用于室内，也可以用于室外，省掉了桌凳，席面更宽了一些。但为了营造饮茶的气氛，席面也不宜过宽，以1~2米为宜。在铺设地席时，不是把所有茶具都直接放在敷物上，而是会用一些茶床小几来增加地席的层次感。方形地席（图6-31）更适合室内使用，如在室外使用，可在两个茶床的外侧加小屏风作界。扇形地席（图6-32）比较适合于室外，茶艺师的身后有门、墙、石壁最好。在扇形席中，茶艺师与每位客人的距离一样近，便于照顾到每位客人。因为在室外，茶席上要预备炭篮，准备多次给炉中添炭。室外有风，席镇也是必备的。茶点碟可先放在盒中，等客入座与茶点一起奉上，以免落灰。所有品茗杯必须倒扣着。所有客人既可仿照日式茶会自带怀纸，也可在入席之前分发给大家。

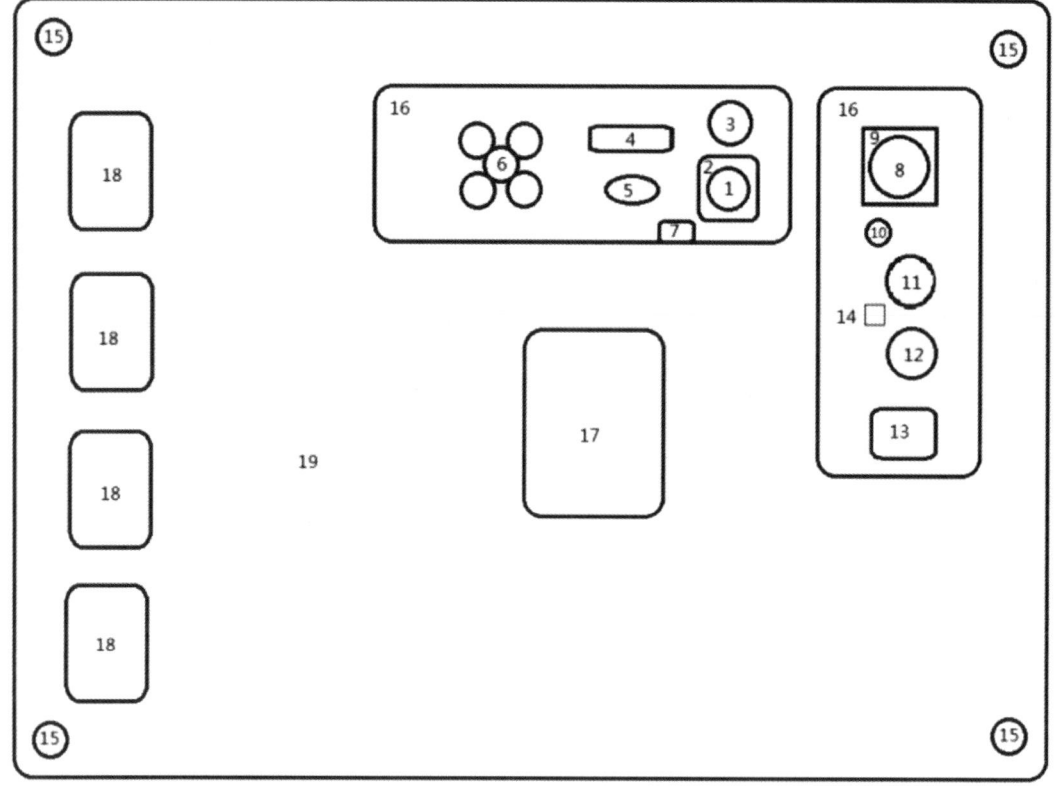

图6-31　方形地席
1. 泡茶器　2. 壶承　3. 小茶仓　4. 茶则　5. 勺杯　6. 品茗杯　7. 茶巾　8. 煮水器　9. 炉座　10. 盖置
11. 水注　12. 水盂　13. 茶点盒　14. 纸巾盒　15. 席镇　16. 茶床　17. 茶艺师座　18. 客座　19. 敷物

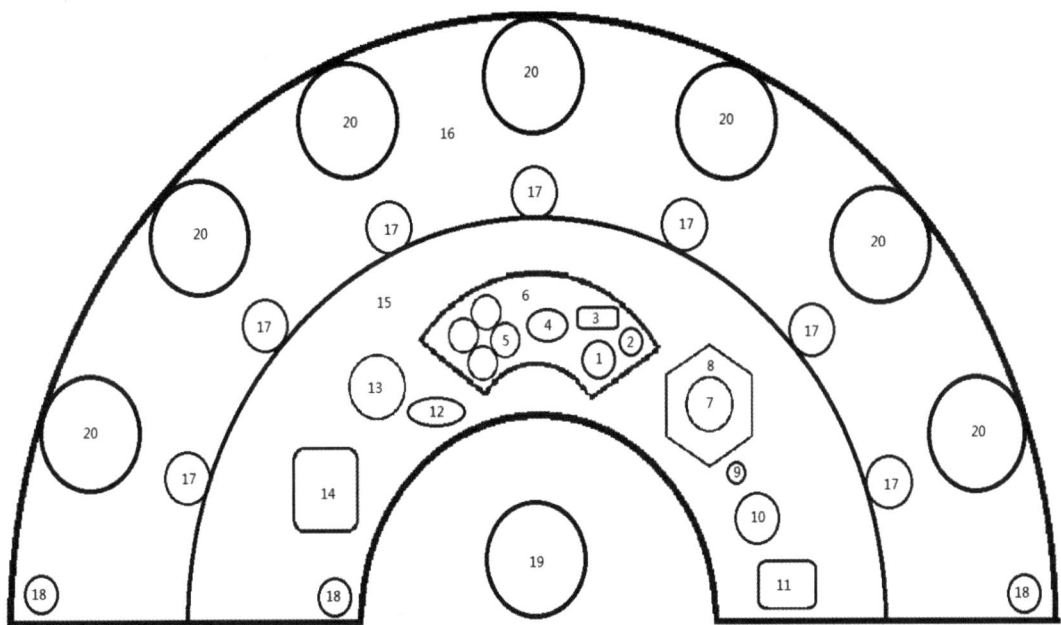

图6-32 扇形地席

1. 泡茶器 2. 小茶仓 3. 茶则 4. 匀杯 5. 重叠倒扣的品茗杯 6. 扇形茶床 7. 煮水器 8. 炉座 9. 盖置 10. 水注 11. 炭篮 12. 杯托 13. 水盂 14. 点心盒 15. 敷物（小） 16. 敷物（大） 17. 茶点碟 18. 席镇 19. 茶艺师座 20. 客座

　　除了上面示例的两种地席，还有无我茶会中极简的地席。也可以把前面的桌席直接挪到地面上来用，但是桌席是垂足坐的，人与茶具之间的距离较近；而地席是盘腿坐或跪坐，人与茶具之间的距离要远一些。因此，桌席改地席使用时，要反复调试这种距离感。

第七章
宴会服务

每一场宴会都是精心雕琢的艺术盛宴，是对完美细节不懈追求的服务实践。作为宴会定制服务师，其角色远不只幕后策划，更是缔造宾客珍贵记忆的艺术家。从精准洞察客户需求到量身定制个性化服务方案、再到精准把控宴会全流程服务细节，同时展现出宴会服务师得体的服务礼仪，每一个环节都是构建难忘宴会的关键。

第一节 服务对象分析

筹备宴会时，深刻理解宾客需求是成功的开始，策划者和服务团队必须精准把握宾客的需求、期望和文化背景，以创造卓越的宴会体验在分析服务对象时，关注宾客的类型、喜好和特殊需求是优化宴会各环节的核心。无论是定制菜单还是细化服务，都要致力于满足并超越宾客的期待。从精选菜品到细致入微的服务，每一环节都彰显对宾客的尊重与关怀，这不仅是成功宴会的基础，也是提升质量和满意度的核心。

一、客户背景和文化理解

深刻洞察客户的背景和文化不仅有利于保障宴会的顺利进行，还可以体现主办方的细致关怀。客户的国籍与文化、宗教信仰、地域特色和企业文化等背景因素，对宴会的风格、节目安排和餐饮选择都有显著影响。

（一）国籍与文化

不同国家和文化对于宴会的形式和内容有着不同的期待和习惯。例如，某些文化中，宴会可能非常重视礼仪和正式程度；而在一些国家，人们可能更倾向于轻松和亲密的氛围。此外，在食物选择上，也需要考虑宗教或文化禁忌。

（二）宗教信仰

宗教信仰对宴会效果影响重大，尤其是在食物和饮品选择、宴会开始的时间等方面。了解客户的宗教背景可以帮助宴会组织者避免不适当的安排。

（三）地域特色

地理位置也是影响宴会内容的重要因素。不同的地区可能有不同的风俗习惯和风味食物。了解这些特点能帮助宴会服务提供者准备出更受欢迎的菜肴，从而提升客户满意度。

（四）企业文化

如果宴会是为了企业活动而举办，了解企业的文化、价值观及其业务目标是很有必要的。企业文化可以影响宴会的形式、氛围以及活动的安排。例如，一个注重可持续性和环保的企业可能希望宴会采用环保材料，并提供有机食品。

二、个性化服务需求分析

在宴会策划过程中，提供个性化服务是保障客户满意度及宴会圆满成功的核心要素之一。服务的需求分析需要深入探究宴会的每一个细节，力求打造一场既独一无二又能满足主办方期望的精彩活动体验。

（一）事件规模和性质

需要明确宴会的规模（小型、中型或大型），以及是正式的商务活动、随性的社交聚会还是庆典活动等。不同的宴会性质和规模会影响到场地选择、布置、食品服务等方面的个性化需求。

（二）客户特定需求

掌握客户具体需要包括对特别餐食的需求（如素食、无麸质或特定文化的菜肴）、特殊技术设备的需求（如视频会议设备、特殊音响光效）以及对安全隐私的特殊要求。通过满足这些特定需求，可以使客户感受到高度的个性化关怀和专业服务。

（三）主题和氛围的定制

每个宴会都可以根据特定的主题和氛围来设计，这关系到宴会的整体视觉和感官体验。无论是浪漫的婚礼、庄重的公司年会或是欢乐的生日派对，适当的场地布置、音乐选择和装饰风格都能显著增强宴会的吸引力。

（四）互动元素和娱乐活动

根据宴会主题和参与者的兴趣，可以提供定制的互动元素和娱乐活动。例如，增设摄影摊位、现场乐队表演、互动游戏或者特色表演等，都能提升宾客的参与感和整体的娱乐体验。

（五）宴会后的特殊关怀

提供宴会后的跟进服务也是个性化服务的一部分，比如发送感谢信、礼品或提供照片和视频回顾。这些关怀能够加深客户的好感和忠诚度。

第二节 差异化的定制服务

在现代宴会服务中，个性化定制是提升宾客体验的核心。要吸引宾客，必须提供创新菜品、定制场地布置、个性化服务流程和娱乐项目。个性化服务的关键在于深刻洞察宾客需求，并将其融入服务的每个细节，从迎宾到送别，确保每位宾客都有独一无二的体验。这不仅提升宾客满意度和归属感，也加深他们对活动的记忆，提高宴会的成功率和口碑。个性化服务是宴会成功的关键，也是赢得宾客青睐的法宝。

一、场景布置与主题创意

在宴会策划中，差异化的定制服务不仅仅表现在对客户需求的精确把握上，更在于如何通过独特的场景布置和创意主题，营造出一种难忘的宴会体验。

（一）主题设计的初步构思

在策划宴会时，选择的主题应深刻反映客户个性及宴会宗旨。例如，庆祝公司周年时，可采用"时光穿梭"主题，将经典装饰与现代高科技展示技术相融合，以此展现公司的发展历程和未来愿景。

（二）场景布置的细节执行

场景布置需精致周到，确保从入口设计到室内装饰均与主题紧密结合，打造沉浸式体验。以"花园派对"为例，通过大量花卉、植物装饰，辅以花灯和自然风小品，营造轻松愉悦的氛围。

（三）光影与色彩的运用

光影和色彩是创造氛围的重要工具。通过精心设计的照明方案，可以强调场景中的重点区域，或是创造柔和、温馨的氛围。色彩选择则应与主题相匹配，如使用冷色调来营造科技感，或采用暖色调以增添温馨感。

（四）技术元素的融合

现代宴会越来越多地运用高科技元素，如虚拟现实（VR）、增强现实（AR）以及互动屏幕等，这些可以大大增强客户的体验。例如，在一个"未来科技"主题的宴会中，可以设置VR体验区，让宾客亲身体验未来科技的奇妙。

（五）个性化细节的关注

在布置中注意到每一位宾客的体验同样重要。可以在桌位安排、座位软装和小礼物等方面体现主题元素，甚至可以在仪式的每一个环节中加入与主题相关的小惊喜，如主题曲的演奏、角色扮演的互动等。

二、个性化菜单定制

个性化菜单定制是为了满足宾客独特的饮食需求和口味偏好而进行的精准服务，不仅展示了宴会主办方对细节的关注，也提升了宾客的满意度。

（一）了解宾客的饮食偏好与限制

在菜单设计之前，首先需要通过问卷调查、直接沟通等方式，了解宾客的饮食偏好、文化背景及任何可能的饮食限制（如素食、无麸质、过敏原等），为定制菜单提供基础资料。

（二）选择主题和季节性食材

菜单的设计应考虑到宴会的主题和举办的季节，选择符合主题风格和季节特点的食材。例如，在秋季的收获主题宴会中，可以选用南瓜、苹果等应季食材，营造浓厚的秋天氛围。

（三）创新与传统的结合

个性化菜单不仅要迎合宾客的口味，还可以在传统菜式的基础上进行创新设计，例如结合当地特色食材创作新的菜品，或将国际美食风味融入传统菜式中，提供独特的美食体验。

（四）菜品的视觉与味觉艺术

每道菜的呈现也是宴会成功的关键。菜品在保证味道的同时，也要注意视觉效果的美观，通过食物的色彩搭配、摆盘设计等提升整体的美食体验。

（五）与主厨的密切合作

创造特色个性化菜单，需与专业主厨紧密合作。主厨以其烹饪技艺和创意，确保菜品品质的同时，赋予每道菜独特个性。他们的专业见解和创新思维丰富了菜单的多样性与深度，使之成为一场感官盛宴。

（六）预试菜单和反馈调整

在正式宴会前进行菜单预试，邀请部分宾客或组织者试吃，根据他们的反馈进行调整，有助于发现可能的问题并提前解决，确保宴会能够顺利进行。

三、特色服务项目

特色服务项目是提升宾客体验及满意度的关键环节，通过提供个性化和创新的服务，可以为宴会增添亮点并留下深刻印象。

（一）专属礼宾服务

提供专属的礼宾服务，包括个人化接待、引导到座位、提供必要的宴会信息及解答疑问等，可以根据宾客的需求进行个性化配置，如提供多语言服务人员以满足国际宾客的需求。

（二）定制化娱乐表演

根据宴会的主题和宾客的文化背景，定制适应性强的表演项目，如传统民俗表演、现代舞蹈、魔术表演或嘉宾演讲等，娱乐表演不仅为宴会增添趣味性，同时也能增进宾客之间的互动和交流。

（三）互动体验区

设立与主题相关的互动体验区，如VR体验站、互动照片墙、定制游戏区等，可以根据宴会的目的和主题进行设计，让宾客在参与的同时，享受个性化和技术化的新鲜体验。

（四）个性化纪念品

提供与宴会主题相关的定制纪念品，如主题定制的小礼品、个性化照片相框、定制艺术品等，不仅是宴会有趣的一部分，也让宾客在宴会后能带走美好的回忆，让宴会精彩得以延续。

（五）环境友好型服务

提供绿色环保的宴会选择，如使用可持续材料的餐具、零废物的餐饮服务、碳中和活动等，不仅体现了宴会主办方的环保意识，也可能成为宴会的一大卖点，特别是在越来越多人关注环境问题的今天。

（六）健康与安全措施

在特殊情况下提供先进的健康与安全服务，如健康筛查站、紧急医疗服务、高标准的卫生消毒措施等，能够让宾客感受到安全和被关怀，尤其是在当前全球健康形势下尤为重要。

第三节 宴会服务程序

在宴会服务的筹备和执行过程中，顺畅高效的服务程序能够确保每一个环节都能按计划进行，同时提升宾客的整体体验。

一、前期准备

在宴会筹备的前期准备阶段，详细的规划和组织是确保活动成功的关键。

（一）确定宴会目的和目标人群

需先明确宴会的核心目的，如庆祝重要事件、推广产品或其他目标，以确定宴会的主题、氛围和活动。另外，还需要了解宾客的年龄、职业、文化和兴趣，不同宾客群体可能有不同的偏好：年轻宾客可能更青睐现代元素和互动娱乐，专业人士可能更重视主题演讲和行业交流，而具有特定文化背景的宾客可能希望文化元素得以体现。

（二）选择宴会地点和日期

地点需交通便利，容量适宜，设施齐全，且环境氛围符合宴会基调，以确保宾客体验。日期选择要考虑宾客日程，避免与公共假期或大型活动冲突，并考虑季节对场地可用性和气候的影响，以及宾客出行意愿。通过调查宾客可用性，选择一个方便大多数人的日期，以提高出席率。

（三）预算制订

预算要做到系统规范、细致详尽，应根据宴会规模和风格，覆盖所有费用，如场地、餐饮、装饰、娱乐和技术支持。市场调研要确保预算准确，同时要对成本进行优先级排序，区分必要与可调项目。预算中应包含应急资金以应对意外，同时需持续监控和适时调整预算，保持透明度和沟通，确保资金合理分配。

（四）团队分工与责任明确

在组织宴会时，团队应涵盖活动策划、客户服务、市场推广、技术支持、财务管理等多个部门，确保宴会的每个环节都能得到妥善处理。活动策划部门负责宴会的整体构思和流程设计，确保活动与既定目标和主题相符。客户服务团队则专注于与宾客的沟通，了解他们的需求和期望，提供个性化服务。市场推广部门通过有效的宣传策略，提升宴会的知名度和吸引力。技术支持团队确保所有技术设备和系统运行顺畅，包括音响、照明和视频设备等，为宴会提供必要的技术保障。财务管理部门则负责预算的制订、监控和调整，确保资金的合理分配和使用。

（五）设计宴会流程和时间表

确保宴会活动顺利进行，精心规划流程和时间表是关键，并在执行中保持适应性。首先，根据宴会目的和风格，安排活动顺序，如迎宾、致辞、用餐、娱乐和颁奖，并为每项活动设定具体时间点，确保流程连贯流畅，并预留缓冲时间应对延迟。宾客体验是设计流程时的重点，要合理安排用餐和娱乐时间，避免宾客久等或匆忙。同时，流程中应包含应急时间，以应对技术故障、宾客迟到等不可预见情况。宴会服务团队成员需清楚自己的职责和流程，以便及时响应和协调。

彩排是宴会前的关键步骤，它有助于检查流程的可行性和时间安排的合理性，发现潜在问题，并确保团队成员熟悉流程。宴会进行中，应根据实际情况灵活调整流程和时间表，团队成员需随时准备应对突发情况，确保活动顺利进行。所有团队成员都应了解沟通渠道和信息传递方式，以便迅速做出调整。

（六）供应商和服务合作伙伴的选择

策划宴会时，选择信誉良好、经验丰富的供应商和服务伙伴非常关键。他们应当能提供专业的餐饮、技术支持和装饰材料等服务。选择时应比较报价，确保服务质量符合宴会需求，并明确服务内容，包括范围、时间、质量与安全标准。签订合同以法律形式确定双方权利义务，详细规定服务条款、价格、履行标准和违约责任。同时，供应商的沟通能力和响应能力也是选择的重要标准。选择那些能迅速解决问题、提供定制服务的供应商，以应对宴会策划和执行中的特殊情况。

（七）场地布置和规划

宴会场地布置和规划对于确保活动的成功和提升宾客满意度发挥着核心作用。场地布局需与宴会主题相呼应，通过色彩、装饰传达一致的视觉体验，且功能区域如入口、接待区、用餐区和表演区应划分明确。宾客流线设计要清晰，避免拥堵，确保宾客能在各区域间顺畅移动。场地空间利用要合理，桌椅、舞台和吧台等设施安排得当，留出足够活动空间，促进宾客交流。安全是布置的重要考虑点，紧急出口和消防安全规定必须遵守。技术设备如音响、灯光和视频系统布局要精心规划，提供优质视听效果，不妨碍宾客活动。宴会氛围和美感很大程度取决于细节装饰如桌布、餐具和花卉。场地布置需灵活，以适应宾客数量变化或特殊需求。

（八）风险评估与应急预案

策划宴会时，进行细致的风险评估和制订详尽的应急预案对于保障活动顺利进行和宾客安全非常关键。首先，识别宴会可能面临的风险因素，如恶劣天气、技术故障、健康安全问题等，并分析其可能性和潜在影响。基于这些分析，制订预防措施、应对策略和恢复计划，以便在风险发生时能够迅速有效地应对。为了提升应急预案的实用性，进行模拟演练是关键，通过模拟各种风险情况来检验预案的实际操作流程，并确保团队成员熟悉应急响应步骤。风险评估和应急预案是一个持续的过程，需要随着宴会日期的临近不断监控风险因素的变化，并根据最新信息更新预案。

沟通与培训同样不可或缺，所有团队成员都应了解风险评估的结果和应急预案的内容，并通过培训提高团队对风险的认识和应对能力。最后，整合所有可用资源，包括人力、物资、技术等，并确保各团队之间的协调一致，以便在风险发生时能够形成统一的应对力量。

二、执行阶段

在宴会服务程序的执行阶段，各项事前准备工作进入具体实施阶段，这是确保宴会成功的关键阶段。

（一）现场管理和协调

宴会当天，管理团队负责确保计划精准实施，包括场地确认、布置、设备和装饰。音响、灯光、视频系统需全面检查，保证运行正常。装饰需最终调整，以优化视觉体验。服务人员需明确职责，提供专业服务。协调员要随时应对突发事件，灵活调整计划。沟通机制要确保信息流通，及时响应宾客反馈，提升满意度。安全监控要持续，保障宾客安全舒适。

（二）宾客接待

接待服务应专业而热情，确保宾客能够迅速且顺利地完成签到流程，并被妥善引导至相应地点。对于特殊嘉宾，应安排专人负责接待，以展现对其特别重视和尊重。接待人员须具备高度的专业素养和对宴会流程的深入了解，以便能够提供必要的个性化服务，满足特殊嘉宾的具体需求。

接待区域的设计应充分考虑宾客的舒适度和便捷性，确保签到过程高效有序。接待人员应随时准备解答宾客的疑问，提供信息和帮助，确保每位宾客都能享受到温馨和贴心的服务体验。

（三）餐饮服务

宴会的餐饮服务是宾客体验的核心，需严格遵循宴会流程，确保食物和饮料的质量和安全符合高标准。必须提供符合卫生和美味要求的供餐，并针对宾客的饮食限制或偏好，如素食、过敏原等，提供多样化的餐饮选项。服务人员应经过专业培训，展现出礼貌和专业的服务态度，熟悉宴会流程，了解所提供的食物和饮料，并能迅速响应宾客的请求和问题。

(四)娱乐和活动执行

宴会的娱乐和活动是提升宾客体验和营造氛围的关键。表演和活动应严格遵循预定时间表,确保流程连贯和宾客满意。所有表演者和主持人必须准时到场,同时制订备用方案以应对技术故障或人员缺席,保证活动顺利进行。另外,要确保音响和灯光等技术设备的正常运作,提前进行设备检查和调试以保证活动期间提供最佳视听效果。技术团队需随时待命,以便迅速调整或修复问题。

(五)环境监控

持续监控会场的安全与舒适度,确保空气质量优良,通过通风和空气净化设备,维护宾客健康。温度控制需适宜,满足宾客需求和活动特点,防止过热或过冷。清洁状况也需重视,定期检查并维护会场清洁,包括地面、桌椅、餐具等,为宾客提供卫生整洁的环境。必要时,应及时调整环境条件,如调节空调温度、增加通风或提高清洁频率,以保障宾客的整体体验。

(六)实时解决问题

现场团队须具备迅速解决问题的能力,无论是处理宾客投诉、技术故障还是紧急情况。宾客投诉需及时响应并妥善解决,以维护满意度和宴会流程。音响、灯光或视频系统等技术问题应立即修复,以免影响体验。对于健康或安全紧急情况,团队也应能快速应对。这要求团队成员具备专业素养、应变能力和对宴会流程及应急预案的熟悉。

(七)通讯与信息流通

确保活动团队间的通讯与信息流通,所有关键人员,包括活动策划、技术支持、安全人员和前台服务等,都应能实时获取必要的信息和调整指令。为此,需建立一个高效的通讯系统,支持移动电话、对讲机等多种通讯方式,以保证信息的迅速传递。确保团队成员能够访问最新的活动流程、时间表变更、宾客反馈和紧急通知。安排定期的简报会议,以更新团队成员对活动进展的了解,并明确各自的职责和任务。有效的通讯和信息流通能够加强团队协作,提升应对突发事件的能力,确保宴会顺利进行。

三、后期服务

在宴会服务程序的后期服务阶段,活动的成功不仅反映在顺利执行的过程中,还体现在宴会结束后的一系列跟进行动中,旨在巩固和提升客户关系,评估宴会成效,并确保所有宾客都留下良好的印象。

(一)宾客反馈收集

收集宾客反馈用于评估活动成功和指导改进,满意度和建议是提升活动质量和体验的宝贵资源。反馈可通过电子邮件调查问卷或纸质调查表收集，调查工具应简洁全面，覆盖食物、服务、组织和体验等方面。问卷应鼓励具体诚实反馈，包括宾客喜好、不喜欢和改进建议。收集过程应保持尊重和感激，以重视宾客时间和意见。通过分析反馈，可识别优势和不足，为未来活动提供指导。

（二）后续联系与感谢信件

发送感谢信给宴会宾客不仅是表达感谢的传统礼仪，也是加强关系的有效方式。感谢信应在活动结束后迅速发送，以保持信息的时效性和真诚性。信件应简洁真诚，明确表达对宾客参与的感激和对他们支持的赞赏。可以提及宴会的亮点或宾客的贡献，以示对其努力的认可。对于重要宾客，除了书面感谢信，通过电话或面对面交流提供个性化的感谢，可以进一步加深关系，展现对他们的特别尊重和重视。

（三）场地清理与供应商结算

迅速彻底的场地清理和与供应商的结账记录是确保财务透明度和责任追究的关键。清理工作需迅速恢复场地原状，并妥善处理所有物品和设备。结账时，应仔细核对所有费用，包括场地租赁、餐饮服务、装饰和技术支持等，要求严格的财务管理和审计，确保支付和财务事务的清晰准确。同时，结账应涵盖对损坏或额外服务费用的确认和处理，要求有详尽的宴会记录，并对任何非预期费用进行合理评估和调整。

（四）内部评估会议

组织内部评估会议可以提升后续活动质量。在会议中，团队成员将深入分析宴会的总体表现，探讨成功之处与改进空间。评估应全面覆盖接待、餐饮、娱乐和安全等关键功能区，以识别执行效果和优化需求。会议鼓励开放和诚实的沟通，促进跨部门交流，采用多元视角，为制订改进措施打下基础。基于评估结果，团队将制订针对性的改进计划，旨在提高效率、优化宾客体验并降低风险。

（五）媒体与公关后续

宴会若受到媒体关注，需与媒体保持紧密联系，如提供活动照片、信息及答疑服务，以增强公关效果，确保报道的准确性与深度，并建立长期合作关系。同时，监测社交媒体和网络报道，及时跟踪公众反应，把握公众情绪，对错误信息迅速回应，维护活动形象。利用社交媒体分享活动亮点，扩大影响力，吸引关注，提升活动可见度，加强与目标受众的联系。

（六）档案管理

系统地整理和归档相关文档、合同、宾客反馈及会议记录等有助于信息的长期保存和快速检索。文档整理应涵盖活动策划、预算、合同、宾客名单、问卷反馈和会议记录等，按逻辑和时间顺序分类，保证信息连贯性和可追溯性。归档时应采用标准化的文件命名和存储规则，提高检索效率，并考虑数字化管理系统以便于电子存储和远程访问。档案管理还应包括定期审查和更新，确保信息准确及时，为未来的活动策划和执行提供经验和数据支持。

（七）庆祝与团队奖励

表彰和奖励团队对于能有效激励员工和提升士气，通过组织庆功会、颁发奖状和提供奖金，可以认可团队成员的努力和贡献。庆功会不仅是庆祝成功的场合，也是加强团队凝聚力和分享经验的平台，公开表扬可以增强成员的成就感和归属感。奖状是对专业能力和工作态度的肯定，奖金则是物质激励，提升员工满意度和忠诚度。这些措施能够激发员工工作热情，促进团队稳定发展，并传达组织对员工贡献的重视和对优秀表现的回报。

第四节　宴会服务礼仪

宴会服务礼仪涵盖服务人员的外在表现、对宾客的尊重关怀，以及在不同宴会场合展现的专业度和敏感性。本节将深入讲解服务人员需遵守的礼仪规范和应对宾客交流的复杂情境。恰当的礼仪不仅彰显专业水平，还能在宾客心中留下深刻印象，提升宴会的高雅氛围和宾客满意度。

一、基本礼仪规范

在宴会服务中，遵循基本的礼仪规范是保持服务质量和提升客户满意度的关键因素。

（一）着装与仪表

服务人员的着装应整洁、符合职业标准，并适合宴会的形式和氛围（图7-1、图7-2）。仪表整洁，包括发型、指甲和个人卫生，着装和仪表直接影响客户对宴会整体印象的形成。

图7-1　"冬日茶山"主题宴会服务人员

图7-2　"最美普洱"主题宴会服务人员

(二)礼貌用语与沟通

服务人员应使用礼貌用语,保持微笑,并在与宾客交流时显示出尊重和耐心。在沟通时应使用清晰、简洁的语言,确保宾客理解服务内容,避免使用行话或专业术语,避免宾客感到困惑。

(三)宾客接待与引导

宾客到达会场时,从门口到座位的引导应友好而高效。服务员需熟悉会场布局,以便能迅速准确地引导宾客到达指定位置。对于特殊需要的宾客,如老人或行动不便者,提供额外的关照和帮助。

(四)服务态度

保持专业的服务态度,对所有宾客公平对待。无论宾客的要求是大是小,都应认真听取并努力满足。在处理宾客投诉时,应保持冷静和专业,迅速找出问题所在并给予解决。

(五)餐桌礼仪

在服务过程中,应遵守餐桌礼仪,包括正确的上菜顺序(通常从宾客的左侧上菜,从右侧收盘),适时更换餐具,并注意不打扰宾客用餐,确保餐桌整洁,定期清理不再需要的器皿及碎屑。

(六)隐私尊重

对宾客的私人对话和聚会内容保持适度的距离和尊重。服务员应避免干扰宾客的私人空间,除非得到明确的指示或请求帮助。

(七)酒水服务与管理

在提供酒水服务时,应熟悉酒水列表,并能根据宾客的偏好提供建议。对于含酒精饮品,服务人员应观察宾客的饮用情况,适时提供建议或拒绝服务以避免过度饮酒。

(八)效率与准时性

所有服务流程应高效且准时执行。无论是宴会开始、餐食上桌还是各阶段的转换,时间控制都是显示专业水平的关键。

二、文化适应

宴会服务中的文化适应是宾客体验的重要组成部分,在国际性或多文化的活动中尤为关键。了解并尊重不同文化的习俗和礼节,可以避免文化冲突,增强宾客的舒适感和满意度。

(一)研究和理解不同文化

在筹备阶段,应对即将参加宴会的宾客的文化背景进行详细研究。了解不同文化中的餐饮习惯、禁忌、重要节日、礼仪习惯等,例如,某些文化中忌讳使用左手递东西,某些文化在见面时可能更偏好鞠躬而非握手等。

(二)菜单的文化适配

根据宾客的文化背景定制菜单,确保餐厅了解并遵守不同文化背景下的宾客选择食物的宗教规范及文化偏好。

(三)多语种服务与沟通

如果宾客群体中包含非母语为当地语言的人士,提供多语种的服务是必要的。印制多种语言的菜单、标志,以及培训服务人员掌握基本的外语交流技巧,如问候语和餐饮相关词汇等。

(四)适应性装饰与氛围

活动装饰和音乐选择也应考虑文化元素,以展现对宾客文化的尊重和欢迎。例如,使用特定文化的传统装饰品或在活动中播放某地区的传统音乐。

(五)尊重和应用礼仪规范

适当时应用宾客文化中的特定礼仪。例如,在某些文化中,直视长辈的眼睛可能被视为不礼貌行为;而在其他文化中,则可能是尊重的表现。服务人员应了解并适当运用这些差异性礼仪。

(六)培训和教育

定期为服务人员提供培训和文化教育,确保他们能够正确理解并尊重来自不同文化背景的宾客,不局限于语言或表面的礼仪,更应涵盖文化深层的价值观和信仰。

(七)灵活应变

即使在充分准备后,宴会过程中仍可能遇到预料之外的问题,服务团队应保持灵活应变的能力,对宾客的特殊需求给予快速的回应。

三、情感交流

在宴会服务中,通过非语言和语言的方式与宾客建立情感联系,能创造一个温馨、亲切且记忆深刻的宴会体验,情感交流的有效实施可以显著提升宾客的满意度和整体体验。

(一)非语言交流

非语言交流包括身体语言、面部表情和眼神交流。服务人员应保持开放的姿势,避免交叉手臂或展示关闭的体态语言。面部表情应友好、易于接近,以微笑迎接每一位宾客。合适的眼神交流可以增加亲密感和信任感,尤其是在聆听宾客需求时。

(二)积极倾听

积极倾听不仅仅是听宾客说什么,更包括理解他们的情感需求。这意味着在对话时给予宾客充分的注意,通过点头、微笑等方式表示理解和认同,能让宾客感觉被重视和尊重。

(三)适时的赞美与感谢

对宾客的适当赞美在一定程度上是使他们感觉被珍视的一种方式,例如赞美宾客的着装或是赞同他们的选择。此外,对宾客的礼貌尊重表示感谢,如对宾客的耐心等候或对服务的理解表示感谢,能有效增强正面的情感体验。

(四)个性化服务

注意到并记住宾客的特别需求或偏好,例如宾客喜欢的餐饮或特别的座位安排。在未来的服务中针对这些个人化需求提供定制化服务,能显著提升宾客的满意度和忠诚度。

(五)应对情感波动

服务过程中可能遇到宾客情绪波动,服务人员能够有效管理自身的情绪,同时理解并适当回应宾客的情感状态。例如,对于显得沮丧或不快的宾客,可以通过更加关心和体贴的服务来尝试改善其心情。

(六)与宾客共享正面事件

在宴会中共享正面事件或信息,如庆祝宾客的生日、纪念日或职业上的成就等,可以增加宴会的热烈氛围并强化宾客与服务人员之间的情感联系。

(七)真诚

在宴会服务中通过真诚的交流互动与宾客建立信任,无论是解释菜单中的成分还是回答服务相关的疑问,真诚是服务人员的基本守则。

第八章
宴会分类设计实务

本书前序章节从仪式层面将宴会分为制度型宴会、民俗型宴会和文化型宴会。掌握不同宴会的设计要求,有助于提高宴会定制服务师的宴会设计水平,有助于提高宴会的整体服务质量。

第一节 国宴设计

一、国宴设计要求

国宴,是国家元首或政府首脑为国家节庆、庆典或招待国宾来访而举行的招待会或正式宴会。国宴具有招待规格高、礼节性强、程序要求严格等特点。根据宴会主题不同,国宴可分欢迎宴会(图8-1)、国庆招待会、迎春茶话会等形式。

国宴的政治性较强,要求宴会的环境布置、菜单设计、接待仪式程序、服务礼节与主题相协调,宴会的接待规格一定要与宾主双方的身份一致。它注重宴饮环境,强调接待规程,重视菜品风味、讲究菜品质量,气氛热烈庄重。

图8-1 北京奥运会欢迎宴会

二、国宴设计要点

（一）宴会厅布置

国宴一般在国家宴会厅举行。有时也根据不同情况和来访国代表团人数的多少，选择在其他宴会厅举行。承接国宴活动的厅室，其布置要庄重、美观、大方，设计上切忌张灯结彩、过多地装饰。宴会厅的正面并列悬挂或竖立两国国旗。悬挂国旗前要对旗帜的图案、标记作认真地鉴别、校对，防止倒挂或错挂，旗帜一定要挂正挂牢，间隔和高度要一致。由中国政府邀请来宾时，中国国旗挂在左方，外宾国旗挂在右方。来访国举行答谢宴会时则互相调换位置。

中国国宴餐桌布置多采用圆桌（图8-2）。主宾席的桌面大于其他的桌席，位置居上而且醒目，其他桌席可根据出席人员的多少，摆成梅花形。餐桌台面要布置花坛或插花。各种鲜花的品种一定要根据来访国的国花和风俗习惯适当选择，在布置花坛时不要过于花哨，要保持严肃、庄重。宴会厅内所有餐桌和工作台都要加台围。在主宾席的左侧上方设讲台，讲台上摆设麦克风、台灯、茶盘，供两国领导人讲话用。乐队的位置设在整个宴会桌区的下方，一般不要离宾客的座席过近。

图8-2　国宴餐桌

国宴通常设有专门的休息区，也称迎风酒会区，布置小圆桌，周围适当摆些椅子，在宴会厅周围设贵宾休息厅，按会见的要求进行。

（二）宴会用餐具

国宴餐具，非一般宴会所比，它具有中华民族特有的风格（图8-3）。中国菜点讲究配备器皿。"美味还须美器盛"，从古到今，中国菜点讲究一条龙，一条凤，非常重视菜点形态。而国宴实行单吃，菜型受到一定影响，所以选择合适的容器十分重要。有特制的中国瓷、陶器、金器、银器、不锈钢器、铜器等，瓷

图8-3　国宴餐具

器、陶器有制作精美的象形餐具，如白菜形瓷盘、鱼叶形瓷盘、牛形瓷盘、鱼形瓷盘、龟形瓷盘、柿形瓷缸、橘形瓷盅、鸡形陶罐、鸭形陶缸、陶锅、海螺形碗、苹果形碗等。而刀叉使用银质、筷子选择骨瓷。金器常见的有腰盘、圆钵、双耳樽形碗、单提合球盅等。

这些精美的餐具，不仅为菜点增色，同时又使国宴具有"色、香、形、器"俱佳的特色。

国宴讲究四美：环境美、菜品美、器皿美、服务美，而餐具器皿的精美则更让人赏心悦目。亮宝楼曲江国宴所选用的餐具是高规格的釉中彩瓷器，这是人民大会堂以及钓鱼台国宾馆的专用瓷器。釉中彩瓷不仅瓷质细腻、釉面润泽，而且是一次高温釉烧而成，属于环保瓷，被誉为"国际绿色产品"，常作为政府首脑互赠礼品之用。

2014年11月10日，亚太经合组织（APEC）第二十二次领导人非正式会议领导人欢迎宴会在奥运会场馆"水立方"举行，此次欢迎晚宴所使用的餐具，并不似以往国宴中使用的偏素色餐具，帝王黄的珐琅彩瓷在国宴主桌上异常抢眼。据此次国宾餐具主创设计师之一庄志诚介绍，这套餐具是以《诗经》中"和鸾雍雍，万福攸同"寓意为主题设计，专为APEC国宴而作。主桌以金黄色为主色调（图8-4），每人需用到68件餐具。嘉宾桌以银色为主色调（图8-5），每人需用到63件餐具。

2016年9月3日，二十国集团领导人第十一次峰会（又称G20杭州峰会）欢迎晚宴餐具（图8-6）采用瓷制成，图案采用富有传统文化审美元素的"青绿山水"工笔带写意的笔触创造，布局含蓄严谨，意境清新。所有图案设计均取自西湖实景，如茶和咖啡瓷器用具系

图8-4　2014年APEC国宴主桌餐具

图8-5　2014年APEC国宴嘉宾桌餐具

图8-6　G20杭州峰会国宴餐具

列，设计灵感来源于西湖的荷花、莲蓬造型，壶盖提钮酷似水滴。漫步西子湖畔，最让人难忘的是那些大大小小的桥。桥在这套国宴餐具中不仅体现在图案上，而且在器具的造型上也融入了桥的元素，反映了这次峰会的主题——连接这个创新、活力和包容的世界的桥梁。

（三）宴会程序

当宾客进入宴会厅时，乐队奏欢迎曲。服务员应站在主人座位右侧，面带微笑，引请宾客入席。宾客入场就绪，宴会正式开始。全场起立，乐队奏响两国国歌。这时已经在现场的服务员，都要原地肃立，停止一切工作。在主、宾起座时，主宾桌的服务员要随时照顾，现场的其他服务员要有秩序地回避两侧，保持场内安静。

主宾桌负责斟酒的服务员，要提前斟好一杯酒，放在小型酒盘内，站立在讲台一侧，致辞完毕立即端上，以应宾、主举杯祝酒之用，并跟随照顾斟酒。

国宴通常是晚上举行，时间为90分钟左右，入座前上齐冷盘，数量为4~5种，有素菜、荤菜，有鸭掌、酱牛肉、素火腿等。为了保证菜点的质量（火候、色泽、温度等），使宾客吃得可口满意，服务员要恰到好处地掌握上菜的时机和速度。这就需要服务人员熟悉本次宴会各种菜点的风味、火候和烹调所需的时间，做到心中有数，适时上菜，其间要及时与厨房互通情况。上热菜前，先上汤，然后是荤菜、素菜，第一道菜，往往是最为名贵的，热菜一般是三荤一素。国宴的菜品均为位上，吃完一道便撤下空盘。主菜后上甜点、水果，水果是根据季节提供应季品种。

第二节　家宴设计

一、家宴设计要求

家宴是家庭成员相聚的宴饮活动，或者在家中以私人名义招待客人的非正式宴会。家庭内部的宴饮活动，多在遇有婚嫁、寿辰、生育等喜庆之事，或传统节日到来之时举办。常见的家宴有庆贺婚嫁的喜宴、为长辈祝寿的寿宴、除夕的年夜饭、中秋节的团圆酒。家宴不拘礼仪，菜的烹调随家人的意愿、爱好而定，品种数量无统一的模式。

家宴设计时应特别注意营造亲切、友好、自然、大方、温馨、和谐的气氛，能使宾主双方轻松、自然、和乐而又随意，有利于彼此增进交流，加深了解，促进信任。

常见家宴的类型有婚宴、生日宴、佳节宴、迎宾宴等，本节将以生日宴为例进行家宴设计要求分享。

二、家宴设计要点

（一）生日宴环境布局构成要素

生日宴环境布局的构成要素包括生日宴周边环境、建筑风格、举办场地、气氛等。

1. 周边环境

生日宴对于周边环境要求不是很高，因为在现实生活中，生日宴多是在酒店内的宴会厅或是包房进行。与宴者多为关系较近的亲朋好友，对于周边环境往往只要求安静、无吵闹即可。如果周边环境与所希望的相悖，则会对参加宾客的情绪、生日宴的举办效果等带来负面影响，降低生日宴服务体验感。

2. 建筑风格

生日宴举办场所的建筑风格，能够在一定程度上影响宾客的期望值，从而影响对生日宴会整个过程体验的期望值。

3. 举办场地

生日宴的举办场地根据设计布置所需要的实际操作性，包含了固定场地部分和非固定场地部分。

（1）固定性场地部分　由于生日宴更多只用到部分场地的临时布置，因此，不会对宴会厅中的墙壁、地板等固有建筑体进行改造使用，不会影响建筑本身的结构或安全。

（2）非固定场地部分　此部分主要是指宴会厅内的清洁情况、空气质量状况、房间温度高低、灯光明暗情况、艺术品的装饰位置、个别移动绿化的实际布置，以及根据生日宴的具体要求临时布置的场景等。整体要求是要做到场地清洁卫生无杂物，空气中无异味，室内的温度及湿度设定适宜，有花卉、绿色植物等进行点缀。

4. 气氛

此处所说的生日宴的气氛是指举行生日宴时，宾客所面对的整个生日宴会场地的环境（图8-7）。通常包括有形气氛和无形气氛两个部分。其中有形气氛主要包括宾客进入宴会厅后所能直接看到的所有事物，如餐桌的摆放位置、室内的植被景色、内部的装饰装潢以及为生日宴的举办而进行的现场布置装饰等；无形的气氛则更多需要通过服务人员的职业素养来体现。有形气氛及无形气氛的相互作用、相互配合才能让宾客体会到"物有所值"的消费感受。

图8-7　生日宴的整体气氛

（二）生日宴场景设计及氛围营造

生日宴由于适用的对象不同，因此在具体进行设计时也需区别设计。通常在典礼台后面需要同期搭设或布置背景墙或是背景屏幕，它是烘托和营造现场热烈气氛、呼应生日宴主题的重要组成部分。背景墙的布置装饰根据过生日者的不同，可采取不同的设计方案。

以老人寿宴为例：

（1）背景墙可粘贴由老人儿女、子孙亲自写在红色纸张上的"寿"字图片，也可以用带有大型的青松、仙鹤的祝寿图作背景（图8-8），不仅突出生日宴主题，而且美观大方。

（2）在"寿"字图片两旁，可悬挂祝寿的寿联，如"福如东海长流水，寿比南山不老松""二回甲子迎鹤寿，满座儿孙庆高年"等。

（3）设置签到台　现在的宴会，无论是生日宴还是寿宴，都会在宴会厅外设置宴会签到台。主要为参加宴会的宾客进行登记时所使用。生日宴的签到台也可用喜庆红色进行台面铺设，如果是满月宴，也可适当摆放卡通玩偶增加童趣性；而如果是老人寿宴（图8-9），则可考虑摆放松柏等饰物于签到台上。与此同时，还应摆设有黑色白板笔和签字使用的喜本。

图8-8　寿宴背景

图8-9　寿宴签到台

（4）准备现场设备设施　生日宴现场设备设施的使用，需要根据主办方的需求进行前期准备和布置。结合生日宴现场是否需要用到投屏的实际情况，决定是否需要事先准备电脑、投影机等设备；如果现场需要用到灯光、音响等，也需要事先准备及调节。

（5）主题装饰物布置　装饰物的布置使用，主要是为了烘托生日宴的主题气氛，因此在布置过程中，需要结合生日宴对象的年龄特点，进行有区别性的布置。满月宴的主角为满月婴儿，因此在装饰物的选择上可考虑当下最为常见的形象或卡通形象进行布置；而作为老人寿宴（图8-10）的主题装饰物，则可以考虑使用带有仙鹤（长寿的象征）、青松（长寿之树，是长生不老、富贵延年的象征）、桃（民间视桃为祝寿纳福的吉祥物，多用于寿宴）等图案或造型的物品进行现场的布置，以起到呼应主题的作用。

（6）布置生日宴通道　生日宴的通道，不一定需要布置彩色灯柱、拱门等装饰，但需要结合生日宴场地地面的实际进行适当布置。对于老人寿宴而言，如原地面未曾铺有红地毯，则需补充准备红地毯，并铺于主通

图8-10　寿宴主题装饰

道之上，使生日宴显得高端大气。对于满月宴而言，也可以采用红地毯铺设通道，并可在通道周围适当摆放玩偶，突出场地的童真气氛。

（7）准备生日宴蛋糕　无论是哪种类型的生日宴都会用到蛋糕，蛋糕是生日宴不可缺少的重要组成部分。因此，可应主办方要求事先准备好符合要求的生日宴蛋糕，并先进行适度冷藏，待到生日宴仪式正式开始，可结合仪式步骤需要将蛋糕置于手推车上（图8-11），将手推车推至主桌或中心台区，配合主办方完成此流程。

图8-11　放置蛋糕的手推车

（8）选择适合背景音乐　背景音乐主要配合场景的布置装饰呼应宴会主题，并将宴会气氛逐步推向高潮。生日宴的背景音乐需要根据生日宴主角的特点进行选择并加以应用。例如，满月宴可考虑采用节奏欢快且温馨的背景音乐，比如歌曲《生日快乐歌》。老人寿宴背景音乐则可选择《步步高》《祝寿歌》《父亲》《母亲》等。

（三）生日宴台面设计基本要求

生日宴台面设计又可称为生日宴的餐桌布置，通常在组织服务实施过程中，因人、因地、因时等存在不同差别。宴会服务师会根据生日宴的不同主题、结合台面上的餐具、布草件、主题装饰物等组成元素，综合运用美学知识，采用多种艺术手法为宾客进行就餐台面美化设计。在台面美化的同时，与周围环境设计融为一体，呼应生日宴主题。

成功的生日宴台面设计，需要充分考虑台面设计后的实用性，在满足实际使用的基础之上再进一步进行细节创新，丰富生日宴台面设计的效果，提高生日宴主办方对台面设计的满意度。

1. 根据宾客的用餐要求进行设计

服务人员需要结合宾客的用餐人数、菜品的样式等特点，按所需餐具的数量和种类分别进行确认及摆放。在满足实际使用的功能下，与其他主题元素相结合进行台面美化设计。

2. 根据主题和档次进行设计

由于生日宴的服务对象不同，因此进行主题设计时也会有不同侧重。如不同年龄段的过生日者就具有明显差别。婴儿及儿童生日宴应确定活泼可爱型主题并进行后续设计；老人寿宴的主题和设计则应庄重大方且不失温馨感。

同时，不同档次的生日宴，往往也决定了在设计时要考虑生日宴中各类餐用具的成本造价、质地和使用件数及装饰物规格等因素。

3. 根据生日宴菜品特点进行设计

生日宴中所使用的餐用具及主题装饰物的选择与布置，还应结合生日宴菜品和酒水特点来确定。如年龄较小的婴儿或儿童过生日，菜品数量往往不宜过大，同时在造型或摆盘方面则需要更生动些。因此在选用餐用具时也应考虑选用一些带有卡通形象的餐用具。而老人寿宴，因其往往与其他类型宴会相似，因此菜品方面也比较相似，所以所用各类餐用具也不需额外设计。

4. 根据美观性要求进行设计

在生日宴的台面设计过程中，需要考虑台面设计的美观性及生动性，使得台面既实用，又赏心悦目，还能为与宴者带来美的享受。

5. 根据卫生要求进行设计

要保证生日宴台面设计中所使用的餐用具及其他物品均符合安全卫生的标准。在摆台操作时要注意操作卫生，忌用手直接触摸餐用具进口部位。

第三节 商务宴设计

商务宴主要是指为了一定的商务目的而举行的宴会。商务宴请的目的十分广泛，既可以是各企业或组织之间为了建立业务关系、增进了解或达成某种协议而举行，也可以是企业或组织与个人之间为了交流商业信息、加强沟通与合作或达成某种共识而进行。

一、商务宴设计要求

商务宴设计必须体现一定的主题思想、民族特色、文化要素和艺术效果。首先，商务宴消费以中高档为主，主办方都希望通过宴请活动给宾客留下美好印象，从而达成一定的商务目的，所以对宴会的环境布局、台面、菜单与酒单、服务有较高的要求；其次，应注重双方的喜好与禁忌，在设计时不仅要考虑环境布局、台面、菜肴要突出当地风俗特色外，还要重点考虑宾客的风俗习惯和宗教信仰；再次，要讲究宴饮礼仪礼节，作为商务宴会，特别重视宴饮的礼仪礼节，如席位的安排、席间环节设计，应遵循一定的礼仪规范和程序；然后，要紧扣宴会主题，不同类型的商务庆功宴的宴请目的不同，如洽谈宴是为了建立合作关系、庆功宴是为了庆祝项目完成，为了突出宴请目的，应从环境布局、台面、菜与酒单、服务等方面紧扣主题；最后，商务宴对服务要求较高，服务人员应具有较强的应变能力以解决宴会上发生的各种突发状况。

二、商务宴设计要点

（一）商务宴环境布局设计

环境布局是宴会给宾客的第一印象，决定了一场宴会的基调，对于宴会成功与否至关重要。商务宴的环境布局设计主要包括空间布局和环境设计两个部分。

1. 空间布局

宴会的空间布局是根据宴会流程的需要而设计的，一般商务宴的流程包括嘉宾入场、主持开场、嘉宾致辞、主办方祝酒、现场表演、产品展示、嘉宾离席等。为了促使宴会流程顺利进行，空间布局包括签到迎宾区、贵宾休息室、衣帽间、产品展示区、酒水台、舞台、致辞区、就餐区。

（1）签到迎宾区　设立在宴会厅入口处，主要负责嘉宾签到，发放抽奖券（图8-12）。

（2）贵宾休息室　设在宴会厅附近，为贵宾宴前交流、休息而设（图8-13），贵宾休息室至宴会厅必须设有专门通道。

（3）衣帽间　若宴会规模较小，可不设专门的衣帽间，只在宴会厅门前放衣帽架，安排服务人员照顾宾客宽衣并接挂衣帽。若宴会规模较大，则需设衣帽间，凭牌存取衣帽。接挂衣服时应握住衣领，切勿倒提，以防衣袋内的物品倒出。贵重的衣服要用衣架固定，以防衣服走样。

（4）产品展示区　产品展示区（图8-14）主要负责展示公司的最新产品或主打产品，位置设置可以根据宴会的目的而定。产品推介会的产品展示区可设置在中心显眼的位置或

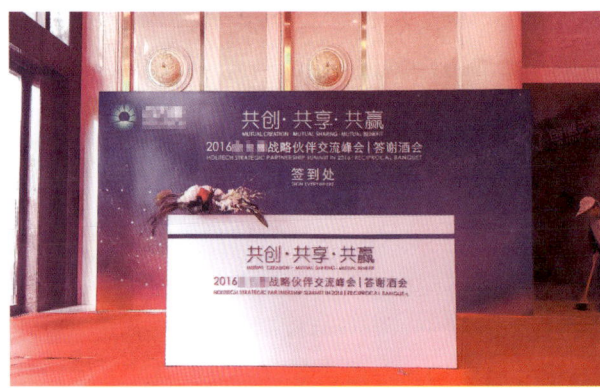

图8-12　商务宴签到迎宾区

图8-13　贵宾休息室布局

图8-14　产品展示区布局

以表演的形式展现，如走秀展示、模特静展等。

（5）酒水台　为了满足宾客饮酒的需求，除了服务人员斟倒外，宴会厅内应设置相应数量的酒水台，供宾客自行取用。一般情况下应设置在宴会厅的两侧。

（6）舞台　为了增强宴会气氛，在宴会期间安排娱乐类节目助兴，如唱歌、弹奏、抽奖等（图8-15）。舞台的设置位置一般分为两种，一种是正对宴会厅门口最里侧靠墙的位置；另一种是宴会厅内正中间。

（7）致辞区　商务宴举办过程中需要有主持、致辞、祝酒等环节，这些环节一般情况下在致辞区进行。致辞区通常设置在舞台的左侧，装有麦克风、配有笔记本电脑，台前用鲜花装饰。

（8）就餐区　就餐区是宴会厅占地面积最大的区域，如何将餐台合理地摆放在宴会厅内是设计的关键。一桌宴席，餐桌应置于宴会厅的中央位置，宴会厅的屋顶灯应对准桌心。二桌宴席，餐桌应分布成横一字形或竖一字形，主桌在厅堂的正面上位。三桌宴席，正方形厅堂可将餐桌摆放成品字形；长方形厅堂可将餐桌摆放成一字形。四桌宴席，正方形厅堂可将餐桌摆放成正方形；长方形厅堂可将餐桌摆放成菱形。五桌宴席，正方形厅堂可在厅中心摆一桌，四角方向各摆一桌，也可以摆成梅花花瓣形；如厅堂是长方形的，可将第一桌放于厅房的正上方，其余四桌摆成正方形。六桌宴席，正方形厅堂可将餐桌摆放成梅花花瓣形；长方形厅堂可将餐桌放成菱形、长方形或三角形。七桌宴席，正方形厅堂可将餐桌摆放成六瓣花形，即中心一桌，周围摆六桌；长方形厅堂可将餐桌摆放成一桌在

图8-15　商务宴舞台设计

正上方，六桌在下，呈竖长方形。八至十桌宴席，将主桌摆放在厅堂正面上位或居中摆放，其余各桌按顺序排列，或横或竖，或双排或三排。大型宴席由于人多、桌多，应视宴席的规模将宴会厅分成主宾席区和来宾席区等若干服务区。

2. 环境设计

宴会的环境能够表达宴会主题并且直接影响宾客的心情。环境设计时主要考虑以下两个方面。

（1）内外环境　外部环境指周边环境与建筑风格，内部环境指宴会厅内装饰布置。内外环境设计需要相辅相成，根据宴会性质及宾客的需求，利用装饰物、色彩、灯光、音响、温度、湿度等客观条件凸显宴会主题。

（2）建筑风格　建筑风格是宴会环境设计的重要因素之一，建筑风格可以传达宴会的主题，表明主办方的态度。宴会厅内部装饰布置是宴会环境设计最为直接的设计要素，也是最灵活的设计手段。商务庆功宴多利用字画、雕刻、家具、天花板等进行宴会厅内部装饰。

（二）商务庆功宴台面设计

宴会台面是宾客在整场宴会过程中接触时间最长、距离最近的设计元素，是宴会设计中重要的一环。商务庆功宴的台面设计包括餐桌、餐具、台布、餐巾、餐台插花等。

1. 餐桌

餐桌的大小与宴会的档次有关，宴会档次越高餐桌面积越大，餐桌装饰也就越多。中餐会中多用圆形餐桌，象征团团圆圆（图8-16）。

2. 餐具

餐具是餐台设计中的重要道具，它不仅有满足宾客进餐需要的作用，而且也有渲染餐饮气氛、暗示宴会厅所销售的餐饮产品和美化餐台的重要作用。

3. 台布

台布的选择可根据餐桌的规格和宴会的主题以及宴会厅的布置来进行。首先，台布的大小要适合餐桌的规格。一般情况下，台布要比餐桌直径长140厘米左右；其次，台布的颜色要同宴会厅的装饰布置相协调，与宴会的主题相适应。某酒店在设计过程中用黄色丝绸装饰成蜿蜒的丝绸之路，宴会背景是蓝天白云下一望无际的草原，其中点缀着可爱的羊群，背景墙前高大的骆驼昂首迎候宾客的到来，形象逼真。宴会厅东侧有一座古老的长城碉堡模型，西侧有一幅天山图的背景板。20桌餐桌错落有致地摆放在3条丝绸之路的两侧，台布选用金黄色与丝绸的颜色一致。

4. 餐巾

餐巾是餐厅中常备的一种卫生用品，也是一种装饰美化餐台的艺术品（图8-17）。餐巾的规格不等、质地不同、色彩不一，通常为50厘米见方。餐巾在餐台设计中是重要的装饰品，对于美化台面、活跃气氛起着相当重要的作用。餐巾折花按摆放器皿可分为杯花、盘花、环花；按照造型可分为动物造型、植物造型、实物造型。不同的餐巾折花造型表达的寓意不同，如商务庆功宴可选用迎宾花篮、和平鸽春笋、蓓蕾等折花造型表达友好、希望的美好寓意。在选择造型时还需要考虑宾客的风俗习惯及宗教信仰。

图8-16 圆形餐桌

图8-17 餐巾造型

第四节 冷餐会设计

冷餐会，又称冷餐酒会或冷酒会，是一种客人既可以自由取食又可以在轻松愉快的气氛中与较多友人交谈的立式便宴形式。一般的欢迎宴会、招待宴会可采用这种形式。

一、冷餐会设计要求

（一）冷菜为主，热菜为辅

冷餐会要准备餐桌，餐桌上同时摆放着各种餐具，菜肴、饮料集中放在大餐桌上。宾、主根据个人需要，自己取餐具后选取食物。冷餐会上供应的酒水一般单独集中一处，宾、主既可自己上前选用，也可由服务生托盘送上。

在菜肴的组成上，冷餐酒会的特点是以冷菜为主，热菜为辅，菜点的品种丰富多彩，一般都在20种以上。冷菜大都放在大型的冷菜盘中，热菜则应有保温措施。

（二）形式随意，不讲座次

冷餐会举行的地点，可以是大型餐厅或者露天花园（图8-18）。一般情况下，冷餐会设有菜点桌、餐桌、餐椅，露天冷餐会还要设置遮阳伞。现在有越来越多的时尚人士，在家里用冷餐会的形式，取代了

图8-18 冷餐会现场

烦琐的正式宴请，利用客厅、餐厅或者花园里进行冷餐会，也称Home Party。

冷餐会场地布置灵活多样，一般都不排席位，不设主宾席，亦无固定座位，宾客自由入座。用长桌，有时也用小桌；既可设座椅，也可不设座椅，站立就餐，赴宴者可自由活动。

在冷餐会举行的过程中，客人可以坐、立两便，可以到处走动，边走边吃，寻找老朋友，结交新朋友，这种令人轻松、自在的就餐方式和聚会，更有助于人际交流。

根据主、宾双方身份，招待会规模隆重程度可高可低，举办时间一般在中午十二时至下午二时、下午五时至七时左右，也可在晚上举行。

（三）讲主题，重环境

冷餐会不同于一般的宴请，是讲主题、讲环境、讲氛围、讲品格的宴请方式，是既有档次又不失轻松的交流场所。不同的冷餐会应有不同的明晰的主题，不同的冷餐会要创造或设置不同的环境。譬如重大的节日宴请、有影响的活动宴请，都有不同的主题。

冷餐酒会在餐桌设置、上菜及宴会厅布置方面也有很大特点。一般在宴会厅中间部分设置长条形主桌，桌次和桌形的摆设可根据客人多少而定，有T字形、U字形、E字形、一字形、口字形等多种形式。所有的菜肴应在客人入场之前全部准备好放在主桌上。主桌上除了菜肴外，还应该准备足够数量的供客人取食用的刀、叉和餐盘。有条件的还可以在主桌中间或宴会厅四周提前精心设计和安排一定的装饰品，如冰雕、黄油雕、食品雕刻和鲜花篮等，尽量使其反映出冷餐会的豪华场面。宴会厅里除了主桌外，还要准备一些小圆桌和座椅，但不一定一席一座。

优美的音乐和训练有素的乐队，是大型冷餐会高档次的重要表现。乐能助酒，乐能助兴，好的音乐和乐队，更能使参会宾客流连忘返，依依不舍，更能使参会宾客敞开心扉，相互交流，这也是冷餐会举办的宗旨所在。

（四）自主取菜，边吃边谈

冷餐会一般以自助餐的形式出现（图8-19），最大的特点是宾客边吃边谈，按照个人所好选用菜点，在无拘无束的气氛下进行感情沟通。大家在就餐、交流的同时，通过视觉心理反应，观察和欣赏周边的环境及桌上的菜点，尤其是冷餐会的菜点在客人进入餐厅前已经摆放在餐桌上，因此烘托主题的装饰食品和绚丽多彩、富于变化的菜点不仅诱人食欲，还给人以一种艺术的享受。

图8-19　冷餐会形式

二、冷餐会设计要点

冷餐会因其气氛热烈、摆台美观、自取自用、轻松随意而为许多重要活动采用。一般大型冷餐会的操作规程、环境设计、食品摆台与气氛营造都要求实用价值与艺术价值并重，具体来说，应注意以下几个方面。

（一）突出冷餐会特点

冷餐会以各式冷餐食品为主，进餐时间较长，人们需要在一个美的环境里细细品味、娓娓而谈，因为宾客对环境的要求比较高，冷餐宴会的设计者要特别注意对环境的设计。就餐环境应该宽敞，色调应以明快为主，灯光宜采用暖色，现场烤肉在粉红色灯光下进行，更加突出了肉质的鲜美，令人垂涎。背景音乐宜选用悠扬、舒缓的传统乐曲，空气要保持清新。

（二）主题设计

冷餐会不同于传统的西餐宴会，是既有档次又不失轻松的交流场所。不同的冷餐会应有不同的明晰的主题，不同的冷餐会要创造或设置不同的环境。譬如，重大的节日宴请，有影响的活动宴请等，都有其独特的内涵和外延，都有不同的主题，必须在冷餐会的主题和环境上有不同的体现，既有共性，又有个性。

大型冷餐会场面大，参加人数多，特别是有些国际性的冷餐会，因与会者的国籍、身份、职业、风俗习惯、宗教信仰和忌食特点的不同而相差很大。为满足不同客人的饮食口味和欣赏情趣，必须根据宴会特点设计出若干个不同主题的餐品，形成各具特色的风味中心。

例如，以"巴黎之夜"命名的主题餐台，应设计典型的法兰西情调，摆放各色具有法国特色的食品。为促销葡萄酒和乳酪销售所举办的酒会，可以用主办单位提供的红、白葡萄酒和乳酪来布置餐台。有时要针对特殊的主题来设计摆设。如某航空公司举办的酒会，实景要配合主办单位的公司形象，可以用草席和一些简单的物品，搭配动物造型的冰雕和壁画，让餐台及整个会场呈现出原始丛林的风貌。

（三）台面设计

冷餐会台面，是冷餐会中最占据视线，最反映氛围的部分，是冷餐会的大色块、大布局，是宴请的主色调。一般来说，台面设计有冷色调和暖色调之分，APEC冷餐会中就采用了蓝白横拼的冷色调，反差冷峻而不失高雅。台面设计的基本要求是，既要兼顾各国文化的传统习俗，又要追求色彩的创新和谐，体现冷餐会的主题和主人的爱好。

（四）菜单设计

菜单设计首先要坚持整体性，在为主题服务的前提下，充分考虑主、客人的意见和餐饮习惯。同时又要坚持多样性，每一组菜不要少于50种。在烹制上要技法兼顾，在用料上要"海、陆、空"兼顾。菜品设计与台面设计要相辅相成,台面较深,主菜色彩可以从浅,台面较浅,主菜可艳丽些,冷暖搭配,深浅搭配。菜单设计要注意预制菜肴、厨房热菜和冷餐会现场操作的配合,实践证明,现场操作,既可增加进食气氛,也有利于菜肴质量,特别为宾客所青睐。

(五) 立体及平面摆放

冷餐会的桌面菜肴摆放,大有文章可做。以往,大多是平摊着几个盒子,平排着几个保温锅,"相貌平庸"。现在可用放置托架的办法来体现立体感,用高托架底放置水果盆的办法来反映层次感,用有机托架下放置雕刻作品的方式,既增加了菜肴美感,又在菜肴取完后起到点缀作用。菜肴、水果、花草、雕刻、冰雕等在菜台上的多层次置放,立体展示等,操作得当,可以起到画龙点睛之效,使整个桌面"活起来"(图8-20)。

图8-20 冷餐会餐桌

(六) 餐具及盛器

餐具及盛器从来就是餐饮文化中的重要一环,俗话说:好马配好鞍。好菜配好盘,在冷餐会上尤为重要。现代制造技术及文化的发展创造了无与伦比的各种新材料、新工艺、新造型、新产品,其中许多器皿都可以为餐饮业增辉添美。所以,要大胆寻找和使用具有现代造型美的器皿,用于冷餐会的菜肴、点心、水果等的装盘、点缀,能起到事半功倍的效果。

(七) 装盘与点缀

冷餐会菜肴装盘,既要美观又要实用,既要丰富多彩又要便于取食。比如,装盘要象形,有一定的图形,有完整的外观,给人以美感,但冷餐会自由取食的特点,又要求在装盘时必须给取食提供方便,便于快捷取食,利于客人不会把菜肴弄得支离破碎且又手忙脚乱,也使后到的客人不会产生厌恶感。

装盘的点缀,一般都以素菜作为烘托,不要喧宾夺主,要突出主菜本身,点缀的素菜,又要在品种和形式上多有变化,不要都是萝卜花、香菜叶、黄瓜环,千篇一律。

(八) 灯光增色

局部灯光的使用是冷餐会上很重要的内容,这里主要是指直接照射菜肴的辅助光源的设计和使用。辅助光源(如射灯)照射在菜肴上,可以起到两个基本作用:保温和增色。所谓保温,可以对热菜或点心起到防冷及增脆的作用,所谓增色,即不同光谱的灯光,可以给不同色彩的菜肴增添色彩，增加美感。如果再配以一定的烟雾效果等，更能够实现增进菜肴的色、香、味的目的。

（九）乐队和音乐

优美的音乐和训练有素的乐队，是大型冷餐会高档次的重要表现。乐能助酒，乐能助兴，好的音乐和乐队，更能使参会宾客流连忘返，依依不舍，更能使参会宾客敞开心扉，相互交流，这也是冷餐会举办的宗旨所在。

（十）食品饮料设计

食品饮料的设计和器皿、餐桌椅等的摆放要考虑到客人走动取食、边吃边谈的特点，做好以下几点。

（1）要根据主题设置特色食品。

（2）要在会场适当位置重复摆放主要食物、饮料和餐具。这样可以防止会场一端的客人到另一端长距离行走取用食物，造成不必要的拥挤。

（3）餐桌的安排既要有中心主桌，又不能使其他客人感到受排挤，过于靠边角，餐桌的尺寸和分布根据就餐人数而定，宁少勿多，宁小勿大，以便留出较大的活动空间，餐桌以供3~4人站立用餐的标准摆放，也可适量备些座椅。一般餐桌处于中心餐台外围。餐桌上可铺放一种橡胶软垫，既可防滑，又可避免出现碗碟碰撞的噪声，桌面四周边缘可设计略高一点，也可防止器皿滑落。

（4）盛放食物与饮料的器皿宜采用多种材料和造型，如银器、瓷器、玻璃、水晶、原木、果蔬外壳等，还要注意摆放环境的形式与内容协调。

（5）酒水的设计，名酒应摆放在衬有精制丝绒的木雕架或仿古铜炮车模型上，华丽高雅，不落俗套。

（十一）席间娱乐设计

席间娱乐和现场操作是冷餐会的要素，一般席间娱乐有歌舞表演、音乐欣赏、时装表演等形式，室外冷餐会还可以增加篝火和焰火晚会等，可根据酒会特点适当选择安排。

（十二）现场烹饪设计

现场烹饪是一种能够渲染气氛、引人注目、促进销售的服务方式，厨房现场烹饪制作食品在冷餐会上经常采用，往往成为最受欢迎的节目，如各式现场烧烤、调制鸡尾酒、燃焰表演等。

（十三）冷餐会服务程序设计

1. 准备工作

（1）冷餐会场地布置　从"宴会通知单"上了解参加人数、台型设计、菜肴品种、布置主题等事项，环境布置要围绕宴会主题。一般冷餐会的摆设，通常是将餐台中央部分架高，并加上主办单位的标识及冰雕，以凸显冷餐会的主题（图8-21）。

（2）餐台的摆放与布置　餐台的摆放形式多种多样，除了设置完整的自助餐台外，也可将一些特色菜分列出来，如沙拉台、甜品台、切割烧烤肉类的切割车等。餐台的摆设应方便宾客选取菜肴，并注意宾客流动方向。餐桌摆放要突出主桌并留有通道。布置餐台时，先在餐台上铺台布，然后围上装饰用的桌裙和

图8-21　冷餐会场地布置

装饰布，台中央可布置冰雕、黄油雕、鲜花、水果等装饰物点缀，以烘托气氛，增加立体感。

（3）菜肴及其他物品的摆放　菜肴陈列应根据通知单上所列菜肴品种和宾客的取食习惯来排列。宾客所取菜肴整齐地放在自助餐台最前端。立式自助餐台应附有杯托夹、餐刀、餐叉、餐巾等用具。沙拉、开胃品和其他冷菜放在人流最先能取到的一端，并注意美观；接着摆热蔬菜、肉类菜肴，跟配的调味汁应与菜肴摆放在一起。热菜通常要用保温锅保温，菜肴前应摆放菜名牌。甜品、水果一般单独设台摆放，也可放在主菜的后面，即人流最后去的一端。

（4）坐式餐台的摆放　宾客就餐的餐桌应摆放头盘用小号刀叉、汤勺、餐刀、餐叉、甜品叉、甜品勺、面包盘、黄油刀、餐巾、胡椒和盐瓶、桌号、鲜花、烛台等。

2. 迎宾工作

在冷餐会开始前半小时或15分钟，一般在西餐宴会厅门外为先到的宾客提供鸡尾酒、饮料和简单小吃，直到冷餐会时间将到才请宾客进入宴会厅。服务员见到宾客应礼貌问好并热情引领客人至宴会厅。

3. 入座就餐服务

除了主桌设座席卡外，其他桌用桌号区别，宾客可自由选择或根据请柬要求入座。服务员为每位宾客斟冰水，并询问是否需要饮料。宾客全部入座后致辞、祝酒并宣布冷餐会正式开始。客人排队从餐台上选取自己喜爱的食品回到座位享用，也有一些冷餐会主桌的开胃品、汤由服务员送到餐桌上。

（1）自助餐台服务　自助餐台应有厨师值班。厨师负责向宾客介绍、推荐夹送菜肴和分切肉车上的各类烤肉；负责及时添加菜肴，检查食品温度，回答宾客提问并负责保持餐台整洁。

（2）席间服务　服务员要随时接受宾客点用饮料，并负责送到餐桌或宾客中；巡视服务区域，随时撤空盘、换烟灰缸等。

（3）结账收尾工作　冷餐会接近尾声时清点酒水，核实人数，协助收款员打出账单。当主办单位或个人示意结账时，按规定办理结账手续，询问宾客对活动的满意程度。宾客离座时帮助拉椅，提醒携带随身物品，感谢宾客光临，礼貌送客。宾客全部离开餐厅后，厨师负责将余下的菜肴全部撤回厨房并分别按规定处理。服务员负责清理餐台、清点餐具，恢复宴会厅原样并为下一个活动做准备。

第五节　鸡尾酒会设计

鸡尾酒会已成为目前世界各地流行的一种款待方式。政府机构为庆祝节日，为开幕典礼，为落成典礼，为赠勋，为欢迎访问团及民间团体或社会人士为介绍重要宾客及庆祝节庆，常举行酒会。

一、鸡尾酒会设计要求

与其他各种形式的宴会相比，鸡尾酒会具有轻松活泼、品位高雅、方便交际、来去自由、不受束缚、节省开销等多种特点，近年来它变得越来越流行。

无论招待会、鸡尾酒会，或在家中举行的小型酒会，举行的时间视情形而不同，一般午前不举行，通常在午后四时后，以一小时至两小时为宜，须于请柬上注明起止时间。规模可大可小，形式可以简单些，也可以讲究些，方式要较正式宴会为自由。常见的鸡尾酒会有纯鸡尾酒会、鸡尾酒自助餐和鸡尾酒及舞会，无论什么形式应在邀请宾客时事先在请柬上注明。

设计鸡尾酒会时应遵循以下准则：

（1）鸡尾酒会所采取者为自由之方式，宾客皆站立，不需要排座位。各种酒类及饮料或放在一处，由客人前往自取，或由服务员巡回递送。

（2）鸡尾酒会以酒水招待为主，酒会中必须准备各种酒类，如威士忌、马丁尼酒、琴酒、伏特加酒、朗姆酒等，以及调配的鸡尾酒诸如混合酒饮料。同时尚需准备不含酒精之饮料，如果汁、番茄汁、可乐、矿泉水、姜汁汽水。

（3）鸡尾酒会中必须准备咸的和甜的小食品，如"马背上的天使"是用培根咸肉片包裹生蚝放在小片吐司面包上烘烤的小块食品、各式小面包、小香肠、芝士等，置于桌上由客人自行以牙签取食，带壳的虾、大块的食品则应避免。热食点心，如小香肠、各种油煎食品等，则多由服务员巡回递送。

（4）鸡尾酒会中无需准备饭后烈酒，荷兰蛋黄酒、法国紫色利乔酒、黄梅白兰地力娇酒、泵酒、樱桃白兰地、樱桃威士忌、干邑、薄荷酒、摩卡咖啡酒、荷兰茶酒、苏格兰杜林标以利乔酒、威士忌甜酒、法国草莓酒、橙汁白兰地、樱桃巧克力、巧克力薄荷酒等，咖啡和茶也可不提供。

二、鸡尾酒会设计要点

（一）场所

场所宜布置，清洁大方，一定要考虑到停车场，要有衣帽间，停车场及衣帽间宜有人招呼。酒会大厅中应设有长方形的点心桌，点心桌宜布置有鲜花。酒吧宜酌备若干座椅，供女宾或穿高跟鞋脚痛或年纪较大宾客疲惫时歇息。卫生设备（洗手间）中，必须准备卫生纸、肥皂、镜子、清洁毛巾等。

（二）酒及鸡尾酒

酒或混合酒饮料应充分供应，通常在酒会中，每人具有喝三杯饮料之平均量。酒、水杯宜依式准备，不宜使用纸杯。应雇调酒员及服务员，调酒员为专门负责各种饮料的调制与供应，服务员一定要穿制服，餐巾纸不能缺。稍大规模的酒会，由服务员巡回递送，穿梭奉酒、饮料及小点心，并随时注意桌面清洁。

（三）点心

酒会应供应的点心多为咸点心，以牙签取食、不必刀割、不沾油的小巧食物为宜（图8-22），如小香肠、软炸鸡肝、小热狗、煮熟去壳之虾、小牛肉片、小三明治；中式的蟹肉、龙虾片、春卷、咖喱饺、肉丸、小面包夹烤鸭片、薄皮包烤鸭片、不带汁小包子等亦颇受欢迎，带汁的小笼包和带壳的虾都不适宜。点心务求够量，尤其是请柬只注明开始时间，而不列结束时间者，更应准备充分，点心桌上应备牙签、餐巾纸及简单餐具，便利取食及拭手之用。

图8-22　鸡尾酒搭配点心

（四）其他布置

如需致辞，要准备好麦克风，由于酒会中大家站立，故致辞宜短，且事先准备，不宜长篇大论。

（五）鸡尾酒会的服务程序

1. 鸡尾酒会的准备工作

（1）摆放桌椅，准备设备　根据"通知单"的具体细节要求摆放桌椅，餐桌可布置为V形、T形或S形长台，置于餐厅中间，准备所需各种设备。

（2）酒吧台及酒水的准备　宴会时，酒吧台均采用临时性活动吧台，由酒吧部门负责准备。如果与会宾客众多，则可直接采用宴会桌来当酒吧台。杯子的数量约为参加人数的

3倍，其中必须包括红葡萄酒杯、白葡萄酒杯、白兰地酒杯、果汁杯、啤酒杯、利口杯、雪利酒杯、鸡尾酒杯等。准备各种规定的酒水、冰块、调酒用具，供应宾客于宴会中饮用的酒水，在宴会开始前必须清楚记录，结账时才不会有所遗漏。酒会开始前，应请宴会主人先行清点所有准备用来供应宾客饮用的酒水数量，结束后仍需请其再清点一下，以确定实际的使用数量。清点结果记录在酒会领料及退料表上。

（3）食品台及食品准备　鸡尾酒会的菜肴是放在食品台上供客人自由选用食用的，因此，供应的菜肴必须是即使放的时间长一些也不会走味的冷餐。鸡尾酒会的各种小吃，一般为长6厘米、宽3厘米的薄皮烘面包，刮上黄油作底板，上面铺着各种肉类，如鸡肉、火腿、鸡蛋、蛋肠、鱼子酱等，高级鸡尾酒会还准备肉车为宾客切割牛柳、火腿等。酒会前要根据客人的人数将食品台分散，每一张食品台上可放二三十人的菜肴，用大盘子装，旁边配置一些碟子，以便每位客人能自由地进行自助式用餐。

（4）餐具的准备　准备15厘米骨盘，平均放在餐桌各个角落，骨盘的设定数量约为参加人数的2.5～3倍；准备点心叉或餐叉，其数量为参加人数的2～2.5倍，将服务匙及服务叉放置在餐桌的服务盘上，供客人取用；准备餐巾纸，分散放置在每一张餐桌上，并随时补充；所有盛装配料、调味料的器皿下方需放置底盘座，并垫上花边纸，同时将茶匙置于底盘座上，以方便宾客取用又不失美感；有些绕场服务类的食物必须准备迷你叉供客人使用。

（5）小桌、椅子　小桌摆放在西餐厅四周（图8-23），桌上放置花瓶、餐巾纸、牙签盅等物品，少量椅子靠墙放置。

2. 鸡尾酒会的服务工作

宴会定制服务师根据酒会规模配备服务人员，一般以1人服务10～15位宾客的比例配员。由于酒会中宾客没有固定座位，所以服务人员很难划分服务区域，而只能用分组的方式来服务客人。一般将酒会服务人员分成三组来进行服务工作，第一组负责绕场服务和餐台，第二组负责酒类、饮料的服务，第三组则负责收拾空杯残盘及整理会场。其工作细节说明如下：

（1）负责绕场服务和照料餐台　协助厨房照料餐台，并且通知厨房补菜、整理及补充餐台上的备用物品。此外还需负责执行绕场服务的任务，即在酒会中协助端拿绕场服务小吃类食品在会场来回穿梭，以供宾客取用。

图8-23　鸡尾酒餐桌

（2）负责酒类或饮料的服务　酒水服务是整个酒会的重头戏，它的服务是否到位，关系到整个酒会的服务质量。它的服务要求有以下几点。

①酒会开始时的操作：所有的酒会在开始的10分钟是最拥挤的。到会的人员一下子涌

入会场，如果饮料供应不及时的话，酒吧就有被挤垮的危险。第一轮的饮料要按酒会的人数，在10分钟之内全部送到客人手中。大、中型的酒会，调酒师要在酒吧里，将酒水不断地传递给客人和服务员。服务时，服务员需使用托盘拿持酒杯给予客人，并随杯附上一张小餐巾纸。若与会人数众多，通常会由调酒员预先调好一些常见的酒类或饮料，然后由一部分服务人员端着放置着小餐巾纸、各式饮品数杯的托盘排队站在入口处让客人自行挑选偏好的酒类或饮料；而另外一部分饮品同样置于托盘中，但由服务人员端拿着穿梭于会场中，随时为宾客提供饮品服务。负责酒会指挥工作的经理、酒吧领班等还要巡视各酒吧摆设，看看是否有的酒吧超负荷操作。特别是靠正门口右边，因人的习惯比较偏向右边取东西，如果有的话，应立即抽调人员支援。

②放置第二轮酒杯：酒会开始10分钟后，酒吧的压力会逐渐减轻，这时到会的人手中都有饮料了，酒吧主管要督促调酒员和服务员将空杯（干净的）迅速放上酒吧台，排列好，数量与第一轮相同。

③倒第二轮酒水：第二轮酒水放好后，调酒师要马上将饮料倒入酒杯中备用，大约15分钟后，客人就会饮用第二杯酒水，倒入杯后，酒杯必须排列好，否则客人会以为是喝过或用剩的酒水。

④到清洗间取杯：两轮酒水斟完后，酒吧主管就要分派服务员到洗杯处将洗干净的酒杯不断地拿到酒吧补充，既要注意到酒杯的清洁，又要使酒杯得到源源不断地供应。

⑤补充酒水：在酒会中经常会因为人们饮用时的偏爱而使某种酒水很快用完。特别是大、中型酒会中的果汁、什锦水果和白兰地。因此，调酒师要经常观察和留意酒水的消耗量，在有的酒水将近用完时就要分派人员到酒吧调制什锦水果和其他饮料，以保证供应。

⑥酒会高潮：酒会高潮是指饮用酒水比较多的时刻，也就是酒吧供应最繁忙的时间，通常是酒会开始后10分钟；酒会结束前10分钟；还有宣读完祝酒词的时候（自助餐酒会在用餐前和用餐完毕也是高潮）。这些时间要求调酒师动作快，出品多，尽可能在短时间内将酒水送到客人手中。

⑦注意事项：有时客人找不到自己喜欢的饮料，会向服务员点要酒吧设置中没有的品种，如果一般牌子的酒水，可以立即回仓库去取，尽量满足客人的需要。

⑧清点酒水用量：在酒会结束前10分钟，要对照宴会酒水销售表清点酒水，确切点清所有酒水的实际用量，在酒会结束时能立即统计出数字，交给收款员开单结账。

（3）负责收拾空杯残盘及整理会场　负责收拾的服务员必须端持托盘穿梭在会场之间，一旦看到客人手上的杯子已空，便可上前询问需不需要将空杯、空盘收走。宾客有时可能会向此组服务人员点酒。遇到这种情况时，虽然点酒不在其他服务范围内，但仍应和颜悦色地回应以"请稍候，马上请其他服务人员为您服务！"之类的言语，并尽快请负责人员进行服务。另外，第三组人员还要负责收拾摆在小圆桌上的空杯、餐盘、叉子等，若发现地上掉有东西也应立即拾起，以随时保持会场的场地清洁。

第六节　宴会设计实例

一、杭州第19届亚运会欢迎宴

2023年9月23日杭州第19届亚运会欢迎宴无疑是一场将传统文化与现代国际礼仪完美融合的盛宴。欢迎宴会（图8-24）举办地在西子宾馆，西子宾馆位于世界文化遗产——杭州西湖南岸，雷峰夕照山麓。酒店三面临湖，依山傍水，与"苏堤""三潭印月""柳浪闻莺"等著名景点隔湖相望，湖光山色尽收眼底。

图8-24　2023年杭州第19届亚运会欢迎宴会

（一）宴会活动设计

23日中午，来华出席开幕式的国际贵宾抵达宾馆湖畔漪园码头，由执莲童子相迎共同步入漪园，漪园长廊悬挂国家级非遗"仙居花灯"，长廊两侧风荷碧波轻雾袅袅宛如仙境。水榭亭台间上演着越剧《梁祝》名段曲目，栩栩如生地展示中国式的古典浪漫。漪园展陈着各个时代具有代表性的多件大国重器与中国工艺美术大师代表作品（图8-25），这些作品浓缩了浙江从史前星火到古代辉煌再到当代发展的丰厚文化底蕴，展示了浙江连接古今的内在力量。

漪园吧内安排了雅致的宴前时光，包括东阳木雕、王星记扇、杭州刺绣、传统手工制茶、宋式点茶、十竹斋木版水印和浙派古琴七项非遗技艺互动展示（图8-26、图8-27），

图8-25 漪园展陈的工艺美术品

图8-27 非遗技艺互动　　　　　图8-26 非遗技艺展示

并为国际贵宾准备了宋韵茶点组合（图8-28）。让贵宾们领略浙地文化的毓秀隽永，感受中国非物质文化遗产的博大精深。

漪园序厅正中，大型立体画轴徐徐展开一幅灵动的西湖水墨画，这幅作品将中国恢宏大气的国家形象和唯美秀丽的杭州风光相结合，描绘着以"绿水青山"为底色的中国画卷。出席开幕式的国际贵宾依次进入漪园序厅，国家主席习近平与夫人彭丽媛在画卷前热情迎接，并与他们亲切握手留影，留下杭州第19届亚运会欢迎宴会的珍贵合影。

宴会厅内，天青长卷、如诗如画、山水登临、韵味悠扬，正面展示着"杭州第19届亚运会欢迎宴会"主题，两侧为《富春山居图（剩山图）》元素的清雅纱幔生动展现了"诗画江南　活力浙江"的省域形象（图8-29）。

图8-28 宋韵茶点组合

图8-29 主题背景图

贵宾们在悠扬的乐曲声中步入宴会厅，国家主席习近平发表致辞，欢迎来华出席开幕式的国际贵宾，并祝愿杭州第19届亚运会取得圆满成功。

（二）宴会主题设计

欢迎宴会主题为"钱塘盛宴"，席面以"浙山浙水浙条路"为主线，用中国传统山水盆景的营造写意手法呈现。两条青绿色的立体长卷晶莹剔透光影浮动，一条青色是延绵千里的"浙山"，一条绿色是源远流长的"浙水"，展现由浙江最西端景宁山水、百山祖群峰到杭州钱塘山水、安吉余村再到浙江东部舟山群岛等足迹的"浙条路"（图8-30）。长卷妆点西湖、京杭大运河和良渚遗址世界遗产，呈现一场穿越五千年的中华文明之旅。长卷采用不同颜色的19组线条以赛道形式表现代表了杭州第19届亚运会亚运动感元素与中国语境的完美融合（图8-31）。

图8-30　宴会台面设计局部展示

图8-31　宴会台面设计整体展示

（三）宴会餐具设计

欢迎宴会餐具以杭州地标景观和优秀传统文化为题材，画面以"钱塘潮涌"为主题，以钱塘江"六和听涛"景观作为创意元素，象征奔竞不息、勇立潮头的时代精神（图8-32）。

（四）宴会菜单设计

欢迎宴会菜单以江南特色的扇面形式呈现（图8-33），菜品精选杭州传统风味菜肴如：龙井虾仁、西湖醋鱼、杭州小笼包和杭州葱油拌面，均为杭帮菜中具有代表性菜品（图8-34）。

竹香牛排是全新研发的创新菜，兼顾了中外嘉宾口味需求（图8-35）；宴会点心选取了浙江传统名点，寓意中秋团圆美满，亚运会成功精彩（图8-36）。

整套菜品以雕刻、糖艺等手法表现亚运主题，提升视觉效果。通过色、香、味、器、形，全方位展示中国饮食文化和烹饪技艺。

图8-32 宴会餐具设计

图8-33 宴会菜单

图8-34 杭帮菜代表性菜品

图8-35 竹香牛排

图8-36 宴会点心

（五）宴会服务设计

身着亚运潮涌元素礼仪服饰的国宾服务团队以"传承国宾礼遇、创造尊崇体验"的使命，以东道主身份展示从容自信的国宴接待服务，入座、侍酒、上菜、介绍和撤盘等一系列国宾服务优雅得体、倾情上演（图8-37）。

图8-37　服务场景

（六）设计特色

1. 文化融合与传承

宴会不仅是一场美食的盛宴，更是中国传统文化的传承和展示。从漪园内的非遗技艺互动展示，到宴会现场的山水画卷布景，再到餐具上的钱塘江景观和传统文化元素，无一不透露出中国文化的博大精深。这种文化的展示不仅让国际友人领略到中国传统文化的魅力，也提升了中国在国际舞台上的文化软实力。餐具设计中融入的"奔竞不息，勇立潮头"的时代精神，体现了中国服务在传承传统文化的同时，也积极拥抱时代，展现了中国服务的创新精神和活力。

2. 服务的包容与创新

作为一场国际盛事的欢迎晚宴，在菜品的选择上，中国服务不仅展示了自身的专业水准和文化底蕴，也积极拓展了国际视野。主办方既保留了传统的杭帮菜肴，又融入了亚运会的优势项目元素和时令特色，既满足了国际友人的口味需求，又展现了中国的饮食文化魅力。同时，在服务的细节上，主办方也充分考虑到不同国家和地区的文化差异和习惯，为国际友人提供了个性化的服务体验。

3. 宾客体验至上

整个宴会的设计和安排都围绕着提升宾客体验进行。从非遗技艺的互动展示到菜品的创新呈现，都旨在让宾客在享受美食的同时，也能感受到中国传统文化的魅力。这种以宾客体验为中心的服务理念，正是中国服务的特点之一。

二、风雅宋宴

（一）宴会主题设计

宋朝是千百年来华夏文化的巅峰，也是东方美学的最高境界。史学大师陈寅恪曾言："华夏民族之文化，历数千载之演进，造极于赵宋之世"。"以宋为名，还原东方精致生活美学"，这是银庐的初创理念，银庐从雅、镜、宴三个方面出发，通过装修设计、功能搭配、人员服饰、古法烹饪、多感官调动等全方位营造，希望还原一个沉浸式"宋式"精致生活体验，"宋宴"带给美食家和饕客们穿越千年的风韵雅事（图8-38）。

图8-38　银庐庭院景观

（二）宴会活动设计

银庐餐厅汲取自《西园雅集》经典的文人相聚盛典，将美宴美酒佐以宋代文人艺术活动——宋代四雅（点茶、焚香、插花、挂画），并重现宋代生活场景画面，刺绣、抚琴、焚香、插花、玩物、手作点心等体验环绕，宾客可亲身换上宋代服装，身临其境，最大化重现宋风雅韵，感受文人墨客的雅致格调和宋风之美，打造出一个蕴意雅致怡情的栖息地（图8-39）。

图8-39　银庐插花，刺绣

（三）宴会环境设计

银庐整体环境设计从中国贵族式建筑园林空间意趣的室内化为框架，结合舞台设计概念，缔造"禅、雅、意"相融的氛围空间。舍弃固有空间切割观念，借鉴大量宋代字画和建筑美学，结合现代设计维度，融会贯通，打造独树一帜专属于银庐的宋式空间。

其中最经典的是蓬莱包间等区域打造微缩版宋式江山，灵感来源于北宋王希孟创作的《千里江山图》，山峰层峦叠嶂，奔腾起伏；江水烟波浩渺，平远无尽。以长卷形式，立足传统，画面细致入微，构成了一幅美妙的江南山水图，李俊力实体化《千里江山图》，共襄古法经典川菜宴席之际，更能归心千年宋代恬淡优雅之意境。

桌面与空间以宋代名画千里江山图为造景（图8-40），菜单以非遗剪纸呈现（图8-41），餐具由对宋朝有研究的专家按照宋代线条简约风格设计后发往国瓷厂烧制，菜肴以古法和精致示人，点心由"厨娘"巧手做成，宴会中间穿插了昆曲和影子舞表演。宴赏则以传统蜀锦七巧盒为宴会游乐贯穿宴会始终，整个宴会呈现出古朴简约、精美巧思、赏心悦目的效果。

图8-40 宋宴餐台

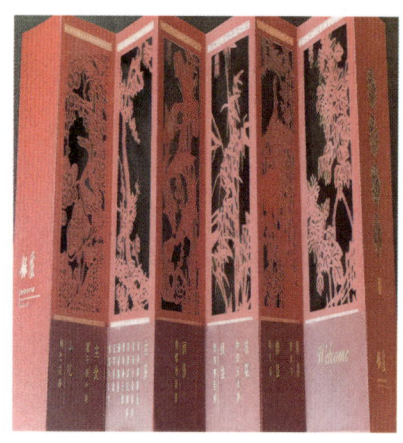
图8-41 宋宴非遗剪纸菜单

（四）宴会菜单设计

有诗意、有意境是文人菜的精髓，银庐按时令编排，囊括宫廷菜、文人菜与平菜三级，涉及热荤、素菜、冷盘、羹汤、粥面、糕饼、饮料、果子八类。宴会中每道菜都以宋词的理念为背景，并收纳应季食材于每个时令的行囊中，重视原材料，借鉴宋代宴席高超繁复的料理技法，在多种形态、配料和风味的流转中，体现源远流长的宋式古法川菜。

（1）罗帷映月　出自北宋词人贺铸的《失调名》"罗帷映月，玉研生冰"，月亮在古代寄托着思乡的情感，贺铸在中年人生失意之时，夜里孤身望月，发现玉研台上也结出了冰，借此句抒发对家乡至亲的思念之情，典雅含蓄、委婉细腻的隐喻正是宋词的艺术。这道菜以十四代清酒浸鹅肝、冻花蟹、甜虾为主，搭配春笋和秘制酱汁，外壳为米制半冰球包裹，蜡烛模拟月亮，写意诗意境界（图8-42）。

（2）如意五味拼　以五种经典味型的川菜拼合而成，建议从清淡的素烩开始食用，再品尝香辣部分，循序渐进体验不同传统风味（图8-43）。

（3）蝴蝶竹荪汤　以栩栩如生的蝴蝶造型成就此高汤料理，其中汲取川菜的雕刻艺

图8-42 罗帷映月

图8-43 如意五味拼

术,以五彩蝴蝶为形,竹荪为里,蔬菜汁沾染形成五彩蝶衣(图8-44)。

(4)陈皮石板和牛 选用青城山的石板,是银庐主理人亲身前往山河谷中拾取,每一块都是独一无二的个体,经过破石开凿制作,搭成微型烤炉慢烤和牛等食材。用石板炙烤的和牛,受热均匀,和牛在烤制的过程中不易流失汁水,口感相对软嫩,表面添加了陈皮碎,是经典的陈皮味型口味,形成这道融合多地特色的复合菜式(图8-45)。

(5)芙蓉雪花鸡淖 糅合了川菜两大绝技,一是有中国分子料理美誉的雪花鸡淖,二是四川米制品,米制品是川菜中濒临失传的技艺,银庐把米制品发扬光大。菜品整体呈现一朵娇艳绽放的芙蓉花,礼敬成都市市花,上面是形似雪花和云朵的雪花鸡淖,用鸡胸肉制作而成,入口软滑,花瓣以米制品为底,这道菜是相映成趣的典型代表(图8-46)。

(6)槐叶冷淘 是唐宋时期的一种过水凉面(图8-47),也是四川担担面的前身,将春季采摘的青槐嫩叶捣汁入面,色泽鲜碧。在古代,此面煮制后放入井中或冰窖中冷藏,食用时再加作料调味成为令人爽心适口的消暑佳食。作为担担面第五代传人,银庐面点师傅参考古时候槐叶冷淘的做法,结合四川担担面的风味制作而成,臊子酥脆,搭配四川传

图8-44 蝴蝶竹荪汤

图8-45 陈皮石板和牛

图8-46 芙蓉雪花鸡淖

统小吃叶儿粑增加口味层次，在食客抵达前两小时新鲜制作。

（五）宴会服务设计

身着宋代汉服的服务人员，为顾客提供优质的个性化服务，把握服务细节，举手投足之间让宾客们恍若几百年前宋代筵席上的贵宾，为客人带来一场不一样的服务体验（图8-48）。

图8-47　槐叶冷淘

图8-48　身着宋代汉服的服务人员

第九章 宴会营销

宴会营销的成功秘诀在于将创意、策略与对客服务完美融合。作为宴会定制服务师不仅是活动的策划者,更是客户梦想的实现者和品牌故事的讲述者。首先,通过精准的市场定位、有效的销售渠道以及卓越的服务体验来构建独特的宴会营销方案;其次,识别并满足目标客群的需求,利用数据驱动决策,同时保持灵活性以适应快速变化的市场环境;最后,最终目标是创造令人难忘的宴会体验,让客人留下深刻印象。

第一节 营销策略

宴会,作为社会交往的桥梁,不仅是亲朋好友间传递温情、加深情感的场所,更是商务交流、品牌塑造的黄金舞台。在当今社会快速发展和人们生活水平普遍提高的背景下,宴会的形式和规模正变得多样化和精致化。无论是家庭聚会、公司年度庆典,还是正式的商务洽谈,各式各样的宴会活动层出不穷,为人们提供了不同场合下的社交平台。

面对多样化的顾客需求,宴会定制服务师需要掌握如何有效地进行宴会营销,以确保活动不仅能够吸引消费者的注意力,同时还能为消费者留下深刻的印象。这就要求宴会定制服务师能够根据宴会的类型和目的,量身定制相应的营销策略。例如,对于商务宴会,营销策略可能需要侧重于建立专业形象和促进商业合作。

一、宴会营销概述

(一)宴会营销的内涵

什么是营销?根据营销之父菲利普·科特勒《营销管理》一书中的定义:营销是指在适当的时间、合适的地方以合适的价格,通过适当的信息沟通和促销手段,适时地给消费者提供正确的产品和服务的过程。而宴会营销是指酒店和餐饮企业为了满足顾客需求,实现经营目标,针对宴会活动进行的一系列有计划、有组织的营销活动。其核心在于理解和满足目标受众的需求，创造有价值的宴会体验，并通过有效的传播手段吸引消费者，最终实现宴会的目的和营销目标。

（二）宴会营销的重要性

随着社会的快速发展，餐饮企业竞争愈演愈烈，消费者的消费行为也日趋理性化，这就对餐饮企业提出了更高的要求。宴会营销在此的重要性就不言而喻了，成功的宴会营销不仅能够提升宴会活动的吸引力和影响力，还能够为餐饮企业带来可观的经济效益和品牌价值。其重要性主要体现在以下几个方面。

1. 建立品牌形象

通过精心策划和执行的宴会活动，餐饮企业能够向外界展示其专业能力和服务水平，进而提升品牌形象和知名度。同时，借助口碑传播和社交媒体等渠道，宴会活动的影响力能够得到进一步扩大，从而为餐饮企业带来更多的潜在客户和合作机会。

2. 提升经济效益

通过合理的定价策略和促销手段，餐饮企业能够吸引更多的消费者并提升宴会活动的销售额。同时，通过与消费者建立良好的关系和提供优质的服务，还能够实现消费者的复购和推荐，从而为餐饮企业带来稳定的收益来源。

3. 增强市场竞争力

在竞争激烈的市场中，宴会营销成为脱颖而出的关键。通过巧妙的营销策略和创意，餐饮企业设计出独特且富有吸引力的宴会方案。例如，结合主题、氛围、布置、菜品等各方面的设计，使宴会活动在视觉上、听觉上、味觉上都呈现出独特的美感，从而吸引更多消费者。

（三）宴会营销趋势

据相关报道，2023年宴会市场规模已达6420亿元。面对宴会市场的红利，以及餐饮行业的竞争，这对宴会营销工作提出了更多的要求。

1. 移动预订成为宴会预订的主流

在数字化时代，移动设备已经成为消费者日常生活的重要组成部分。据统计，用户每天平均查看手机超过46次。因此，宴会场地必须优化移动预订体验，确保网站和预订系统对移动设备友好，以适应越来越多的客户通过智能手机进行预订的趋势。

2. 社交媒体成为宴会推广的核心媒介

社交媒体平台，如抖音和微信，拥有庞大的用户基础，日均用户均超过10亿人次，这些平台为宴会场地提供了与潜在客户互动的机会。通过发布高质量的视觉内容和激发用户兴趣的故事，宴会场地可以在社交媒体上建立强大的品牌形象，吸引目标客户群体。

3. 视频营销成为宴会广告的主要形式

视频是一种强大的营销工具，能够以图片无法比拟的方式展示宴会场地的独特魅力。通过制作引人入胜的分享类视频，宴会营销可以讲述自己的故事，展示场地的特色和氛围，从而在竞争激烈的市场中脱颖而出。

4. 大数据分析助力个性化宴会营销

个性化营销越来越受到消费者的青睐，71%的客人希望收到针对他们个人喜好和需求的定制化广告。通过利用大数据分析，宴会营销可以更好地了解客户，提供个性化的服务和推广，从而提升客户满意度和忠诚度，同时增加投资回报率。

二、市场定位与目标客户分析

（一）宴会市场细分

1. 宴会市场细分的概念

市场细分的概念最早由美国市场学家温德尔·史密斯（Wendell R.Smith）于1956年提出来的，即按照用户特征把总体市场划分成若干具有共同特征的子市场。

所谓宴会市场细分是指根据消费者需求的差异性，将宴会市场划分为若干个具有相似需求和特征的子市场，从而确定宴会目标市场的活动过程。这样的细分有助于更好地理解消费者的需求和期望，从而制订更具有针对性的营销策略，并向市场提供独特的服务产品。

2. 宴会市场细分的意义

宴会市场细分可以帮助餐饮企业利用优势资源提供精准的对客服务，对宴会营销方向的把握和餐饮企业的运营都有非常重要的作用。

（1）有利于增强市场竞争力　细分市场使得餐饮企业能够精准掌握各个子市场细分的特点和需求，从而能够针对性地制订营销策略，并提供满足不同消费群体需求的宴会服务。这种策略有助于企业在各个子市场中构建独特的竞争优势，全面提升在市场上的综合竞争力。

（2）有利于满足个性化消费需求　通过市场细分，餐饮企业能够更深入地洞察不同消费群体的特定需求和偏好，从而提供更加契合他们期望的宴会产品和服务。例如，为年轻消费者提供潮流宴会体验，而为老年消费者则提供传统宴会服务，以满足不同年龄段的特定需求。

（3）有利于扩大市场份额　市场细分有助于餐饮企业发现和挖掘潜在的市场机会，并有目标地开发新的市场领域。例如，餐饮企业可以根据不同地区、不同文化背景的消费者特点，提供定制化的宴会服务，从而有效提升市场份额。

（4）有利于优化资源分配　宴会市场细分有助于企业合理分配资源，将有限的资源集中投放到最具潜力和最高回报率的子市场。这种策略能够提升资源的使用效率，实现资源价值的最大化。

（5）有利于降低经营风险　通过对宴会市场进行细分，餐饮企业能够更清晰地监控市场动态和竞争对手的动向，及时调整经营方针，从而降低市场不确定性带来的风险。例如，当某个子市场的需求出现衰退迹象时，餐饮企业可以迅速调整策略，避免不必要的损失。

（6）有利于激发宴会产品创新　市场细分能够激励企业创新，推动餐饮企业不断研发新产品和服务，以满足不同子市场的特定需求和期待。例如，餐饮企业可以根据消费者的个性化喜好，推出独特的宴会主题，增强消费者体验。

3. 宴会市场细分的原则

从宴会营销的角度来看，并非所有的细分市场都有意义。所选择的细分市场必须具备一定的条件。

（1）可识别性　细分出来的各个宴会市场、顾客特征、市场范围、市场规模以及购买力大小等资料，能够通过市场调研、分析及其他的方式有效获得，以便于衡量该市场。例如，可以根据宴会的主题、规模、消费水平等特征来识别不同的细分市场。

（2）可衡量性　细分的市场要求范围比较清晰，能大致判断市场的大小。细分标准要清楚明确，容易辨识，并且是可以衡量的。例如，可以根据宴会的预订次数、参与人数、平均消费等指标来衡量市场的大小。

（3）可进入性　酒店利用现有的人力、物力和财力，通过一定的营销活动可以通达该细分市场。主要考虑餐饮企业营销活动的可行性，如果某些细分市场无法接触到餐饮企业的促销手段，这类市场就没有意义。例如，酒店可以通过网络推广、合作伙伴关系等方式进入目标细分市场。

（4）稳定性　在一定的时间和条件下，宴会市场细分的标志以及其性质能够保持相对不变，使酒店占领市场后，在一定时期内不必改变自己的目标市场。例如，某些特定的节日或庆典活动可能会形成稳定的宴会市场细分。

（5）效益性　企业能够在细分后的市场上取得良好的经济效益。细分市场要具备一定的规模，能适应餐饮企业发展的要求。至少有一个细分市场使餐饮企业有利可图，且最好有相当的发展潜力。如果一个细分市场无法使企业获得预期的利润，这种细分市场就不值得酒店占领。

4. 宴会市场细分的标准

市场细分是宴会营销中至关重要的一环，它帮助宴会定制服务师更好地理解市场需求，制订精准的营销策略。宴会定制服务师要选择对消费者需求有较大影响的因素进行市场细分，把握好宴会市场细分标准，从而能够更好地掌握目标市场。

（1）按地理变量细分市场　根据地理区域进行市场细分，包括城市、地区、国家等。不同地理位置的宴会需求可能有所不同，了解地理位置的特点和需求有助于定制更符合当地市场的宴会服务。

（2）按人口变量细分市场　人口统计特征包括年龄、性别、职业、收入水平等。不同人群对宴会的喜好和需求有所差异，通过人口统计特征的细分，可以更好地定位目标受众，并提供符合他们需求的服务。

（3）按心理特征细分市场　心理特征包括个性、价值观、生活方式等。了解参与者的心理特征，可以帮助餐饮企业创造出与目标受众心理特征相契合的宴会体验，提升参与者的满意度和参与度。

（4）按消费行为变量特征细分市场　行为特征包括参与者的消费习惯、参与宴会的频率、对宴会的态度等。通过分析行为特征，可以更好地了解消费者的需求和偏好，为他们提供个性化的宴会服务。

（5）按特定主题或活动类型细分市场　根据宴会的特定主题或活动类型进行市场细

分，如商务会议、婚礼宴会、主题派对等。不同主题或活动类型的宴会具有不同的特点和需求，通过细分可以针对性地提供专业化的服务和体验。

（二）市场定位

1. 宴会市场定位的概念

"定位"一词是由两位广告经理艾·里斯（AL Rise）和杰克·特劳特（Jack Trou）于1972年率先提出的，他们对"定位"进行了定义。定位是以产品为出发点，但定位的对象不是产品，而是针对潜在顾客的思想。也就是说，定位是为产品在潜在顾客的大脑中确定一个合适的位置。所谓的宴会市场定位，是指宴会服务师根据市场上同类宴会的竞争状况，针对目标消费群体对宴会服务某些特征或属性的重视程度，为宴会服务塑造强有力的、与众不同的鲜明个性，并将其形象生动地传递给消费者，以求得到消费者的认同和选择。

宴会市场定位的实质，并非宴会服务提供者单方面决定提供何种服务，而是关于理解和把握顾客的需求，然后通过提供相应的宴会服务来满足这些需求。

总之，宴会市场定位是宴会服务提供者理解和预判顾客需求的过程，同时也是通过提供差异化的服务内容和体验，来塑造宴会服务的独特市场形象和位置，从而在竞争中脱颖而出，赢得顾客的青睐和忠诚。

2. 宴会市场定位的意义

市场定位在宴会营销工作中具有非常重要的意义，通过市场定位来丰富宴会产品在市场上的整体形象，增强产品在市场的竞争力。

（1）明确目标与提升竞争力　宴会市场定位允许餐饮企业精准识别和针对特定的消费群体，从而设计出符合其需求的产品和服务。这种定制化的市场策略不仅提高了营销效率，还增强了企业在激烈竞争中的差异化优势，有助于稳固和扩大市场份额。

（2）资源优化与产品创新　通过市场定位，企业能够合理分配资源，将力量集中在最能带来回报的领域。同时，深入理解市场需求和趋势促进了产品的持续创新，确保企业能够适应市场变化，维持竞争优势。

（3）品牌建设与产业升级　精准的市场定位有助于餐饮企业建立和传播一致的品牌形象，提升品牌价值。此外，宴会市场定位还推动了整个行业的服务质量提升和结构优化，促进了产业的健康发展和升级。

3. 宴会市场定位的方法

宴会市场定位是宴会营销活动的关键一步，它涉及对宴会服务的目标市场、竞争对手、客户需求和自身优势的综合分析。通过精准的市场定位，宴会服务师能够制订更加符合市场需求的营销策略，提升宴会服务的竞争力。

在宴会营销中，宴会市场的定位方法可以归纳为以下几点。

（1）根据宴会属性和利益定位　宴会本身的属性以及由此获得的利益，可以将其定位为满足顾客特定需求的宴会。例如，可以将宴会定位为"独特体验"或"高性价比"等，以突出宴会的特点和优势。

（2）根据宴会质量和价格定位　价格与质量二者变化可以创造出宴会产品不同的地

位。通过控制宴会的质量和价格，可以创造出不同的市场定位。例如，可以提供高品质的宴会服务，并相应地定价，以满足追求品质的顾客需求；或者提供性价比较高的宴会服务，吸引价格敏感的顾客。

（3）根据宴会用途定位　探索同一个宴会项目的各个用途并分析各种用途所适用的市场，是这种定位的核心出发点。根据宴会的不同用途，可以将其定位为满足不同市场需求的产品。例如，可以将宴会定位为适合婚礼、商务会议、家宴等各种场合，以吸引不同类型的顾客。

（4）根据宴会目标顾客定位　这是宴会常用的一种定位方式，根据宴会目标顾客的特点和需求，可以将其定位为满足特定顾客群体的产品。例如，可以将宴会定位为适合年轻人、家庭、商务人士等不同类型的顾客，以满足他们的特定需求和偏好。

4. 宴会市场定位的步骤

宴会市场定位的目标是确保消费者能够清晰地识别本宴会与竞争对手之间的差异。为了实现这一目标，一般要开展以下工作。

（1）市场信息采集　通过市场调研、消费者访谈、竞争对手分析等方式，收集关于目标市场、客户需求、竞争对手和自身优势等方面的信息。

（2）市场信息分析　对收集到的信息进行整理和分析，找出市场的机会和挑战，以及自身的优势和劣势。

（3）制订定位策略　根据分析结果，制订符合市场需求的宴会市场定位策略。包括确定目标市场、制订差异化服务方案、设定合理的价格水平等。

（4）实施与调整　将定位策略转化为具体的营销行动，并在实施过程中不断收集反馈信息并调整策略。根据市场变化和消费者需求的变化，及时调整定位策略以保持竞争力。

5. 目标客户分析

宴会营销的目标客户分析是制订有效营销策略的关键步骤。需要从多个维度来考量，通过深入了解目标客户的特征、需求和偏好，以便更好地理解他们的需求和期望。提供更个性化、精准的宴会服务。以下是对宴会营销目标客户的一些常见分析。

（1）目标客户群体

①商务客户：包括公司、企业、机构等，他们通常举办商务会议、团队建设、产品发布等活动，寻求专业、高端的宴会服务。

②社交客户：包括个人、家庭、社团等，他们可能举办婚礼、生日派对、毕业庆祝等社交活动，注重宴会的氛围、装饰和娱乐性。

③特殊场合客户：如庆祝纪念日、节日庆典、文化活动等，他们希望宴会能够突出主题，营造独特的氛围。

（2）目标客户特征

①收入水平：目标客户通常具有一定的经济实力，愿意为高品质的宴会服务支付一定的费用。同时对宴会的品质有着较高的要求，包括场地布置、餐饮服务、音响设备、娱乐节目等各个方面。他们追求的是一次完美的体验，能够给他们留下深刻的印象。

②社交需求：目标客户通常具有强烈的社交需求，希望通过宴会来扩大社交圈子、加强人际关系、展示个人或企业形象。

③个性化需求：目标客户往往希望宴会能够体现他们的个性和特色，因此在宴会策划时需要考虑他们的兴趣、喜好、文化背景等因素，提供个性化的服务。

④对细节的关注，重视服务和体验：他们往往对宴会的细节非常关注，注重宴会的服务质量和整体体验，希望获得专业的服务团队、周到的服务流程，包括菜品的摆盘、餐具的选择、灯光的设置等。因此，在宴会策划时需要考虑如何提供优质的服务和愉悦的用餐环境。这些细节能够体现宴会的品质和档次，也是他们评价宴会好坏的重要因素。

通过以上分析，可以更准确地把握宴会营销的目标客户，为他们提供更符合需求和期望的宴会服务。同时，根据目标客户的特征和需求，在宴会策划时考虑如何提供优质的服务和愉悦的用餐环境。制订更有效的营销策略和方案，提高营销效果和收益。

三、产品定位与定价策略

宴会产品的定位与定价策略对酒店宴会营销至关重要，准确的产品定位和差异化策略的制订，需要充分了解目标市场和消费者需求，这样才能在激烈的竞争中脱颖而出，同时，产品定价策略的选择应基于产品特点、市场需求和竞争环境等因素，以确保成功推广和销售宴会定制服务，提升业绩和口碑。

（一）宴会产品的定位与差异化策略

1. 宴会产品的定位

在市场中，酒店宴会产品的定位需要确定目标客户群体、充分了解自身的资源和优势，构建独特的品牌形象和服务特色，找到自身在竞争中的独特位置。

2. 宴会产品差异化策略

（1）产品差异化　包括产品设计、功能、品质、价格、品牌形象等方面的差异化。

（2）产品差异化策略　餐饮企业可以通过提供独特的服务和体验实现差异化，例如个性化定制服务、主题宴会、创意菜单等，吸引更多目标客户并建立忠诚客户群，获得竞争优势。

（二）定价原则与方法

1. 定价的原则

产品定价策略是一项平衡的过程，不宜过低或过高。餐饮企业在制订定价策略时需要考虑多个因素，包括生产成本、市场需求、收入目标和竞争对手的定价等。定价策略并非纯粹的数字问题，还需考虑顾客心理影响和产品定价。为了制订有效的定价策略，餐饮企业需要了解产品成本、商业目标、顾客群体和品牌价值。

2. 宴会产品定价的目标

宴会产品定价的目标可以分为以下几个方面。

（1）利润目标

①最大利润目标：宴会产品以获取最大限度的利润为目标，通过采取高价政策来实现。其重点在于短期内的最大利润，这种策略适合于宴会产品在市场上具有独特性或稀缺性，能够吸引顾客支付较高价格的情况。

②满意利润目标：基于市场趋势预测与宴会消费需求分析，宴会产品在现有成本水平下所能实现的最大利润。

（2）销售目标

①市场占有率目标：市场占有率是企业经营状况和宴会产品竞争力的综合反映。提高宴会产品的市场占有率，以增加客源、巩固市场地位，并通过较高的市场占有率来排除竞争和提高利润率。

②销售增长率目标：以宴会产品销售额的增长速度为衡量标准，通过薄利多销的定价策略来追求销售增长，从而扩大市场份额。

（3）竞争目标

在价格方面与竞争对手进行策略性竞争，但需避免单纯的价格战，因为宴会产品的固定成本较高，过度降价可能导致利润流失。因此，竞争目标应侧重于通过提供独特的宴会体验和服务来区分自己，而不是仅仅依靠价格。

（4）顾客目标

制订对顾客有利的定价原则，利用价格作为产品和服务的直观展现因素，通过合理的定价策略吸引和保留顾客，提高顾客满意度和忠诚度。

3. 宴会产品的定价步骤

宴会产品的定价步骤可以概括如下几点。

（1）市场需求分析　首先要对宴会市场的需求进行全面的调研和分析。这包括了解宴会市场的规模、增长趋势、客户需求的特点以及竞争对手的情况。同时，也要关注影响需求的季节性因素、地区经济状况、社会文化活动等。

（2）目标市场细分　根据宴会市场的特点，将市场细分为多个具有相似需求的子市场。例如，可以根据客户类型（如商务客户、家庭客户、团体客户等）、宴会性质（如婚礼、会议、庆典等）和消费能力等因素进行细分。

（3）市场定位　确定宴会产品的市场定位。这包括明确宴会产品的特色和服务优势，以及如何在目标客户心中建立独特的品牌形象。例如，可以强调宴会的豪华程度、定制服务、场地设施等。

（4）产品评估和定价　基于市场需求分析、市场细分和市场定位的结果，对宴会产品进行评估，并制订相应的价格策略。定价时需要考虑成本、竞争对手的价格、客户支付意愿以及宴会产品的独特价值。可以设计不同价格梯度的宴会套餐，以满足不同细分市场的需求。

（5）定期评估和调整　定价策略不是一成不变的。需要定期评估市场状况、客户反馈和经营成果，并根据这些信息调整定价策略，确保宴会产品的价格始终符合市场状况和企业的经营目标。

四、渠道与促销策略

（一）渠道的构成

1. 宴会销售渠道的概念以及作用

宴会销售渠道是指企业通过一系列的途径和合作伙伴，将宴会产品和服务销售给目标客户。这些途径包括直接销售和间接销售两种方式。直接销售是指企业直接与客户建立联系，进行宴会产品的推广和销售；间接销售则是指企业通过中间商、代理中间商以及其他合作伙伴，将宴会产品和服务推向市场。这些中间商和代理中间商可能是旅行社、会议策划公司、在线预订平台等。

宴会销售渠道的作用主要体现在以下几个方面。

（1）缩短企业与客户之间的距离　通过建立有效的销售渠道，企业能够更直接地与目标客户接触，了解客户需求，从而提供更加符合客户期望的宴会产品和服务。

（2）保证及时提供服务　宴会销售渠道能够确保企业在客户需要的时候，提供相应的宴会产品和服务。这对于满足客户对宴会时间、场地、服务等的要求至关重要。

（3）提供信息传递　宴会销售渠道是企业向客户传递宴会产品和服务信息的重要途径。通过这些渠道，酒店可以向客户宣传宴会的特色、优惠活动、预订流程等信息，提高客户对酒店宴会产品的认知度和购买意愿。

（4）扩大市场覆盖范围　通过合作伙伴和中间商的协助，企业可以将宴会产品和服务推向更广泛的市场，吸引更多的潜在客户，提高市场占有率和品牌知名度。

（5）提高销售效率　有效的宴会销售渠道可以提高企业的销售效率，减少销售成本，提升酒店的经济效益。

2. 宴会销售渠道的类型

（1）直接销售渠道　直接销售渠道是指企业不通过任何中间商，直接向客人销售宴会产品的方式。这种方式使得客人可以直接从企业购买宴会产品。企业通常采用以下直接销售渠道：

①微信公众号：在微信上开设公众号，提供宴会预订服务。通过发布宴会产品信息、优惠活动等，吸引客户关注和预订。

②企业自行研发APP：企业自己开发的手机应用程序，提供宴会预订、支付等功能。客户可以通过APP直接预订宴会，并完成支付。

③客户老带新：鼓励满意的客户向亲友推荐餐饮企业的宴会服务，并提供相应的奖励或优惠措施。通过客户的口碑传播，吸引更多的新客户。

④企业合作：与企业签订协议，提供团体宴会预订服务。通过与企业合作，餐饮企业可以吸引更多的团体客户，增加宴会销售量。

宴会直接销售渠道的优点是贴近市场，能够及时获取消费者第一手信息，从而帮助酒店调整或改进营销策略。同时，直接销售渠道没有中间环节，减少了销售费用，可以更直接地对最终消费者进行宣传。

（2）间接销售渠道　间接销售渠道是指企业利用中间商将宴会产品供应给客户，中间商介入交换活动。间接销售渠道的种类如下：

①"线上到线下"：例如美团、抖音等，利用网络优势为宴会分销，帮助企业实现快速的跨地域销售，为企业输送稳定的用户群体；但渠道成本高。

②社交媒体和网红合作：与关键意见消费者合作，发布宴会的精美图片、视频和优惠信息，以及攻略、案例分享等，吸引潜在客户的关注。通过社交媒体推广酒店，扩大影响力。

③合作套餐销售：与商务公司、婚庆公司等合作推出套餐销售，如为新人提供一站式婚礼策划和宴会服务，满足客户的多元化需求。

通过纵横交错的销售网络，间接销售渠道可以密切联系消费者，市场覆盖面大，有利于增加销售量，提高市场占有率。但中间环节多，增加了酒店产品的成本。

3. 影响宴会销售渠道选择的因素

宴会产品在销售渠道选择上主要考虑以下因素。

（1）宴会产品特性　宴会的品质、特色及价格定位是选择销售渠道的关键。高品质、独特性或定位高端的宴会产品，可能更适合直接销售给目标客户，或者通过精选的合作伙伴进行销售，以确保宴会体验的完整性和品牌形象的一致性。

（2）企业资源和能力　企业的经济实力、市场声誉、营销资源和管理能力都会影响销售渠道的选择。资源丰富的企业可以建立自己的销售团队，直接与客户沟通，或者吸引高质量的中间商合作。而资源有限的企业可能更依赖分销伙伴来扩大市场覆盖。

（3）目标客户特征　宴会目标客户的数量、地理位置、消费习惯和预订行为是重要的考虑因素。如果目标客户群体庞大且分散，企业可能需要通过多个销售渠道来触及他们。如果目标客户集中且预订行为规律，直接销售可能更为高效。

（4）市场环境分析　宴会市场的规模、竞争状况、客户需求和市场趋势都会影响销售渠道的设计。在大型市场中，企业可能需要通过多个渠道来覆盖更广泛的客户。在竞争激烈的市场中，选择能够提供独特价值和优势的销售渠道尤为重要。

（二）宴会促销及促销组合

1. 宴会促销体系

（1）宴会促销的概念　宴会促销是指餐饮企业通过各种营销宣传手段，与市场进行信息沟通，来赢得消费者的注意、了解和购买兴趣，树立餐饮企业的良好形象，从而提高餐饮企业收入和声誉。

宴会促销组合则是餐饮企业根据宴会产品的特点和营销目标，综合各种影响因素，对各种促销方式的选择、编配和运用，这也是餐饮企业营销策略组合中常用的方法。

传统的宴会促销方法涵盖了人员推销、促销活动、广告和公关关系这四个方面。随着融媒体营销的发展，宴会融媒体促销也变成了宴会促销中不可或缺的一部分。因此，一个高效的宴会营销策略应该是对这五种工具进行综合运用的结果。

（2）宴会促销功能　宴会促销的功能主要体现在以下几个方面。

①传播信息：通过宴会促销活动，向顾客传递宴会产品与服务的相关信息，提高顾客对宴会的认知度。

②刺激需求：通过促销活动加深顾客对宴会产品的认识，唤起顾客的消费意识，扩大宴会产品销售。

③强化竞争优势：宴会促销通过对宴会产品特殊效用和优势的强化传播，使顾客意识到该产品的独特价值。

④树立良好形象：在提高宴会销量的同时，树立宴会产品在公众心目中的良好形象，为企业的长远发展创造有利条件。

2. 宴会的促销策略

宴会的促销策略是指在整体营销策略中制订的促销方针和计划，旨在吸引客户、增加销量和提升品牌知名度。宴会营销渠道中的促销策略包括广告、公共关系、营业推广、人员推销等。

（1）广告 企业通常利用户外广告牌、LED屏幕、火车站、机场、公交车站、地铁站点等公共区域进行广告投放，吸引目标客户的注意力。必要时在餐饮企业周边或目标客户聚集的商圈、社区等地进行传单派发，提高企业宴会的知名度，从而达到促销目的。

（2）公共关系 公共关系是指企业为了与公众沟通信息，加强企业与公众相互了解，协调各方面关系，树立良好形象，为企业的市场营销活动创造良好外部环境而开展的一系列专题性或日常性活动的总和。如举办大型庆典活动、客户答谢会、品鉴会等活动，加强与客户的联系和互动，提高客户忠诚度和复购率。

（3）营业推广 营业推广也称销售促进，目的在于劝诱消费者购买某一特定产品。推广企业宴会的营业，包括产品展销、现场操作、赠送样品等多种促销方式。营业推广的各种方式能使消费者产生强烈而又快速的反应，也能被用来通过刺激使即将低落的销售得到回升，但其推广效果往往是短期性的，对于建立长期品牌偏爱方面的效果并不理想。

（4）人员推销 人员推销虽然比较传统，但也是效果最好的一种促销手段。指企业的人员通过人际交往的方式向消费者进行介绍、说服，促使消费者了解、爱好、购买餐饮企业宴会产品或服务。人员推销优势在于强化了交易过程中的人际情感，有利于维护长期稳定的交易关系，但缺点是促销人员成本偏高。

第二节　融媒体营销方式

随着信息技术的不断进步，融媒体已经逐渐成为现代人生活中不可或缺的一部分。在酒店餐饮行业，融媒体的应用正变得越来越普及。正是因为融媒体具有诸多优点，如广泛的覆盖面、强大的互动性、快速的传播速度和深远的影响力等特征，因此运用融媒体营销策略，可以极大地提高品牌曝光度、增强用户参与度和提升品牌影响力。

一、宴会融媒体营销的概念

融媒体的概念指的是媒体整合策略，它通过充分利用广播、电视、报纸等各种媒介载体，将这些既有共同点又存在互补性的不同媒体在人力、内容、宣传等方面进行全面的整合，实现资源通融、内容兼容、宣传互融、利益共融的新型媒体宣传理念。实质上是将传统媒体和新媒体相结合，利用它们各自的优势形成的一种新的媒体形式，这种新型媒体宣传理念旨在通过多种媒体的协同作用，提升传播效果和影响力。

宴会融媒体营销是指利用多种媒体渠道和手段，整合线上线下资源，以宴会的形式进行品牌推广和产品营销的一种新型营销模式。这种模式将传统宴会与现代科技相结合，通过创新的形式和内容，提升品牌形象，增强宴会产品竞争力，扩大市场份额。

二、宴会融媒体营销的优势

（一）提升品牌曝光度

融媒体营销能够通过多种媒体渠道实现信息的广泛传播，提高宴会的品牌曝光度。无论是在线平台还是线下活动，都能有效吸引潜在客户的关注，提升品牌知名度。

（二）增强消费者参与感

融媒体营销注重与消费者的互动，能够激发消费者的参与热情。通过在线问答、直播互动等形式，消费者可以更深入地了解宴会的特点和优势，增强对品牌的认同感。

（三）提高营销效果

融媒体营销能够根据消费者的需求和兴趣，制订个性化的营销内容，从而提高信息的针对性和有效性。同时，通过数据分析等手段，还能更好地了解消费者需求，为未来的营销策略制订提供依据。

（四）降低成本，提高效率

相较于传统的营销方式，融媒体营销能够降低营销成本，提高营销效率。通过互联网等新媒体渠道，可以实现信息的快速传播和低成本推广，降低营销成本。同时，利用大数据和人工智能技术，可以更精准地定位目标客户群体，提高营销效率。

（五）跨界合作，拓宽市场

融媒体营销具有跨界合作的天然优势，能够与其他行业进行深度合作，共同开拓市场。通过与旅游、文化等相关行业的合作，可以为宴会行业带来更多的潜在客户，实现共赢发展。

三、宴会融媒体营销的方式

（一）社交媒体营销

1. 社交媒体平台运营

社交媒体平台运营是指针对社交媒体平台（如微博、微信、抖音等）制订的一系列旨在提高用户参与度、增强品牌影响力、实现商业目标的系统性规划和行动方案。这些策略涵盖了从内容创作、用户互动、数据分析到合作推广等多个方面，旨在通过科学的方法和策略，实现社交媒体平台的有效运营和持续发展。

2. KOL合作与网红经济

KOL合作与网红经济紧密相关，是当下社交媒体营销的重要策略之一。KOL，即关键意见领袖，是在某一领域具有较高影响力和权威性的人士。他们凭借专业知识、性格魅力和粉丝群体的忠诚度，成为社交媒体上的明星人物。在网红经济中，KOL的作用不可忽视，他们通过社交媒体平台发布内容、与粉丝互动，影响着大量用户的消费决策。

KOL合作模式的基本原理是：广告主选择适合自己产品或服务的KOL，与其建立合作关系，通过KOL的社交媒体账号发布广告内容，并通过KOL的影响力和粉丝基础，将广告有效传达给目标受众，从而达到提高品牌知名度和推广销售的目的。这种合作方式可以有效扩大品牌曝光度，提高销售业绩，并塑造品牌形象。

网红经济则是基于社交媒体平台兴起的一种新型经济模式，它以网红为核心，通过内容创作、粉丝互动、商业合作等方式实现商业价值。在网红经济中，KOL作为关键角色，通过自身的影响力和粉丝基础，为企业和品牌带来了巨大的商业价值。

（二）内容营销

内容营销是通过创建和分发有价值、有吸引力和与品牌相关的信息来吸引和保留目标受众，并促进销售或实现其他营销目标。内容营销的核心在于通过提供有价值的内容来建立与受众之间的信任关系，进而推动受众采取所需的行动。

内容营销可以应用于各种媒体渠道和平台，包括社交媒体、博客、网站、电子邮件、视频等。它涵盖了多种内容形式，如文章、图片、视频、音频、播客等。这些内容旨在满足受众的需求、兴趣和问题，同时传达品牌的价值观和独特卖点。

（三）搜索引擎优化

搜索引擎优化是融媒体营销中的关键一环。通过对网站结构、关键词优化、内容质量等方面的调整，提高网站在搜索引擎中的排名，从而吸引更多潜在客户的访问。其策略需要长期坚持并不断优化，以实现稳定的流量增长和品牌推广。

（四）数据驱动营销

数据驱动营销是利用大数据分析和市场分析来指导营销决策和策略的过程。数据驱动营销的优势在于能够提供深入的消费者洞察，实现精准营销和个性化推荐。通过收集和分析用户数据，可以了解用户需求和行为，优化营销策略，提高营销效率和投资回报率。

（五）短视频营销

短视频营销是通过制作和分享短视频内容来进行品牌推广和产品营销的策略。短视频营销的优势在于易于消费和分享，能够迅速吸引注意力。短视频具有高度的创意和娱乐性，可以有效地传达品牌信息，同时可以通过用户生成内容扩大品牌影响力。通过短视频平台，可以实现病毒式传播，提高品牌知名度和用户参与度。

（六）直播营销

直播营销是利用直播平台进行的实时营销活动，可以展示产品、互动交流、进行促销等。直播营销的优势在于提供与观众实时互动的机会，增加品牌透明度和信任度。通过直播，可以展示产品特点和优势，同时即时反馈和调整策略，提高用户参与度和购买意愿。

（七）合作营销

合作营销是指两个或多个品牌合作，共同进行营销活动，以实现资源共享、风险共担和市场扩大。合作营销的优势在于能够利用合作伙伴的资源和客户基础，增加品牌曝光度，提高市场竞争力。通过跨界合作，可以吸引不同领域的消费者，扩大品牌影响力。

（八）线上线下融合营销

线上线下融合营销是指将线上的营销活动与线下的实体店铺、活动相结合，实现线上线下的互动和互补。线上线下融合营销的优势在于提供无缝的顾客体验，增加顾客参与度，提高转化率。通过线上活动引导用户到线下门店消费，或通过线下活动吸引用户关注线上平台，可以实现线上线下的良性互动。

四、宴会融媒体营销的技巧

（一）精准定位目标受众

在进行宴会融媒体营销之前，首先要明确目标受众。通过深入分析潜在客户的年龄、性别、兴趣爱好、消费习惯等特征，制订精准的定位策略。在此基础上，选择适合的媒体平台和渠道，将宴会信息传达给目标受众，提高营销效果。

（二）创造独特的内容与体验

内容是融媒体营销的核心。为了吸引目标受众的关注和兴趣，宴会举办方需要创造独特、有价值的内容。这可以包括宴会的主题、特色菜品、场地布置、活动安排等方面。同时，提供与众不同的体验也是吸引客户的关键，如互动环节、表演节目等。

（三）多元化渠道传播

融媒体营销需要利用多种渠道进行传播，以覆盖更广泛的受众。除了传统的线下宣传方式，如海报、传单等，还可以利用社交媒体、短视频平台、电子邮件等线上渠道进行推广。通过发布吸引人的内容、与受众互动、合作推广等方式，提高宴会的曝光度和传播效果。

(四)强化口碑与互动

口碑是宴会营销中不可忽视的力量。通过提供优质的产品和服务，让客户产生良好的体验和评价，进而自发传播宴会信息，带动更多潜在客户的参与。同时，加强与客户的互动也是提升口碑的关键。通过线上线下的活动、问答、抽奖等方式，增加客户对宴会的参与感和归属感。

(五)数据分析与优化

融媒体营销需要借助数据分析工具来评估和优化效果。通过对传播渠道的转化率、用户行为、反馈意见等数据的收集和分析，了解营销活动的实际效果，并根据数据进行调整和优化。例如，根据用户反馈改进宴会内容和服务，根据渠道转化率调整投放策略等。通过持续优化，不断提高营销效果，实现更好的宴会营销目标。

第十章

宴会预算管理与效果评估

宴会预算管理在宴会举办的整个过程中都发挥着举足轻重的作用，它与宴会成本管理共同构成了宴会财务管理的核心。宴会预算管理在策划阶段就开始进行预期收入和支出的预估和计划，确保财务上的可行性和经济效益的可预测性。它不仅涉及食品、饮料、场地租赁等直接成本的预算编制，还包括一系列与宴会相关的间接成本和潜在风险的评估。通过科学制订预算、严格监控预算执行情况、适时调整预算分配以及最终进行结算分析，宴会预算管理旨在合理分配资源，确保宴会活动在财务上的稳健运行。

在宴会举办的整个过程中，仅仅关注预算的制订与执行，并不能全面衡量宴会活动的成功与否。宴会效果评估，则是在宴会活动结束后，对宴会目标实现程度、宾客满意度、资源利用效率以及整体经济效益等多方面进行的综合考量。它不仅仅是对预算执行结果的回顾，更是对宴会策划、执行以及后续服务质量的全面审视。宴会效果评估作为另一项至关重要的环节，与预算管理相辅相成，共同构成了宴会管理的完整框架。

因此，在进行宴会策划和执行时，我们不仅要高度重视宴会预算管理与成本管理，还要充分认识到宴会效果评估的重要性。通过科学制订预算、严格监控成本、优化资源配置以及持续改进管理策略，我们可以确保宴会的财务目标得以实现；而通过全面、客观的宴会效果评估，我们可以不断提升宴会的整体质量与市场竞争力，为宾客提供更加优质的服务体验。宴会预算管理与效果评估是宴会管理不可或缺的两个重要组成部分。它们相互依存、相互促进，共同推动着宴会活动的持续发展与优化。

第一节 宴会预算管理

一、宴会预算

（一）预算的重要性

预算是预测和控制企业收支的财务工具，旨在实现财务目标并优化资源分配。预算通过设定支出限额，助力企业控制成本，避免浪费，最大化成本效益。同时，预算有助于企业进行财务规划，预测资金流动，确保投资回报稳健。在资源分配上，预算帮助企业明智决策，提升运营效率。此外，预算明确业务目标，为团队提供方向和动力，助力实现目标。

在风险管理方面，预算有助于识别和减轻财务风险，提供决策支持，确保管理层基于数据做出明智决策。作为绩效评估基准，预算衡量运营效率和盈利能力。预算也是沟通工具，帮助内外部利益相关者理解企业财务和战略方向。通过设定目标和奖励机制，激励员工共同努力，提高工作动力。

预算的灵活性使企业能够迅速响应市场变化，调整策略以满足消费者需求，保持竞争力。对于长期发展，预算有助于规划扩张、资本支出和投资回报，确保企业可持续发展。最后，预算确保企业遵守财务报告和审计要求。精心制订和执行的预算计划，有助于企业在多变的市场环境中保持稳定增长。

宴会的策划与执行是一项系统性工程，必须遵循一套严谨而详尽的操作规范。在此过程中，宴会团队成员需紧密协作，严格按照既定的标准执行各阶段任务，以确保宴会的每一个细节都能井然有序、高效推进。预算的合理分配与质量的严格把控，是宴会管理工作中至关重要的环节，它们贯穿从宴会产品的精心准备到最终销售的每一个环节，为宴会的圆满成功提供了坚实保障。

（二）宴会预算的原则

宴会预算的原则包括精细化的计划与控制、透明性与一致性、灵活性与应变能力、成本效益最大化以及合理性原则，这些原则共同确保预算的合理性、有效性，并指导宴会从筹划到实施各阶段的财务管理，以实现预定目标和优化资源使用。

1. 精细化的计划与控制

宴会预算的精细化原则在实际操作中至关重要。它要求我们在预算编制阶段全面、具体地分析宴会各环节，设定明确的费用标准和限额。同时，预算执行过程中需严格控制和监控每一笔支出。为实现精细化预算，需深入分析场地租赁、餐饮服务等环节，根据规模和口味偏好制订菜单，控制成本。持续监控预算执行情况，及时调整差异，并采用现代管理工具提高透明度和效率。

精细化预算旨在保证宴会质量、满足客户需求的同时，优化资源配置，最大化预算效益。我们应积极采用此原则，不断完善预算管理流程，实现更好的预算效益。

2. 透明性与一致性

宴会预算的一致性原则对确保预算活动的有效性和高效性至关重要。该原则要求预算编制与执行与宴会的整体目标和策略紧密结合，以支持目标的实现。预算编制者需深入理解宴会核心理念和目标，确保预算分配和使用与战略目标一致。同时，预算各部分应逻辑连贯，各项支出相互协调，避免目标冲突和资源浪费。一致性原则还能提高预算透明度和可信度，增强参与者和利益相关者的信任和支持。这有助于提升宴会形象，为未来活动奠定良好基础。此外，遵循一致性原则有助于高效调配资源，实现既定目标，避免无效投入和浪费，提高预算执行效率。

3. 灵活性与应变能力

宴会预算的灵活性原则是指在制订预算时，应当考虑到各种可能的变化因素和不确定性，确保预算计划既具有弹性也便于调整。这意味着预算不是一成不变的，而是可以根据实际情况进行适当的调整，包括增加或削减某些费用，以适应不断变化的需求和市场状况。这样，组织者就能灵活应对突发事件，确保宴会的顺利进行，同时还能提高资源管理的效率和效果。

4. 成本效益最大化

成本效益最大化原则强调在确保宴会质量和满足客户需求的前提下，通过对各项支出进行严格的成本效益分析，合理配置资源，力求以最小的成本获取最大的效益，同时不断寻求成本节约的机会和提高资金使用效率的方法，以实现预算内的最大价值回报，这一原则促使预算管理更加注重成果和价值创造，确保每一分投入都能为宴会的成功做出实质性贡献。

5. 合理性原则

合理性是宴会预算管理中的一个核心原则，首先，它要求管理者要进行细致的需求分析，了解宴会的规模、类型和顾客需求，以确保预算紧贴实际。其次，通过市场调研来掌握食材、场地、服务等的市场价格，确保预算与市场行情相符。同时，对支出进行成本效益分析，评估各项费用的成本效益，避免浪费，确保资金的有效使用。再次，确定支出的优先级，优先满足关键环节的资金需求，并进行风险评估，为可能的价格波动和供应问题预留风险准备金。预算的编制和执行过程要保持透明，让所有相关人员都能了解预算的构成，同时，需要持续监控成本，确保支出与预算相符，并根据市场和实际情况进行适时调整。在编制预算时，咨询财务顾问或专业人士的意见也是确保预算合理性的重要步骤。最后，详细记录预算执行情况，并在宴会结束后进行评估，为未来提供宝贵的经验。遵循这些关键点，宴会组织者能够制订出既符合实际需求又具有市场竞争力的预算，从而提升宴会的财务效率和效益。

（三）宴会预算编制步骤

宴会预算是为策划和举办宴会所需费用的财务规划，是确保宴会顺利进行并避免不必要的开支的关键。宴会预算编制步骤涉及从确定预算范围开始，通过收集有关场地、餐饮、装饰等成本信息，细分宴会各环节并估算每项成本，然后制订初步预算草案，进行审查和调整以确保预算合理并符合目标。随后为各项支出设定限额，预留备用预算以应对不确定因素，提交预算审批，执行预算时持续监控和控制以确保不超支，并在宴会结束后分析预算使用情况，总结经验，为未来提供指导，整个过程旨在实现成本控制与效益最大化，确保资源有效利用。具体的编制步骤大致可分为以下几步：

1. 确定宴会目标和规模

宴会策划的核心在于明确宴会目标和规模。制订宴会预算时，首要步骤是明确宴会的规模、主题和档次。宴会规模决定了所需的人力、物力投入，包括服务员数量、场地租赁和布置费用等，大型宴会还需考虑安保和交通费用。宴会主题会影响装饰、菜品和活动策划成本，不同主题需要不同的装饰和菜品，特定活动还需策划和执行费用。宴会档次决定了整体品质和服务水平，高端宴会涉及更优质食材、精致装饰和专业服务，预算相应更高。制订预算时，需综合考虑这些因素，确保预算准确合理，为宴会成功提供保障。

2. 收集市场信息

在深入解读不同供应商并获取详尽的报价和服务内容的过程中，确保有效采购和成本控制至关重要。有效采购和成本控制是确保宴会成功的关键。为了筛选出最匹配的供应商，首先，需进行市场调研，了解供应商的声誉、业绩和客户反馈。其次，与供应商深入沟通，明确需求，并评估其专业能力和服务态度。最后，获取报价后，需仔细分析报价单，确保费用透明，并比较不同供应商的性价比。在谈判中，发挥技巧争取优惠和增值服务。最后，持续跟进评估供应商，确保服务质量。通过这些步骤，我们能在控制成本的同时，获得高品质服务，为宴会成功奠定基础。

3. 制订初步预算

根据市场调研和宴会目标，制订初步预算草案是一项全面而细致的工作，至关重要。首先，汇总来自市场调研的所有相关数据，如场地租赁、餐饮服务、装饰、娱乐等可能涉及的费用，以及任何间接成本，如运输和保险。其次，根据宴会的核心需求和优先级对成本进行排序和评估，确保关键要素能够首先得到预算保障，同时为非关键项目设立缓冲空间以适应预算变动。在转化需求为具体成本时，细致地计算每一项服务或物资的成本，并为不可预见的开支预留一定比例的资金，作为应对潜在风险的弹性预算。再次，将审查并比较不同供应商的报价，剔除那些报价过高的服务，并与供应商展开谈判以争取更为合理的价格。然后，还需要考虑合同和税务成本，以及所有相关法规可能带来的影响。预算草案不仅要得到决策者的审核和批准，还要在宴会筹备全过程中持续监控和调整，以确保其符合实际情况，并在多轮审查和团队成员的反馈后进行优化。最后，建立一个综合考虑市场情况、资源需求和财务可行性的预算草案，为宴会的成功实施提供坚实的财务基础。

4. 细化成本项目

在进行财务管理和预算规划时，将成本细分为固定成本和变动成本至关重要。固定成本如场地租赁费和设备租金，在预算制订时需计算在内，并假定为不变费用。而变动成本如食材费用、酒水成本和服务人员费用，则根据实际使用量变化。明确划分固定和变动成本有助于有效成本控制和预算管理，预测总成本，制订成本控制策略，保持对成本变化的敏感性，确保预算的弹性和可调整性。这种成本管理方法能增强财务计划的可靠性和灵活性，确保实施结果既有经济效益又满足质量要求。

5. 成本控制与管理

成本控制与管理是宴会活动成功的关键。宴会预算管理与成本管理之间存在着密切的联系。预算管理为成本管理提供了明确的目标和框架，使成本管理活动有了方向和依据。同时，成本管理则是预算管理在实际操作中的具体体现和检验，它通过对实际成本的监控和分析，为预算管理提供了宝贵的反馈和改进建议。二者相互依赖、相互促进，共同确保宴会的财务健康和经济效益。宴会成本管理则侧重于在实施阶段对成本进行精细化的监控、控制和分析。它要求宴会团队密切关注各项成本的实际发生情况，与预算进行对比分析，找出差异原因，并采取相应的节约措施。

通过实时监控成本变动、定期进行成本差异分析以及执行有效的成本控制策略，宴会成本管理能够确保成本控制在预算范围内，提高宴会的盈利能力。批量采购可降低单位成本，准确预测需求与集中采购可平衡供应与成本。选择季节性食材既优惠又保证风味，降低运输成本，支持本地农业。优化菜单设计，选择成本效益高的食材组合，剔除低效选项，提升满意度。灵活调整采购周期应对价格波动，精细化存货管理减少损耗。建立长期供应合同维持成本稳定，严格预算管理控制支出。精细调制配方、减少分量误差等减少食物浪费，定期成本分析优化成本结构。提升员工成本意识，采取节约措施，提升整体成本效益。

6. 风险评估

在预算规划和财务战略制订时，全面考虑潜在风险至关重要。食品浪费、宾客取消、市场波动等风险因素均需纳入考量。为减少浪费，需考虑食品储存、消耗量和宾客习惯等。对于宾客取消，应预留风险金以应对潜在损失。市场波动下，需灵活调整采购策略，控制成本。此外，还需考虑突发事件、设备故障等风险，设立风险预备金以确保活动顺利进行。通过细致的预算规划，可应对财务压力，保持预算灵活性和适应性，实现预算最优化和风险最小化。

7. 制订详细宴会计划

在预算的约束下，筹划者需先确定宴会的规模、宾客人数及预算总额。菜单设计需兼顾预算和宾客口味，精选食材，创新菜品搭配，并考虑宾客的饮食习惯。装饰方案应经济实用，创意十足，同时符合宴会风格，以平衡成本效益。娱乐活动选择也应考虑预算，如现场乐队或简单活动，以增强宾客体验。此外，还需合理配置专业服务人员，进行培训，并管理时间和流程，确保高效执行并应对意外情况。通过精心规划和创意思考，可在预算内成功举办宴会。

8. 编制正式预算报告

在完成上述的预算步骤之后，将所有信息整合成一份正式的预算报告，通过这样的预算报告编制，内部管理和决策能够有据可依。同时，对外部沟通，尤其是对投资者和合作伙伴的沟通，也提供了价值。使得各利益相关方都能够清晰地了解预算的基本情况，确保活动或项目的财务健康和可持续性。

9. 宾客沟通

与宾客沟通预算是活动策划的关键环节，需要清晰展示预算摘要，详细介绍成本项目，并解释成本细分的重要性。同时，要说明预期收入来源和用途，以及风险评估和风险金的设置。通过透明沟通，宾客能够理解预算的合理性，并感受到主办方的专业态度。这样的沟通为活动成功举办奠定基础，确保宾客期望得到满足，预算具备弹性和适应性。预算批准后，签订宴会合同明确双方权益。

10. 持续监控和调整

在宴会准备和进行过程中，持续监控预算执行情况，必要时进行调整。编制宴会预算是一个动态的过程，需要不断地调整和优化以适应实际情况的变化。通过这一过程，可以确保宴会的成功举办，同时控制成本并提高经济效益。

11. 预算执行后的评估

宴会结束后，对预算执行情况的评估至关重要。通过对比实际成本与预算计划，可以明确成本节约或超支的项目。分析超支原因可能涉及市场价格上涨、宾客数量超出预期等因素；而节约则可能源于有效的成本控制策略或实际消费低于预期。同时，需回顾预算意外事件，如取消、供应中断等，并总结其对预算的影响及应对策略。基于评估结果，优化预算编制方法，提炼成本控制策略，为未来的预算编制提供指导。将这些经验整合进组织知识流程，提升团队预算管理能力，促进财务流程持续改进。

二、宴会成本控制的方法

成本控制指的是为使成本的实际发生维持在管理部门预先设定的成本计划及其允许范围内而采取的评估过程与行动。控制成本的目的不只是简单地记录下成本的数字，更重要的是要追踪成本的具体流向，对比实际成本与预算成本之间的差异，为宴会管理者提供决策支持，使他们能够及时做出调整，确保宴会产品维持在一定的质量标准之上。对于宴会成本控制，需根据不同的控制内容，选用适宜的方法。接下来将介绍几种常用的成本控制办法。

1. 制度控制法

为了有效地实施成本控制并预防潜在问题，宴会经营管理者需构建并完善成本控制制度，确保成本管理机制的正常运行。成本控制制度不仅是成本控制的核心基石，更是确保成本计划得以顺利执行的关键。若仅有成本计划而无相应的执行、监控及反馈机制，那么降低成本的愿景将难以实现。

因此，企业必须首先构建一套完备的成本控制组织制度系统，将成本控制的具体任务、目标、定额及相关规定细化到各个子系统，确保成本控制工作的组织人员到位、控制指标明确、总体方向清晰。在成本计划的实施过程中，一旦发现指标偏离或出现问题，应立即启动信息传递机制，宴会部门需迅速组织相关人员进行深入分析，确保问题得到及时有效的处理，避免成本控制工作流于形式，真正实现成本控制的目标。

2. 成本目标定额控制法

为了有效控制宴会成本，餐饮企业需对宴会经营流程中的各项任务目标进行精细化划分，并设定相应的成本定额。这些定额的制订旨在将成本的发生严格控制在预先设定的成本预算及允许的波动范围之内。在确立成本目标定额的过程中，应确保定额既具有先进性又具备合理性，能够真实反映行业的平均先进水平，从而激励大多数员工通过努力能够达成甚至超越这些目标。同时，定额还需根据经营环境及经营状况的变化及时进行调整和优化，以确保其始终与实际情况保持高度契合。

3. 毛利率控制法

营业收入与营业成本的差额即为毛利，而毛利与营业收入之间的比例即为毛利率。与此同时，营业成本与营业收入的比值则构成了收入成本率。这两个指标之间存在着密切的关联性：毛利率的提升往往伴随着收入成本率的降低，反之亦然。基于这种关系，我们可以采用毛利率控制法来有效地管理成本支出，确保企业经济效益的最大化。通过对毛利率的合理调控，我们可以有效平衡成本投入与收益产出，进而提升企业的整体竞争力。

通过运用毛利率法来实施成本控制，我们能够根据收入规模灵活调整成本投入，确保成本数量与收入水平相匹配。这一方法有助于我们在日常运营中实时发现成本控制中的潜在问题，并及时采取相应的措施进行解决，从而确保企业经济效益的持续提升。

在编制预算过程中，制度控制法、目标定额控制法、毛利率控制法往往不是单独使用的，它们各具特点，可以从不同的角度对宴会成本进行多方位控制，相互补充，从而形成了一个相对完整的成本控制方法体系。

三、成本超支的原因及解决办法

在项目实施过程中，成本超支是一个常见且令人头疼的问题。这不仅影响项目的经济效益，还可能对项目的进度和质量造成不利影响。因此，深入剖析成本超支的原因并寻求有效的解决办法，对于提高项目管理水平、保障项目成功实施具有重要意义。

1. 成本超支的原因分析

（1）预算制订不准确　预算制订过程中，可能由于信息不全面、预测不准确或经验不足等原因，导致预算金额与实际需要存在较大偏差。这种偏差在项目执行过程中会逐渐显现，最终导致成本超支。

（2）项目管理不善　项目管理过程中的问题也是导致成本超支的重要原因。例如，项目进度控制不当、资源调配不合理、沟通协调不畅等，都可能导致项目成本超出预算。

（3）外部环境变化　市场环境、政策法规、技术更新等外部因素的变化，也可能对项目成本产生影响。例如，原材料价格上涨、人工成本增加等，都可能导致项目成本上升。

2. 解决成本超支的办法

（1）加强预算制订和执行的精准性　在预算制订阶段，应充分考虑各种可能因素，结合历史数据和行业经验，制订科学合理的预算方案。同时，在项目执行过程中，应严格按照预算进行成本控制，定期对实际成本与预算成本进行对比分析，及时发现并纠正偏差。

（2）优化项目管理流程　通过优化项目管理流程，提高项目管理效率，降低项目管理成本。例如，建立有效的进度控制机制，确保项目按计划进行；加强资源调配和协调，避免资源浪费和重复投入；加强项目团队的沟通和协作，提高工作效率。

（3）灵活应对外部环境变化　面对外部环境的变化，项目管理者应保持敏锐的洞察力，及时调整项目策略和成本控制措施。例如，通过签订长期合作协议、采用替代材料等方式降低采购成本；通过培训和技术更新提高员工技能水平，降低人工成本。

此外，还应建立成本超支的预警机制和应急预案，以便在出现成本超支情况时能够迅速响应并采取有效措施加以解决。同时，加强项目团队成员的成本意识和责任意识培养，形成全员参与成本控制的良好氛围。

综上所述，成本超支是项目实施过程中需要重点关注和解决的问题。通过深入分析成本超支的原因并采取有效的解决办法，可以提高项目的经济效益和管理水平，确保项目的顺利实施和成功完成。

四、宴会成本控制的措施

在宴会经营过程中，成本控制是一项至关重要的工作，它直接关系到企业的盈利能力和市场竞争力。有效的成本控制不仅能够提高企业的经济效益，还能够提升服务质量，满足客户需求。

1. 精细化食材管理

食材是宴会成本的主要组成部分，因此精细化食材管理是成本控制的关键。首先，要建立严格的食材采购制度，确保采购渠道的正规性和食材质量的可靠性。其次，要对食材进行科学的分类和储存，避免浪费和损耗。此外，还要根据宴会的规模和需求，合理制订食材使用计划，避免过量采购或浪费。

2. 优化人力资源配置

人力资源是宴会服务的重要组成部分，优化人力资源配置也是成本控制的重要措施。一方面，要根据宴会的规模和需求，合理安排员工数量和岗位分配，避免人力浪费。另一方面，要加强对员工的培训和管理，提高员工的专业素质和服务水平，从而提升工作效率和服务质量。

3. 提高设备利用效率

宴会设备是提供高质量服务的重要保障，提高设备利用效率也是成本控制的重要手段。首先，要定期对设备进行维护和保养，确保设备的正常运行和延长使用寿命。其次，要根据宴会的实际情况，合理安排设备的使用时间和频率，避免设备的闲置和浪费。最后，还可以考虑引入先进的设备管理系统，实现设备的智能化管理和调度。

4. 强化财务管理和审计

财务管理和审计是成本控制的重要保障。一方面，要建立完善的财务管理制度，对宴会的各项收支进行严格的核算和监控，确保资金的合理使用。另一方面，要加强内部审计工作，对成本控制措施的执行情况进行定期检查和评估，及时发现问题并进行整改。

5. 创新成本控制理念和方法

随着市场竞争的不断加剧和客户需求的不断变化，成本控制理念和方法也需要不断创新。可以借鉴其他行业的先进经验和技术手段，引入新的成本控制理念和方法，如精益管理、六西格玛管理等，以不断提高成本控制的水平和效果。

综上所述，宴会成本控制是一项系统性工程，需要从多个方面入手，采取多种措施共同推进。通过精细化食材管理、优化人力资源配置、提高设备利用效率、强化财务管理和审计以及创新成本控制理念和方法等措施的实施，可以有效降低宴会成本，提高企业的经济效益和市场竞争力。

第二节　宴会效果评估

一、宴会效果的评估维度

1. 宴会氛围营造效果评估

宴会氛围的营造是评估宴会效果的关键因素之一。良好的氛围能够增强参与者的体验感，提升宴会的整体质量。在评估氛围营造效果时，我们需要考虑宴会的主题、布置、音乐以及灯光等多个方面。例如，宴会主题应明确且富有创意，能够吸引参与者的兴趣；布置应精美且符合主题，营造出温馨舒适的氛围；音乐选择应恰当，既能烘托气氛又不会过于嘈杂；灯光布置应合理，营造出温馨而浪漫的氛围。

2. 服务质量评估

服务质量是宴会效果评估的重要组成部分。优质的服务能够提升参与者的满意度，增强宴会的吸引力。在评估服务质量时，我们需要关注菜品质量、服务水平以及卫生状况等方面。菜品应丰富多样，口味符合参与者的需求；服务水平应高效且周到，能够及时处理各种突发状况；卫生状况应达到标准，确保食品安全。

3. 参与者互动效果评估

参与者之间的互动是宴会效果评估的重要指标之一。有效的互动能够增强参与者之间的联系，提升宴会的社交价值。在评估参与者互动效果时，我们需要关注互动频率、互动质量以及互动形式等方面。互动频率应适中，既不过于频繁也不过于稀少；互动质量应高，能够引发参与者的共鸣和思考；互动形式应多样，包括交流、游戏、表演等多种形式。

4. 活动组织效率评估

活动组织效率是评估宴会效果的重要方面。高效的组织能够确保宴会顺利进行，减少不必要的浪费和损失。在评估活动组织效率时，我们需要关注时间安排、流程设计以及资源利用等方面。时间安排应合理，确保各个环节衔接顺畅；流程设计应简洁明了，方便参与者理解和参与；资源利用应充分，避免浪费和损失。

二、宴会效果评估的方法

宴会效果评估是对宴会活动进行全面、客观分析的过程，它有助于主办方了解活动的优点和不足，为今后的活动提供改进的方向。通过评估，可以及时发现并解决存在的问题，提高宴会的整体质量和客户满意度。同时，评估结果还可以作为主办方改进服务、提升组织能力的重要依据。

1. 问卷调查法

问卷调查法是宴会效果评估中常用的一种方法。主办方可以通过设计合理的问卷，向参与者收集关于宴会环境、菜品质量、服务质量等方面的反馈意见。问卷调查具有操作简便、数据收集量大等优点，能够较为全面地反映参与者的满意度和期望。

2. 观察法

观察法是通过观察宴会现场的实际情况来评估效果的方法。主办方可以安排专人或专业团队对宴会进行现场观察，记录活动流程、参与者互动、菜品呈现等方面的细节。观察法能够直接获取第一手资料，有助于发现潜在的问题和不足。

3. 访谈法

访谈法是通过与参与者进行深入交流来评估宴会效果的方法。主办方可以选择具有代表性的参与者进行访谈，了解他们对宴会的整体感受、对特定环节的看法以及改进建议等。访谈法能够获取更为深入、具体的反馈信息，有助于主办方深入了解参与者的需求和期望。

在评估宴会效果时，需遵循科学方法，确保客观公正，避免主观偏见。评估方法应针对宴会类型和规模进行选择，以确保结果准确有效。综合分析收集的数据，深挖问题根源，提出解决方案。及时将评估结果反馈给相关人员，助力宴会活动的持续优化与改进。宴会效果评估是一个复杂而重要的过程，需要采用多种方法相结合的方式进行。通过科学、系统地评估宴会效果，主办方可以不断提升活动质量和服务水平，为参与者带来更加美好的体验。

第十一章
宴会定制服务师的素养

宴会定制服务师是专注于为客户提供个性化、专业化和高质量宴会服务的职业。他们的主要任务是为客户量身打造独一无二的宴会体验，并从策划到执行，全程跟进和参与，以确保每一个细节都符合客户的期望和要求。《中华人民共和国职业分类大典》（2022年版）将"宴会定制服务师"定义为"从事宴会主题策划，定制并组织提供个性化餐饮服务的人员"。

宴会定制服务师的主要工作任务如下：

（1）接受宴会定制，沟通客户、分析客户需求；

（2）策划宴会主题、服务场景，协调服务项目，调控服务流程；

（3）收集宴会文化主题素材，协调店外服务资源，定制、安排个性化服务场景；

（4）指导菜肴、酒水、餐点、果盘等餐饮准备；

（5）为宾客备制伴手礼等文化纪念赠品；

（6）主持与协调宴会礼仪、菜品介绍等席间活动；

（7）进行宾客回访、服务评价；

（8）运行维护客户社群信息化网络平台，宣传勤俭节约的中华饮食文化与宾客至上的企业服务文化。

由此可见，宴会定制服务师是一个需要创造力和执行力的职业，他们需要通过专业的服务和细致的观察，为客户创造难以忘怀的宴饮体验。因此，想要成为宴会定制服务师，就必须不断地学习和提高自己的个人素养和业务能力，尤其是要锤炼过硬的职业道德、修炼高雅的艺术品位、养成博雅的文学素养、学习规范的社会礼仪、训练标准的音声形体，以适应行业的变化和客户的需求。

第一节 职业道德的锤炼

百行德为首。服务行业对于服务态度、服务方式、服务程度没有一个具体的判断标准,全依赖于服务从业人员的个人素养、业务能力和职业道德。因此,不断地学习和提高自己的个人素养和业务能力,锤炼过硬的职业道德,是宴会定制服务师的首要任务。

一、职业道德

职业道德是指人们在从事各种正当的社会职业活动过程中,思想和行为适应遵循的道德规范和准则;是调整职业内部、职业之间、职业与社会之间的各种关系的行为准则;是一定社会或阶级对从事一定社会职业的人的一种特殊道德要求;是社会道德在职业生活中的具体体现。简而言之,职业道德就是从业人员在职业活动中应该遵循的行为准则,涵盖了从业人员与服务对象、职业与职工、职业与职业之间的关系。

二、宴会定制服务师的职业道德

宴会定制服务师的职业道德是指人们在从事宴会定制服务活动过程中,必须遵守的行为规范和准则。是在餐饮从业人员的职业道德基础上提炼总结出来的,其内容主要包括以下几个方面:

1. 服务宾客道德

在服务宾客、钻研业务及率先垂范三大职责中,服务宾客是宴会定制服务师的根本任务。其服务宾客道德包括热情友好、宾客至上,文明礼貌、优质服务等内容。

(1)热情友好、宾客至上　热情友好、宾客至上是宴会定制服务师职业道德中一个具有特殊意义的规范。作为直接面客的经营部门,服务态度的好坏直接影响着服务质量的高低。热情友好、宾客至上既是餐饮服务行业真诚欢迎客人的直接体现,也是服务人员爱岗敬业、精技乐业的直接反映。要求宴会定制服务师必须具有热情友好、宾客至上的理念,在宴会定制服务工作中,首先,需要拥有很高的情商,任何时候都能做好自身的情绪管理。谦虚谨慎、尊重顾客、热情友好、态度谦恭,以避免因为自己没有足够的耐心去掌握复杂的宴会筹备过程而情绪失控进而出现的服务失误问题。其次,需要具备敏锐的观察能力,不仅要从对方的语言里寻找顾客的需求,而且要从顾客的肢体语言以及其家人的互动谈话中,了解他们的个性、生活背景、情绪反应等细微的信息,甚至还要在宴会进行中准确掌握全场的气氛和客人的需求反应。再次,需要拥有高效的沟通能力,不仅要帮助客人规划筹办宴会的内容和形式,还要将内容和细节确定、落实并执行到位。最后,还要具备有效的协调能力,要充分地考虑各个方面的因素,及时发现、协调、化解客人之间、家庭之间以及长辈与晚辈之间一些不必要的矛盾,只有这样才能营造出亲切祥和的氛围,赢得客人的满意。

(2)文明礼貌、优质服务　文明礼貌、优质服务是宴会定制服务行业主要的道德规范和业务要求，是宴会定制服务师职业道德中最显著的特点，是宴会定制服务师在服务宾客中，必须遵循和探索的服务规律。尊重服务对象，文明礼貌，提供优质服务。在接待客人的过程中，要仪表整洁、举止大方、微笑服务、礼貌待客、语言得体、谈吐高雅、遵循礼仪、快捷稳妥、负责热情地迎接客人，引导客人入座，并提供友好、快捷和高效的服务，确保客人的满意度。提供菜单和说明，向客人详细介绍每道菜品的特点。根据客人的口味和需求，推荐一些特色菜品和饮品，提供个性化的服务。根据客人要求负责记录菜品和饮品的订单，并确认客人的需求。及时将客人的菜品和饮品送到桌边，并确保食物的质量和温度。及时解答客人的问题和投诉，时刻保持服务环境的整洁卫生。

2. 钻研业务道德

没有专业知识和专业技能的支撑，宴会定制服务就失去了生命和活力，个性化服务也就失去了生命源泉和勃勃生机，宴会定制服务师也就失去了服务宾客和创造感人魅力的机会。宴会定制服务师钻研业务道德包括学习知识、提高技能，相互协作、顾全大局等内容。

（1）学习知识、提高技能 学习知识、提高技能是服务人员不可缺少的基本规范之一，是服务人员搞好本职工作的关键。宴会定制服务师作为一种专注于为客户提供个性化、专业化和高质量宴会服务的职业，如何快速适应新环境、掌握必备技能，并不断提升自己的专业能力，永远都是一个崭新的课题。树立目标、真抓实干、坚定意志、强化理想，找准定位、勤学苦练，不仅是个人职业发展的需求，更是实现个人价值和事业成功的关键。作为一名宴会定制服务师想要实现个人价值，赢得事业成功，就必须不断学习和提高自己的专业知识和技能，定期参加业务能力培训。

（2）相互协作、顾全大局 这是宴会定制服务成功的重要保证，是处理同事之间、岗位之间、部门之间、上下级之间以及局部利益与整体利益之间、眼前利益与长远利益之间相互关系的行为准则。实现团结友爱、相互尊重、密切配合、互相支持、学习先进、互相帮助、发扬风格、互敬互让，在宴会定制服务活动中正确处理个人与团队、集体及其宾客之间关系的道德规范。

3. 率先垂范道德

宴会定制服务师的率先垂范道德是指依托其服务宾客、钻研业务的工作特性，在宴会定制服务过程中在遵纪守法、公道诚信、平等待客等方面带头示范垂范的道德规范。

（1）遵纪守法 遵纪守法是宴会定制服务师正确处理个人与集体、个人与国家关系的行为准则，既是国家法律法规的强制要求，又是职业道德规范的要求，其具体要求是：必须遵纪守法、身体力行，恪守职责、按规行事，弘扬正气、抵制歪风，维护形象、珍惜声誉。

（2）公道诚信 公道诚信是宴会定制服务活动的第一要素，是宴会定制服务人员首要的行为准则。是调节顾客与宴会定制服务行业之间、顾客与宴会定制服务师之间和谐关系的杠杆。只有兼顾企业利益、顾客利益和服务人员利益三者之间的关系，才能获得顾客的信赖。其具体要求是：信守承诺、履行职责，童叟无欺、收费合理，诚实可靠、拾金不昧，坚持原则、实事求是，广告宣传、真实有效，服务规范、有错必纠。

（3）平等待客 平等待客作为服务人员的道德规范，就是尊重客人的人格和愿望，主动热情地去满足客人的合理要求，绝不能因为社会地位的高低和经济收入的差异而使客人得到不平等的接待和服务，要坚决摒弃"以貌取人，看客下菜"的陈规陋习，坚持贵宾与普宾一样、内宾与外宾一样、华侨与外宾一样、新客与常客一样、中外宾客一样、不同肤色的宾客一样。在一视同仁的前提下要做到照顾先来的客人、照顾外宾与华侨与港澳台客人、照顾贵宾与高消费的客人、照顾常住客人与老客人、照顾黑人和少数民族客人、照顾妇女儿童和老弱病残客人。使客人处在舒心悦目、平等友好的氛围中享受服务。

三、宴会定制服务师职业道德的锤炼途径

1. 锤炼优良的职业道德

以"服务宾客，钻研业务及率先垂范"的思想、感情、态度、作风和行为去待人、接物、处事，从而完成宴会定制服务工作，是对宴会定制服务师在宴会定制服务活动中行为的规定，也是宴会定制服务师为顾客所负的道德责任与义务。作为宴会定制服务师，应该时刻注意职业道德的锤炼。

2. 树立正确的职业意识

宴会定制服务师的工作很平凡，工资待遇和社会地位普遍不高，工作内容枯燥乏味。宴会定制服务师只有具备崇高的敬业精神、强烈的自豪感和主人翁精神，树立起勤勤恳恳为顾客服务的思想和态度，在工作中自觉地把顾客的需求当作自己的需求，才能在平凡的岗位上做出不平凡的业绩，实现自己的人生价值。

3. 培养健康的职业情感

职业情感包括对职业的荣誉感、幸福感和对工作对象的热情感。对宴会定制服务师来说，要以满腔的热情去面对顾客，要从内心深处培养起对顾客的尊敬之情，及时了解顾客的消费动机和消费倾向，热情主动推荐服务产品，坚决不能以简单或粗暴的方法应付消费者。

4. 践行良好的职业行为

职业行为是践行宴会定制服务师职业道德的主体，是衡量宴会定制服务师职业道德水平的重要标志。宴会定制服务师的工作内容就是帮助客人规划、定制一场完美的宴会，并提供场地布置、餐饮服务、宴席策划等相关服务，让宴饮的家庭或者主人不必为了一些习俗、规矩而烦恼，也不必为了吃什么菜、喝什么酒而感到焦虑，让设宴者与赴宴者均皆大欢喜，欢天喜地、轻松愉快地享受整个宴饮过程。在执行的过程中缺乏良好的职业行为，一切将会是徒劳。

随着社会的发展，时代的进步，餐饮行业的消费模式也从传统的点餐服务转变为现代的定制服务，传统意义上按部就班地提供餐饮服务的服务员也开始向专注于为客户量身定制提供个性化、专业化和高质量服务的服务师转变。宴会定制服务师作为一种专注于为客户提供个性化、专业化和高质量宴会服务的职业，要率先实现这一目的，就必须通过不断的学习来提高自己的个人素养和业务能力，锤炼过硬的职业道德，在服务理念上实现从传统意义上按部就班地提供餐饮服务的服务员开始向专注于为客户量身定制提供个性化、专业化和高质量服务的宴会定制服务师转变。

第二节 艺术素养的修炼

主题宴席的设计，是一种艺术，也是一门学问。从主题设计、场景布置、餐桌布局、台面设计、座位安排到菜品的选择与菜单的设计，再到运营管理以及具体的服务礼节；从策划到执行，每一个环节都体现着宴会定制服务师高雅的艺术修养和艺术品位。

一、宴会知识与主题

宴会主题的拟定，需要在明确宴会的目的、了解宴请群体的兴趣和偏好的基础上，选择一个与之相匹配的主题。这就要求宴会定制服务师，除了要具备扎实的宴会知识，熟悉掌握各种宴会的类型、历史背景、文化内涵以及宴饮礼仪、待客礼仪、座次礼仪、就餐礼仪等礼仪规范之外，还需要具备高雅的艺术修养和艺术品位、丰富的宴会运营管理经验和宴会服务实践经验，才能为顾客提供科学的宴会策划建议，确保宴会活动符合社交礼节和文化习俗。

二、审美意识与创意

宴会定制服务中，审美意识和创意至关重要。宴会定制服务师需要具备敏锐的色彩搭配感、空间布局感和装饰艺术感，以创造出既符合顾客要求又具有独特美感的宴会环境、餐桌布局和台面效果。

三、鉴赏能力与水平

艺术品鉴赏能力是提升宴会品质的关键因素之一。宴会定制服务师需要具备较高的艺术修养和鉴赏水平，能够识别和评价不同类型的艺术品，为宴会增添文化气息和艺术美感。同时，宴会定制服务师还需要关注艺术品市场的动态和趋势，为客户提供最新、最时尚的宴会风格和类型。

四、空间布局与装饰

合理的空间布局和装饰是营造宴会氛围的关键环节。宴会的类型服务师需要根据宴会的主题、规模和场地条件进行合理的空间规划，确保宴会区域的布局合理、美观。同时，宴会的类型服务师还需要选择合适的装饰元素和配色方案，营造出符合主题氛围的宴会环境、餐桌布局和台面效果。

第三节 文学素养的养成

文学素养是一种气质，一种修养。在宴会定制服务中应用非常广泛，主要体现在凝练宴会主题、营造宴会意境、表达宴会匠心、彰显文化传承等众多方面。

作为一名优秀的宴会定制服务师，需要不断学习和提高自己的文学素养，以适应行业的变化和客户的需求。

一、凝练宴会主题，营造宴会意境

宴会主题是指宴会的主要内容和中心思想，以及通过装饰、布置、服装和活动等元素营造出的特定的氛围和风格。人们把以特定主题为核心的一类宴饮活动称之为主题宴会。通常情况下，宴席是通过宴饮活动来补充体力、摄取营养、品尝美酒佳肴、追寻心情舒畅，进而怡情养性、拓宽人际关系等，这本身就是主题。但是，因为宴席活动常包含着各种各样的社会交往活动，学术性的、政治性的、商业性的、结交性的、婚嫁性的、交流感情性的等等，这就使得宴席主题呈现得千姿百态。宴会定制服务师往往会通过选择特定的主题和概念，为宴会赋予独特的风格和氛围，从而给宾客带来全新的体验和感受。

普通筵席的意境也是如此，也有一定的意境，但因不是十分突出，所以称之为"意趣"比较合适。但是，由于宴席并不只局限于普通宴席，宴席主题的千姿百态和多种多样导致了宴席意趣的丰富多彩。许多大、中型的主体性宴席有着浓厚的艺术色彩，有着与艺术品一样的意境。根据宴席的具体情况，分析提炼主题、表现主题、创造意境，这既是对宴会定制服务师的最高要求，也是宴会定制服务师的根本任务。

二、表达宴会匠心，彰显文化传承

在日常生活中，茶品鉴会、酒品鉴会、一级菜肴品鉴会，都是从视觉、气味、口感三个维度来"品原料之美""飨文化盛宴""守匠心传承""践时代精神"，被誉为"21世纪的生态美学"。注重的是匠心传承，注重的是文化传承，与普通宴会的定制服务相比品鉴会的定制服务更是对宴会定制服务师文学素养和业务能力的考验。例如"茶的品鉴会"，余秋雨就曾从"功效""口味""深度"三个维度对普洱茶的品鉴做出阐述，正好适用于茶的品鉴。

一品功效。茶叶自古以来，就有"药食同源"的说法。早在唐代时期，茶疗鼻祖陈藏器就提出了"本草茶疗"的概念，并详细论述了"茶为万病之药"的观点。神医华佗也提出了"苦茶常服，可以益思"的观点。道医学家陶弘景也提出了"茗茶轻身换骨"的观点，日本茶圣荣西禅师也提出了"茶乃养生之仙药，延龄之妙术""人若饮之，其寿则长"的观点。尤其是到了近代，随着现代医学的发展，茶的医疗保健功效不仅得到进一步的探索和研究，开发出了不少验方，而且得到了广大茶人的认可和推崇。只有具备了渊博的茶文化素养，才能体悟到茶的养生功效。

二品口味。俗话说："茶有千味，适己者珍。"说明茶叶最吸引茶客的地方，还要数其口味。但要准确表达或者书写茶的口味的确很难，例如凤凰单枞的杏仁香、蓑衣香、芝兰香，普洱茶的樟香、兰香、荷香等，仅仅是一种比拟，是借着嗅觉来比拟味觉。遗憾的是没有一种味型能够准确表达不同茶种的具体香型。

三品深度。茶品鉴的深度，是指从"追求口感"的初级阶段至"追求快感"的中级阶段，再到"追求美感"的高级阶段所缔造的一个幽深空间，对于品鉴者来讲，每一个茶种的品鉴深度各有不同。品鉴深度越深，给予品鉴者徜徉、探寻的余地就更加宽广。

由此可见，无论是凝练宴会主题、营造宴会意境还是表达宴会匠心、彰显文化传承，尤其是参与品鉴会"品原料之美""飨文化盛宴""守匠心传承"或者从事品鉴会的定制服务，都是对其文学素养的重大考验。但冰冻三尺非一日之寒，文学素养的培养重在长期、持之以恒地实践和探索，需要在大量的丰富多彩的创作实践过程中依靠不断地学习和感悟。因此，无论是从事宴会服务还是宴会定制服务，只有在日常的实践过程中"重整合""重实践""重积累""重熏陶"，才能养成博大而高雅的文学素养，才能在宴会定制服务过程中如鱼得水，游刃有余，才能迅速适应行业的变化和客户的需求。

第四节 音声形体的训练

在宴会定制服务行业中，音声形体的训练具有至关重要的作用。它不仅能够帮助企业提升员工的专业水平和个人形象，打造出一支形象优雅、专业素养高、服务意识强的员工队伍，还能够增强企业的品牌形象，提升企业的服务质量，为顾客带来更加优质的服务体验、获得顾客的满意度，提高酒店的整体运营水平和竞争力。

一、仪容仪表的高标准要求

仪容仪表是宴会服务员最基本的要求，它直接反映了一个员工的形象水平和职业素质。宴会定制服务师在宴会服务员的形体礼仪培训中，首先，要求宴会服务人员如何正确地打扮自己，包括衣着整齐得体、发型清洁整齐、饰物简洁素雅、工服工鞋干净等。其次，要培养良好的个人卫生习惯，保持口气清新、体味宜人，以及注意保持整洁、健康的外貌形象，遵守个人卫生要求等。

二、行为举止的高标准要求

（1）在客人面前不要吃东西，饮酒，吸烟，抓耳挠腮，撸衣袖，打饱嗝，伸懒腰，哼小调和打喷嚏，咳嗽时应用手帕捂住嘴，面向一旁，避免发出声音。

（2）遇到熟悉的客人应主动打招呼，在走廊、过道、电梯或活动场所与来宾相遇时，应主动礼让。

（3）在客人面前，不要争吵和争论，不要高声呼叫，走路时脚步声要轻，如意外碰到客人或踩了脚，应立即道歉。

（4）表情是一种无声的语言，适度的表情，可向客人传递对他们的热诚、尊重、宽容和理解，给客人带来亲切和温暖。

（5）表情温文尔雅，彬彬有礼，稳重端庄，不卑不亢；笑脸常开，和蔼可亲，毫不做作。

三、音声形体的高标准训练

标准的音声形体是展示优雅和专业形象的重要元素（表11-1）。尤其是肢体语言，在对客服务中起着非常重要的作用。无论是宴会定制服务师还是宴会服务员，不仅需要学习掌握好规范的站姿、走姿和坐姿，以免出现低头、驼背、手插口袋等不合乎规范的动作，始终保持挺拔和自信的姿态，还应该训练和培养好规范的手势和面部表情，运用手势、眼神、姿势等肢体语言来传递服务信息、表达友好和亲善的态度，使得服务动作和对客交流更加自然与得体，给客人留下良好的印象。

1. 训练项目

表11-1　宴会定制服务师形体训练要求

项目内容	项目要求
直立式站姿	直立式站姿也称垂手式站姿，要求头正、肩平、颈直、背直、腰直、臀直、腿直，在自然站立的基础上，女士双脚并拢，男士双脚分开不超过肩宽，双手自然垂放于身体两侧，手指自然弯曲，适用于隆重、正规的场合
 前腹式站姿	前腹式站姿也称握手式站姿，在直立式站姿的基础上，女士脚跟相触，脚尖向外打开约30°，将双手置于体前小腹处，右手握住左手四指；男士双脚分开不超过肩宽，两手在腹前交叉，左手握半拳，右手握住左手手腕。适用于任何场合，相较而言，女性使用前腹式站姿，更能体现含蓄的美

续表

项目内容	项目要求
腰际式站姿	女士在前腹式站姿的基础上,将双手上移至肚脐处,男士双脚分开不超过肩宽,两手在身后腰际处交叉,右手握半拳,左手握住右手手腕。适用于严肃场合,较适合男士
丁字式站姿	丁字式站姿也称"T"形站姿,是女性常用的站姿。在前腹式站姿的基础上,变换脚的位置,一脚在前并将脚跟靠在另一脚内侧中段的位置,双脚尖向外展开,形成"丁"字,适用于站立时间长的时候,将身体重心放在后脚上,让前脚得以休息,也可自行调换前后脚的位置
走姿	男士双脚行走呈平行线,步幅约40厘米。女士双脚行走呈一直线,步幅约30厘米。要求头正,目光平视前方,表情自然,挺胸,收腹,两肩平稳,上身直立,身体重心略向前倾
坐姿	女士双腿自然并拢,将其正放或侧放,坐于椅子的三分之二处,不可坐满。女士若穿裙装,需用手将裙摆稍拢后再入座,避免坐下后重新站起来整理衣服。男士切忌两膝盖分得太开。男子坐下可两膝盖分开,切忌脚尖朝天
蹲姿	女士下蹲时,左脚或者右脚向后撤半步,两腿紧靠,向下蹲。因为女士多穿裙子,所以两腿要紧靠。男士左脚全脚着地,小腿基本垂直于地面,右脚脚跟提起,脚掌着地。右膝低于左膝,右膝内侧靠于左小腿内侧,形成左膝高右膝低的姿态,臀部向下,基本上以右腿支撑身体

2. 注意事项

（1）站姿训练时

①站姿应自然挺拔，头部端正，下颏微收，两眼平视前方，面带微笑。

②身体直立，应把重心放在两脚中间，双脚自然分开、位置基本与肩同宽，不可出现内八字或外八字，要挺胸收腹，两肩放平。

③双臂自然下垂，双手应交叉于背后，左手轻握右手的手腕，右手成半握拳状，力度适中，手臂放松，左手手背垫于臀部肌肉上方，两腿应绷直，如因长时间站立感觉疲劳时，可左右调整身体重心，但上身应保持直立。

④当与顾客距离2米时，就应主动鞠躬问好。与顾客交流时，应与顾客保持60厘米～1米的距离，目光应注视在顾客的三角区内，不可上下打量顾客。若顾客的身高较低或声音较小，应上前站在顾客的左侧仔细聆听。

⑤为顾客指引方向时，应站在顾客的一侧用同侧的手为顾客指引，尽量引导顾客正视其想要去的地方。

⑥站接待台时，应站在接待台后面，面向大堂站立，不得趴、靠、撑在行李台上，与顾客距离2米时就应该主动问好。

⑦站在侧门时，应在侧门内侧，与侧门保持90°站立，如顾客进出距2米时拉门迎送进出店顾客，身体前倾30°鞠躬向顾客问好，除上班外不得随意走动，随时为顾客提供服务。

⑧顾客登记入住时应在顾客后方1.5～2米处站立等候。

（2）走姿训练时

①行走时上体要保持正直，重心放准，身体重心可稍向前倾，头部要端正，双目平视，肩部放松。身体要协调，两臂自然摆动，行走时步伐要稳健。

②方向明确。两脚行走线迹应相对为直线，不要内八字走路，或者过分地外八字走路，足迹在前方一线两侧。

③步幅不要过大，步速不要过快。步幅适中，速度均匀（60～100步每分钟）。

④迎面遇见顾客时，员工应主动靠右边行走，并向顾客问候。

⑤所有员工在餐饮企业内行走，一律靠右而行，两人以上列队行走，不得与顾客抢道，绝不可气喘吁吁或因动作过急导致身体失衡冲撞了顾客。

⑥上下楼梯时，腰要挺、背要直、头要正、收腹挺胸、臀部微收，不要手扶楼梯扶手。

⑦陪同引导中，陪同引导人所处的位置应位于顾客的左前方1米左右；协调的速度应以顾客的速度为标准；并及时地关照提醒拐角、楼梯，或道路坎坷、照明不佳处；路途中回答、指引时，要注意正确的体位。

（3）坐姿训练时

作为宴会定制服务师，以坐得文雅自如为上，其要求是：坐得端庄、稳重、自然、亲切。

①不要坐满椅子。可就座的服务员，无论坐在椅子或沙发上，最好不要坐满，只坐满椅子的三分之二，注意不要坐在椅子边上，在餐桌上，注意膝盖不要顶着桌子，更不要双脚高于桌面。站立的时候，右脚先向后收半步，然后站起，向前走一步，再转身走出房间。

②切忌两膝盖分得太开。男子坐下可两膝盖分开，女子坐下则双膝并拢。女性可以采取小腿侧放的坐姿，但不可向前直伸。

③切忌脚尖朝天。入座时，脚尖不能朝上。

④不可抖脚。入座时，双脚不能抖动。

⑤双手自然放好。入座时，双手不能刻板僵硬，自然放好就行。

（4）蹲姿训练时

在拿取低处或拾起落在地上的物品时，不要弯上身、翘臀部，要使用蹲和屈膝动作。具体做法是脚稍分开，站在所取物品的旁边，蹲下屈膝去拿，而不要低头，也不要弓背，要慢慢地把腰部低下。这就是蹲姿。蹲姿男女有别：

①宴会定制服务师下蹲时，左脚或者右脚向后撤半步，两腿紧靠，向下蹲。因为女服务员多穿裙子，所以两腿要紧靠。

②宴会定制服务师左脚全脚着地，小腿基本垂直于地面，右脚脚跟提起，脚掌着地。右膝低于左膝，右膝内侧靠于左小腿内侧，形成左膝高右膝低的姿态，臀部向下，基本上以右腿支撑身体。

音声形体的训练有一套严格、科学的训练体系，它不仅能够改变个人的音声形体姿态，提高身体的灵活性和协调性，还能提升个人的气质。对于宴会定制服务人员来讲，着实是塑造良好形象和气质的重要途径。

第十二章 宴会定制服务师的技能训练

服务人员娴熟的服务技能是宴会完美呈现的必要条件。作为一位宴会定制服务师，需要掌握摆台、分菜、调酒、茶艺、插花等技能，尤其是服务高端宴会时，这些技能必不可少。

第一节 摆台技能的训练

一、中餐宴会摆台

（一）中餐宴会摆台流程

1. 摆台准备

（1）洗净双手。

（2）领取各类餐具、台布、口布、台裙、转盘等。

（3）用专用的擦杯布擦亮餐具与酒具，要求无任何破损、污迹、手印、洁净光亮。

（4）检查台布、口布、台裙是否干净，是否有皱纹、小洞、油迹等，不符合要求应另外调换。

（5）洗净所有调味品瓶及垫底的小碟，重新装好。

（6）口布折花。

2. 铺桌布

桌布是正方形，要熨烫平整。中餐宴会通常用圆桌较多，下面以圆桌为例介绍铺桌布的程序与方法。

（1）站位　铺桌布之前，服务员要把餐椅按就餐人数摆放于餐桌的四周，呈三三两两的并列状；服务员应将副主人（最靠近门口）餐椅拉开至右侧餐椅后边，接着站在副主人餐椅处,距餐桌约10厘米,将选好的桌布放于副主人处的餐桌上。

(2)动作　铺桌布时,双手将桌布打开并提拿好,身体略向前倾,运用双臂的力量,将桌布朝主人座位方向轻轻地抛抖出去。在抛抖过程中,做到用力得当,动作熟练,一次抖开并到位。

(3)铺桌方式　圆桌的铺桌通常由一人完成,常见的有四种方式。地方窄小或有顾客时用推拉式:双手将桌布打开后放至餐桌上,正面向上,左右两手捏住桌布的一边,至距边缘40~50厘米处(这样可以防止桌布边缘着地),两手离桌布中缝线距离各约50厘米(视桌布大小而定),其他的桌布分别夹在其余四指内,将桌布贴着餐桌平行推出去,再拉回来。手不可超过餐桌的2/5处,否则桌布边缘容易着地,动作不能过快。一次定位准确,铺好的桌布中缝线对正主人位和副主人位,十字中点落在餐桌圆心上,四角离地面距离相等。桌面不光滑用推抖式:基本上类同于推拉式,不同的是在推的过程中,添加了抖的动作,而不是平拉回来。这是介于推拉式与抖铺式之间的铺桌布的方法。地方宽敞、无顾客用抖铺式:双手将桌布打开,平行对折后将桌布提拿在双手中,身体呈正位站立式,利用双腕的力量,将桌布向前,一次性抖开,在桌布落桌和向回拉动的过程中以中线为参照,调整桌布的位置进行准确定位,平铺于餐桌上。特别宽敞以及比赛场合用撒网式:双手将桌布打开,正面向上,用大拇指和食指抓住桌布靠近身体的一边,其余三指快速抓住桌布其余部分,平行打折;呈右脚在前、左脚在后的站立姿势,双手将打开的桌布提拿起来至胸前,双臂与肩平行,上身向左转体,下肢不动并在右臂与身体回转时,桌布斜着向前撒出去,如同撒渔网一样;将桌布抛至前方时,上身转体回位,并恢复至正位站立,然后再将桌布向自身拉回,一边拉,一边调整桌布。这时桌布应平铺于餐桌上。铺桌布时,桌布不能接触地面,拿捏在拇指和食指中的桌布要适当,推、抖、撒时要控制好距离。

3. 围桌裙

台布铺好后,顺桌沿将台裙按顺时针方向用按针或尼龙搭扣固定在桌沿上即可。桌裙下垂部分要舒展自然,不可过长拖地,也不可过短而暴露出桌脚。桌裙围挂时做到绷直、挂紧、围直,注意接缝处不能朝向主要客人。

4. 摆椅

将餐椅按用餐人数多少摆好,主人位通常面向餐厅门的方向。

5. 上转盘

首先,量好餐桌的尺寸,确定餐桌的中心点。然后将转盘放在餐桌的中心位置,确保转盘平整。最后放上装饰用的台花桌景。

6. 餐具摆放

正规宴会的中式餐具摆放位置见第六章的图6-20,中式简便宴会餐具摆放位置见第六章的图6-21。以图6-20为例,摆放程序是:

(1)以餐台上的台布中线为标准定位,然后对准中线摆放餐碟,从主人位开始,按顺时针方向摆放餐碟,边沿距桌边1.5厘米,每个餐碟之间的距离相等。

(2)摆放汤碗、羹匙和味碟时,味碟放在餐碟正上方1厘米处,汤碗在味碟右侧1厘米处,汤匙放置于汤碗中,勺把朝左。

（3）餐碟右边摆放筷架与长柄勺、牙签、筷子（勺子、牙签与筷子应放入套中），牙签放在勺子与筷子之间，餐碟下沿与筷子一端成一直线，距离桌边约1.5厘米。现在很多不分位的宴会上常会给客人摆放两双筷子，一双用来从盘中取菜，另一双用来进食，两双筷子颜色不同，便于区分。

（4）味碟正前方2厘米处摆放红酒杯，红酒杯左前方摆放水杯、右后方摆放白酒杯；水杯、红酒杯、白酒杯在一条斜线上，与汤碗、味碟所在的横线成30°角。

（5）公筷与公勺6人以下放2套，6人以上放4套。全分位的宴会不需要放公筷公勺。公筷公勺横放在主人位与副主人位的杯具正前方，公筷在前公勺在后，与水杯距离1厘米。

（6）所有餐具摆好后，放上折花口布。口布花分杯花与盘花，杯花插在红酒杯中，盘花放在餐盘上，主人位的口布花是最高的。

（7）餐桌中间的台花桌景要在最开始摆上，台号卡与姓名卡最后摆上。根据宴会的具体要求，有的还要放置调料瓶等。菜单摆在正副主人餐具的一侧，10人桌一般放两张，高端宴会则会每人一份菜单。

（二）中餐宴会摆台注意事项

（1）在选配摆台餐具器皿时，一定要选择花色成套而完整的。

（2）所有瓷器玻璃器皿，使用前要仔细检视，凡有破损的应立即剔除，即便是些微裂痕或缺口，都不能摆上桌，以免招致客人的不满。

（3）脏污的餐具器皿，绝对禁止使用。有破损或污渍的台布及餐布，均不得使用。

（4）摆台时先分类检查餐具，依摆台顺序放在托盘或手推车内，运至餐桌前，餐具盘碗碟瓷器在托盘中，不宜堆置过高，以免倾倒翻覆危险。

（5）普通宴会餐桌较小，桌景台花仅用于开餐前装饰，待开餐时撤下。高端宴会餐桌较大，桌景台花不需要撤下，但要注意桌景台花不要遮挡客人视线，也不要影响上菜。

（6）餐桌餐具摆设完毕，务必做一次检视是否正确完美，同时将每一座椅摆放整齐；营业前或开席前20分钟，领班应做一次复检工作，凡有缺点立即纠正改善。

二、西餐宴会摆台

（一）西餐宴会摆台流程

1. 摆台准备

（1）洗净双手。

（2）领取各类餐具、台布、口布、台裙、转盘等。

（3）用专用的擦杯布擦亮餐具与酒具，要求无任何破损、污迹、手印、洁净光亮。

（4）检查台布、口布、台裙是否干净，是否有皱纹、小洞、油迹等，不符合要求应另外调换。

（5）洗净所有调味品瓶及垫底的小碟，重新装好。

（6）口布折花。

2. 铺桌布

西餐的正式宴会大多数用长条桌，由于桌子较长，通常需要两人合作铺桌布。也有用圆桌的，铺桌布的方法与中餐相同。桌布要熨烫平整。圆桌的桌布为正方形，长条桌的桌布为长方形。圆桌的铺桌布方法与中餐宴会相同，长桌的桌布较长，通常需要两人合作。桌布纵向的折痕要与长桌的纵向中线重叠。其他要求与中餐宴会铺桌布的要求相似。

3. 围桌裙

台布铺好后，顺桌沿将台裙按顺时针方向用按针或尼龙搭扣固定在桌沿上即可。桌裙下垂部分要舒展自然，不可过长拖地，也不可过短而暴露出桌脚。桌裙围挂时做到绷直、挂紧、围直，注意接缝处不能朝向主要客人。

4. 摆椅

根据餐桌在宴会空间的朝向摆好餐椅，主人位朝南或朝餐厅大门的方向。长桌一侧居中位置为主人位，另一侧居中位置为女主人或副主人位，主人右侧为主宾，左侧为第三主宾，副主人右侧为第二主宾，左侧为第四主宾，其余宾客交错类推。长条桌的餐椅沿桌的两条长边对称摆放，宴会中有表演时，主桌靠近舞台的一边可以不摆餐椅。

5. 餐具摆放

西餐宴会的餐具较多，且根据不同用餐场景所用到的餐具也会有不同，中国国内的西餐宴会通常会摆上筷子。具体摆放位置参照图6-22普通西式宴会摆台，摆放程序如下。

（1）餐碟　从主人位开始，按顺时针方向用右手将餐盘摆放于餐位正前方，盘内的店徽图案要端正，盘与盘之间距离相等，盘边距桌边2厘米。

（2）刀叉　左叉右刀放在餐碟两侧。三把叉的顺序从左向右依次是沙拉叉、鱼叉、主餐叉，各相距0.5厘米，手柄距桌边1厘米，叉尖朝上，鱼叉上方可突出其他餐具1厘米。三把刀的顺序从左向右依次是主餐刀、鱼刀、沙拉刀，刀柄距桌边1厘米。鱼刀上方可突出其他餐具1厘米。鱼刀与沙拉刀之间放汤匙，勺面向上，三把刀及汤匙之间各相距0.5厘米。刀尖朝上，刀刃向左，按先外后里的顺序摆放。

（3）面包碟、黄油碟　餐碟左侧10厘米处摆面包碟，面包碟与餐碟的中心轴取齐，黄油刀放在面包碟上靠右位置，黄油碟摆放在面包碟右上方，相距3厘米处。

（4）甜品叉、甜品勺　平行摆放在餐碟的正前方1厘米处，叉在下，叉柄向左，勺在上，勺柄朝右，甜品叉、甜品勺手柄相距1厘米。

（5）酒具　水杯摆放在主餐刀正前方3厘米处，杯底中心在主餐刀的中心线上，杯底距主餐刀尖2厘米，红葡萄酒杯摆在水杯的右下方，杯底中心与水杯杯底中心的连线与餐台边成45°角，杯壁间距0.5厘米，白葡萄酒杯摆在红葡萄酒杯的右下方，其他标准同上。

（6）蜡烛台和椒盐瓶　西餐宴会长桌一般摆两个蜡烛台，蜡烛台摆在台布的鼓缝线上、餐台两端适当的位置上，调味品（左椒右盐）、牙签筒，按四人一套的标准摆放在餐台鼓缝线位置上，并等距离摆放数个花瓶，鲜花不要高过客人眼睛位置。如果用圆桌，中心位置摆放蜡烛台，椒盐瓶摆在台布鼓缝线上，按左椒右盐的要求对称摆放，瓶壁相距0.5厘米，瓶底与蜡烛台台底相距2厘米。

（二）西餐宴会摆台注意事项

（1）注意西餐的餐具按照宴会菜单摆放，每道菜应该换一副刀叉，放置时要根据上菜的顺序从外侧到内侧，一般不超过七件（即三叉、三刀、一匙），如果精美的宴席有多道菜，则在上新菜前追加刀叉。摆放餐具后应该仔细核对，是否整齐划一。

（2）摆酒具时要拿酒具的杯托或杯底部。酒杯的摆放方法多种多样，可以摆成直线形、斜线形、三角形或者圆弧形，先用的放在外侧，后用的放在内侧。

第二节 调酒技能的训练

调酒就是调制鸡尾酒。成就一杯完美鸡尾酒的关键是：正确的操作、正确的配方、正确的杯具、优质的材料和漂亮的装饰。鸡尾酒是以各种酒类为基础并添加果汁等辅料通过一定的比例和方法调制而成的时尚饮品。每种调制方法和过程均不同；基酒与辅料的比例和所选杯具也不同；这都要靠丰富的酒水知识和熟练的调酒技术去完成。

一、鸡尾酒酒谱和鸡尾酒的基本结构

（一）酒谱

酒谱就是鸡尾酒的配方，它是一种调制鸡尾酒的方法和说明，常见的鸡尾酒酒谱有两种：标准酒谱和指导性酒谱。

1. 标准酒谱

标准酒谱是某一酒吧所规定的标准化酒谱。这种酒谱是在酒吧所拥有的原料、用杯、调酒用具等一定条件下做的具体规定。任何一个调酒师都必须严格遵循酒谱所规定的原料、用量及程序去操作。标准酒谱是一个酒吧用来控制成本和质量的基础，也是做好酒吧管理和控制的标准。

2. 指导性酒谱

指导性酒谱是一种仅起学习和参考作用的酒谱。书中所列举的酒谱都属于这一类，因为这类酒谱所规定的原料、用量以及配制的程序都可以根据具体条件进行修改。

在学习过程中，通过指导性酒谱我们可以首先掌握酒谱的基本结构，在不断摸索中掌握鸡尾酒调制的基本规律，从而掌握鸡尾酒的族系。

（二）鸡尾酒的基本结构

鸡尾酒的种类繁多，但无论它是哪一类鸡尾酒，都有一些共同之处。一般来说，鸡尾酒由以下几部分组成：

1. 基酒

基酒，又称为酒基，这是构成鸡尾酒的主体，它决定了鸡尾酒的酒品特色，可以用作

基酒的材料包括各类烈酒，如威士忌、白兰地、金酒、朗姆酒、伏特加、特基拉、中国白酒、葡萄酒、香槟酒等，都可用作基酒来调制鸡尾酒。

酒吧里用于作基酒的酒品一般都是质量较好，但价格较为便宜的流行品牌，这类酒被称为"酒吧特备"酒。使用"酒吧特备"酒一方面是为了更好地控制酒水成本，因为同一类酒品的品牌很多，价格也各不相同，有的甚至相差数十倍。另一方面，也是为了确保鸡尾酒口味的统一，避免宾客投诉。

基酒在配方中的分量有很多表示方法，目前国际调酒师协会（IBA）统一以份为单位表示，一份为40毫升，也有用量杯等为单位来表示的。

2. 辅料

辅料，又称为鸡尾酒的调和料，它们与基酒充分混合后，可以缓和基酒强烈的刺激味，更能发挥鸡尾酒的特色，同时又能增添鸡尾酒的色彩，使鸡尾酒世界五彩斑斓。

可用作辅料的材料很多，主要有以下几种。

（1）碳酸类饮料　如可乐、雪碧、七喜、苏打水、干姜汽水等，它们与基酒相混配，使基酒变得更加清新爽口。

（2）果汁类饮料　包括各种罐装或现榨果汁，如橙汁、柠檬汁、菠萝汁、西柚汁等。

（3）加味加香材料　使用最多的为各类利口酒，如蓝色的蓝橙酒、绿色的薄荷酒、咖啡色的咖啡甘露、棕色的可可酒等。

（4）其他　如糖、奶油、鸡蛋、丁香、肉桂、巧克力粉、辣椒油、安哥斯特苦精、胡椒粉等。

3. 装饰物

装饰物的颜色与口味应与鸡尾酒酒液保持和谐，使其外观色彩缤纷，造型别致。经典的鸡尾酒装饰物是约定俗成的，不要随意改动；创新的鸡尾酒装饰物的构成与制作则可以发挥调酒者的想象力与创造力。可用于鸡尾酒装饰的材料有以下几种。

（1）水果类　水果是酒吧最常用的装饰品之一，主要有苹果、梨子、菠萝、芒果、香蕉、柠檬、橙子、樱桃、橄榄，等等，可以用水果片、水果皮，也可以切成块。有些果壳还可以做鸡尾酒的容器，如菠萝，掏空果肉后用来盛装鸡尾酒，别有一番风味。

（2）蔬菜类　常用的有珍珠洋葱、西芹条、酸黄瓜、新鲜黄瓜条、小番茄、红萝卜条，等等。

（3）花草类　花草类选择小型花和小圆叶，常用的有鲜薄荷叶、洋兰，等等。这类装饰物应注意清洁卫生，不能有太浓烈的气味。

（4）糖与盐　把糖沾在杯的口沿称为"糖圈杯口"，把盐沾在杯的口沿称为"盐圈杯口"，既增加美感，也有调味作用。

（5）人工装饰物　包括各类吸管、搅棒、象形鸡尾酒签、小花伞、小旗子等。

（三）鸡尾酒调制所需工具

1. 吧匙

吧匙是搅拌鸡尾酒的工具，也称调酒匙。通常一端为叉状，可用于叉柠檬片及樱桃；

一端为匙状，则可搅拌混合酒，或捣碎配料。如图12-1所示。

2. 摇酒壶

摇酒壶用来调制不易混合均匀的鸡尾酒材料。摇酒壶有两种型式，一种称波士顿摇酒壶，为两件式，下方为玻璃摇酒杯，上方为不锈钢上座，使用时两座对口嵌合即可。另一种标准型摇酒壶，为三件式，除下座，中间有隔冰器，再加一上盖，用时一定要先盖隔冰器，再加上盖，以免液体外溢。使用原则，首先放冰块，然后再放入其他材料，摇荡时间以超过20秒为宜。否则冰块开始融化，将会稀释酒的风味。用后立即打开清洗。如图12-2所示。

3. 冰锥与碎冰器

冰锥是敲碎大冰块的工具。如图12-3所示。碎冰器是把普通冰块碎成小冰块的工具。

4. 冰夹

冰夹为不锈钢制品，用来夹取冰块。

5. 搅拌棒

搅拌棒大多是塑料制品，可作为调酒的搅拌工具，大的通常搭配调酒杯使用；小一点的给饮用者使用，兼具装饰作用。如图12-4所示。

6. 量酒器

图12-5所展示的是一个两头的量酒器，两头容量分别为1/2盎司和1盎司者，是最常用的量酒器。

7. 螺丝开瓶器

螺丝开瓶器通常带有锋利的小刀，以便顺利割开葡萄酒瓶的铅封；螺旋的部分，用来开葡萄酒的木塞。如图12-6所示。

8. 柠檬榨汁器

柠檬榨汁器为叠在一起的两个半球形勺，使用时把柠檬一切两半，放在两勺之间用力挤压出柠檬汁。如图12-7所示。

9. 冰桶

冰桶如图12-8所示。用冰桶盛冰可减缓冰块融化的速度。

10. 滤冰器

滤冰器如图12-9所示。与调酒杯搭配使用。倒饮料时，防止冰块或柠檬籽进入杯内。一圈螺旋钢丝设置，是为了让过滤器适用于各种尺寸的调酒杯。

图12-1　吧匙

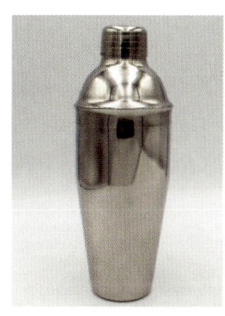

图12-2　摇酒壶

图12-3　冰锥

图12-4　搅拌棒

11. 瓶嘴/倒酒嘴

瓶嘴/倒酒嘴如图12-10所示。套在开瓶后的瓶口以控制酒的流量。

12. 冰铲

冰铲如图12-11所示。用来盛碎冰或裂冰。

13. 酒签

酒签如图12-12所示。主要用来插樱桃、橄榄，点缀鸡尾酒，精致小巧。

 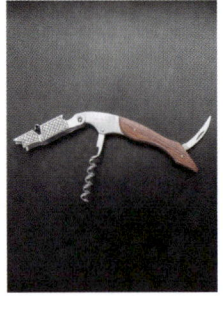  

图12-5　量酒器　　图12-6　螺丝开瓶器　　图12-7　柠檬榨汁器　　图12-8　冰桶

图12-9　滤冰器　　图12-10　瓶嘴　　图12-11　冰铲　　图12-12　酒签

二、鸡尾酒的调制方法

（一）英式调酒

1. 摇和法

摇和法又称为摇晃法、摇荡法。先将冰块放入摇酒壶，接着加入基酒，再加入各种辅料，然后盖紧盖子，用力摇晃5~10秒，至壶外起霜。摇匀后打开摇酒壶，用滤冰器滤去残冰并将酒倒入杯中。当配方中含有苏打水、姜汁汽水等含有气泡的材料时，必须先将其他材料摇匀并倒入杯中，然后才能兑入，切忌将含有气泡的材料放入摇酒壶中摇晃。

2. 调和法

调和法又称为搅拌法，搅拌时要使用调酒杯、吧匙、滤冰器等器具。搅拌的方法是在调酒杯中放入数块冰块并加入调酒材料。用左手的拇指和食指抓住调酒杯底部，右手拿着吧匙的背部贴着杯壁，以拇指和食指为中心，以便用中指和无名指控制吧匙，按顺时针方向旋转搅拌。大约五六圈后，左手指感觉冰凉，调酒杯外有水汽析出，搅拌就结束了。这时，用滤冰器卡在杯口，将酒滤入杯中即可。

3. 漂浮法

漂浮法是将配方中的酒水按密度的不同逐一沿着调酒棒或吧匙慢慢倒入酒杯，主要用于调制各种彩虹鸡尾酒。调制时要求各种酒水之间不混合，层次分明，色彩艳丽。具体调制时要先加入密度大的酒，后加入密度小的酒。

4. 搅和法

搅和法主要使用电动搅拌机进行，当调制的酒品中含有水果块或固体食物时必须使用搅和法调制，搅和法操作时先将调制材料和碎冰按配方放入搅拌机中，启动搅拌机迅速搅10秒钟左右，然后将酒品连同冰块一并倒入杯中。目前在酒吧内，一些摇和的酒也可以用搅和法来调制，但两法相比，摇和法更能够较好地把握所调酒品的质量和口味。

5. 兑和法

兑和法是直接在饮用杯中放入各类酒品，轻轻搅拌几次即可，常见的如高杯类饮品、果汁类饮品和热饮等都采用此法。

（二）花式调酒

花式调酒也称为美式调酒，讲究调酒的动作与表演技巧，还会在调酒过程中加入舞蹈、杂技、魔术等表演来促进气氛。这类调酒在高端宴会场合出现较少。

三、调制鸡尾酒的动作规范

（一）摇和法的规范动作

1. 单手摇壶动作

这种方法适用于小中号的摇酒壶（250毫升和350毫升）。首先在摇酒壶中装入四分满冰块，量好所需材料，依次倒入摇酒壶中，套上过滤网，盖上盖子，用食指顶住壶盖，大拇指及中指、无名指、小指分别环绕在摇酒壶两侧。然后手臂上下呈"S"形或"8"字形摇动壶身15次左右，如果壶中有鸡蛋、奶油等材料，则要摇30次左右。最后打开壶盖，滤出酒液。

2. 双手摇壶动作

左手中指按住壶底，拇指按住壶中间过滤盖处，其他手指自然伸开。右手拇指按壶盖，其余手指自然伸开固定壶身。壶头朝向自己，壶底朝外，并略向上方。摇壶时可在身体左上方或正前上方。要求两臂略抬起，呈伸屈动作，手腕呈三角形摇动。

（二）调和法的规范动作

在调酒杯中先放入适量冰块，量好材料用量，依次倒入调酒杯中。用吧匙搅拌时，用左手手指捏住调酒杯底部，吧匙的螺旋状部位夹在右手中指与无名指之间，大拇指与食指轻轻夹在上方，以中指与无名指用力往右顺时针搅动15次左右。搅拌时吧匙应保持抵住杯底。当调酒杯外有水汽凝结时就可停止搅拌。搅拌完成，将吧匙背面朝上取出。将滤冰器盖在调酒杯口，用右手食指压住滤冰器，其他手指紧压调酒杯身，将调好的酒滤入杯中。

（三）漂浮法的规范动作

先将密度大的酒水倒入杯中，再依次加入密度小的酒水，无糖的酒水最后加入。操作时不可将酒水直接倒入杯中，为减少倒酒时的冲击力，防止不同色层的酒水混合，可用一把长柄匙斜插入杯中，匙背朝上，贴紧内壁，再依次把各种酒水沿匙背缓缓倒入，使酒水从杯内壁缓缓流下。

四、调制鸡尾酒的辅助动作规范

（一）传瓶

把酒瓶从酒柜或操作台上传到手中的过程。传瓶一般有从左手传到右手或从下方传到上方两种情形。用左手拿瓶颈部传到右手上，用右手拿住瓶的中间部位。或直接用右手从瓶的颈部上提至瓶中间部位。要求动作快、稳。

（二）示瓶

把酒瓶展示给客人。用左手托住瓶下底部，右手拿住瓶颈部，呈45°角把商标面向客人。传瓶到示瓶是一个连贯的动作。

（三）开瓶

用右手拿住瓶身，左手中指逆时针方向向外拉酒瓶盖，用力得当时可一次拉开。并用左手虎口即拇指和食指夹起瓶盖。开瓶是在酒吧没有专用酒嘴时使用的方法。

（四）量酒

开瓶后立即用左手中指和食指与无名指夹起量杯（根据需要选择量杯大小），两臂略微抬起至环抱状，把量杯放在靠近容器的正前上方约3厘米处，量杯要端平。然后右手将酒倒入量杯，倒满后收瓶，右手同时将酒倒进所用的容器中。用左手拇指顺时针方向盖盖，然后放下量杯和酒瓶。

（五）握杯

古典杯、海波杯、柯林杯等平底杯应握杯子下底部，切忌用手掌拿杯口。高脚或脚杯应拿细柄部，白兰地要用手握住杯身，在饮用时手上的热量可使白兰地的芳香更明显。

（六）上霜

上霜又称雪糖杯型或雪霜杯型，是指在杯口边沾上糖粉或盐粉。具体要求是用柠檬皮擦杯口边，要求匀称。操作前要把酒杯控干。然后将酒杯放入糖粉或盐粉中，粘完后把多余的糖粉或盐粉弹去。

五、调制鸡尾酒的程序与注意事项

（一）调酒程序

（1）根据酒品选择适当的载杯。
（2）杯中放入适量的大小合适、形状一致的冰块。
（3）确定鸡尾酒的调制方法，选择调酒工具。
（4）在摇酒壶或调酒杯中量入辅料，最后量入基酒。
（5）按照规范动作调制鸡尾酒。
（6）根据具体情况，适当进行装饰。
（7）根据宴会情况，提供规范服务。

（二）注意事项

（1）严格按照配方中原料的种类、商标、规格、年限和数量标准来配制鸡尾酒，严禁使用代用品或劣质的酒、果汁、汽水等原料。
（2）调酒杯必须干净、透明、光亮。调酒时，手只能接触杯的下部。
（3）调酒时，必须用量杯计量主要基酒、调味酒和果汁的需要量，不要随意把原料倒入杯中。
（4）使用摇酒器调制鸡尾酒时动作要快，用力摇动，动作要大方，可用手腕左右摇动，也可用手臂上下晃动，摇至摇酒器表面起霜后，立即过滤，倒入酒杯中。同时，手心不要接触摇酒器，以免冰块过量融化，冲淡鸡尾酒的味道。
（5）使用调酒杯配制时，吧匙搅拌的时间不要过长。通常用中等速度搅拌，在杯内旋转7~8周，以免使冰块过量融化，冲淡鸡尾酒的味道。
（6）配制鸡尾酒，一定要使用新鲜的果汁和新鲜的冰块，使用当天切配好的新鲜水果做装饰物或配料，并使用经过冷藏的果汁、汽水及啤酒。
（7）使用电动搅拌机时，一定要使用碎冰块。
（8）使用后的量杯和吧匙一定要浸泡在水中，洗去它们的味道，以免影响下一个鸡尾酒的质量。浸泡量杯的水应经常换，以保持干净、新鲜。
（9）不要用手接触酒水、冰块、杯边和装饰物，以保持酒水的卫生和质量。
（10）制订酒吧的鸡尾酒标准配方、标准成本、标准酒杯、标准配制程序及标准服务方法。
（11）配制鸡尾酒时，应按照标准的工作程序，需用的酒水先放在工作台上，再准备好工具、酒杯、调味品和装饰品，并放在方便的地方，然后开始配制。将配制好的鸡尾酒倒在酒杯后，应立即清理台面，将酒水和工具放回原处，不可一边调制鸡尾酒，一边寻找酒水和工具。
（12）要注意客人到来的先后顺序，应先为早到的客人服务。同来的客人，可以先为女士和主人服务。

（13）调制任何酒水的时间都不能过长，以免客人久等。一般来说，果汁、汽水、矿泉水、啤酒可在1分钟内完成；混合饮料可在1~2分钟完成；鸡尾酒包括装饰物可用2~4分钟完成。

第三节　茶艺技能的训练

茶在宴会中的参与度越来越高，传统的宴会里，茶只是单纯作为一种饮品存在，现代宴会里，茶艺既为宴会提供茶饮服务，也作为宴会文化背景出现。茶艺技能内容较多，在宴会中涉及的有三个方面，一是茶艺服务技法，二是茶叶的冲泡方法，三是茶具的选用。

一、茶艺服务技法

（一）择水

一般宴会中泡茶的水用达到饮用水卫生标准的自来水就可以，用到茶艺技能的宴会等级较高，泡茶用水要求也高，具体有两种择水方法。

1. 用产茶地的水

一般来说，用所冲泡茶叶产地的水更容易泡出好茶。如冲泡杭州的西湖龙井，就可以选用杭州的虎跑泉水；冲泡扬州的绿杨春，就可以选用扬州的大明寺泉水。

2. 用适宜泡茶的水

没有产茶地的水，可以选择一些适宜泡茶的水。对大多数茶叶来说，天然泉水中，硬水不适合用来泡茶，而软水的泡茶效果就比较好。江河水污染较多，不适合泡茶。在正式冲泡之前，茶艺师应该先试泡，了解茶性与水的适合度。

（二）斟水

茶艺斟水方法主要有悬壶高冲、定点斟水和凤凰三点头三种方法，掌握这三种方法，几乎可以冲泡所有茶叶。

1. 悬壶高冲

这种方法斟水时，用手将水壶置于盖碗或茶壶侧上方约15厘米处，让水流高高冲下。这种方法主要用来冲泡外形紧结或较粗老的茶叶。

2. 定点斟水

这种方法斟水时，用手将水壶置于盖碗或茶杯上方约3厘米处，让水流细细地缓慢地冲入杯中，注水位置靠近盖碗或茶杯边沿。这种方法主要用来冲泡质地柔嫩的茶叶。

3. 凤凰三点头

这种方法多用于玻璃杯或盖碗，用手将水壶提起接近杯口旋转着斟水一圈半，然后将壶提起再落下，反复三次将水斟至七成满。在这过程中，水流不能断，也不能忽大忽小。这种方法多用来冲泡下投法的绿茶。

（三）奉茶

1. 奉茶手势

奉茶时，手不要抓杯口。用盖碗奉茶时，双手拇指、食指与中指捏住盖碗的杯托，将茶放到客人的面前。用玻璃杯奉茶时，一手托着杯底的外沿，另一手拿在玻璃杯口沿下方2厘米处，把茶放到客人面前。用小茶杯奉茶时，一手拿住杯的下方，将茶放在客人的面前。奉茶时，注意不要把茶杯递到客人的手上，以免脱手。

2. 奉茶顺序

宴会中奉茶顺序与上菜顺序相同，都是从主宾位开始奉茶。若是宴会前后的品茶环节，则从右手位开始按顺时针方向奉茶。

二、茶叶冲泡方法

（一）茶叶冲泡三要素

1. 泡茶水温

泡茶水温的掌握，主要看泡饮什么茶而定。细嫩的名茶，茶叶愈嫩愈绿，冲泡水温越低，一般以85℃左右为宜。泡饮各种花茶、红茶和中低档绿茶则要用95℃的沸水冲泡。泡饮乌龙茶，每次用茶量较多，而且茶叶粗老，必须用100℃的沸水冲泡。有时为了保持和提高水温还要在冲泡前用开水烫热茶具，冲泡后在壶外淋热水。泡茶水温过低时，茶汤滋味淡薄。

2. 茶叶与水的比例

茶叶和水要有适当的比例，水多茶少，味道淡薄；茶多水少，茶汤苦涩不爽。一般情况下，茶叶与水的比例是1∶50，即每杯如放三克茶叶，用150克水为宜。乌龙茶的用量为壶容积的二分之一以上。

3. 泡茶时间

不同茶叶的冲泡时间有区别。熟普在洗茶后的第一次冲泡时出色出味很快，一般应在8秒左右出汤，如果稍慢，汤色就会变深呈酱油色，冲泡三次后可以酌情延长时间；广东与闽北的乌龙茶在第一次冲泡时不要超过10秒，冲泡三次后可以酌情延长时间；传统滇红、祁红的第一次冲泡时间不要超过10秒，冲泡三次后可以酌情延长时间；金骏眉等细嫩红茶与细嫩绿茶的冲泡时间在1分钟左右。老白茶及一些安化黑茶也可以采用煮的方法。

（二）绿茶、黄茶、花茶冲泡方法

冲泡绿茶的方法也适合用来冲泡黄茶、花茶。宴会服务中，一般采用玻璃杯冲泡或盖杯（碗）冲泡，玻璃杯冲泡便于观赏茶汤，盖碗冲泡则更易保留茶香。如果用紫砂壶冲泡，容易产生熟汤味，香气不显且味苦涩。冲泡绿茶时、水的比例为1∶50，以每杯放3克茶叶，加水150克为宜。具体的冲泡方法有上投法、中投法和下投法三种。下面以玻璃杯为容器，以绿茶为例介绍三种冲泡方法。

1. 上投法

这种方法用来冲泡紧结重实的茶，如碧螺春、都匀毛尖、蒙顶甘露、碧潭飘雪等。这类茶叶外表白毫披覆，直接用沸水冲泡会使茶汤浑浊。

（1）备水　绿茶冲泡以山泉水为宜，在煮水壶中将水烧沸。

（2）备茶备具　根据冲泡杯数将茶叶取出称好重量，盛放在茶则中；茶针放在茶则旁备用；玻璃杯用沸水烫洗一下。

（3）注水　用凤凰三点头的方法注入沸水，注水时速度要慢，水流不要断，到玻璃杯的三分之二处，这时杯中水温在85～90℃之间。

（4）投茶　拿起茶则放在茶杯上方1厘米处，用茶针将茶叶均匀拨入几个茶杯中。

（5）奉茶　茶入水后会迅速下沉，等待10秒后，见杯底茶芽舒展，就可以将茶递送到客人面前。

（6）续水　客人将杯中茶喝掉约一半时，续入沸水。通常高级绿茶续水三次。

2. 中投法

这种方法用来冲泡外形舒展而柔嫩度高的名茶，如西湖龙井、黄山毛峰、绿杨春、金坛雀舌，等等。这类茶的密度较小，入水后不易沉，所以不能用上投法冲泡，但嫩度又高，直接冲入沸水会将茶芽烫伤，所以要用中投法来冲泡。

（1）备水　绿茶冲泡以山泉水为宜，在煮水壶中将水烧沸。

（2）备茶备具　根据冲泡杯数将茶叶取出称好重量，盛放在茶则中；茶针放在茶则旁备用；玻璃杯用沸水烫洗一下。

（3）一次注水　将煮水壶放在玻璃杯上方，旋转着注入沸水，水量为杯的四分之一。

（4）投茶、润茶　拿起茶则放在茶杯上方1厘米处，用茶针将茶叶均匀拨入几个茶杯中。然后一手拿起玻璃杯，另一手托杯底，摇晃三圈，使茶叶湿润。这个过程中，要注意观察茶汤的颜色，汤色出得较快，说明这款茶的冲泡也要快，反之，冲泡时间则要稍稍延长一些。

（5）二次注水　用凤凰三点头的方法注入沸水，注水时速度要慢，水流不要断，到玻璃杯的三分之二处，这时杯中水温在85～90℃之间。

（6）奉茶　注水后就可见茶芽舒展，将茶递送到客人面前。适用中投法的茶叶不易下沉，所以不需要待茶叶下沉再奉茶。

（7）续水　客人将杯中茶喝掉约一半时，续入沸水。通常高级绿茶续水三次。

3. 下投法

用下投法冲泡的茶叶在品种上与中投法相似，但在嫩度上要次于中投法的茶叶。以龙井茶为例，从采摘时间来说，清明以前的茶适合用中投法冲泡，清明以后谷雨之前的茶就适合用下投法来冲泡。

（1）备水　绿茶冲泡以山泉水为宜，在煮水壶中将水烧沸。

（2）备茶备具　根据冲泡杯数将茶叶取出称好重量，盛放在茶则中；茶针放在茶则旁备用；玻璃杯用沸水烫洗一下。

（3）投茶　拿起茶则放在茶杯上方1厘米处，用茶针将茶叶均匀拨入几个茶杯中。

（4）润茶　将煮水壶放在玻璃杯上方，旋转着注入沸水，水量为杯的四分之一。然后一手拿起玻璃杯，另一手托杯底，摇晃三圈，使茶叶湿润。这个过程中，要注意观察茶汤的颜色，汤色出得较快，说明这款茶的冲泡也要快，反之，冲泡时间则要稍稍延长一些。这个过程也称为"摇香"。

（5）冲泡　用凤凰三点头的方法注入沸水，注水时速度要慢，水流不要断，到玻璃杯的三分之二处，这时杯中水温在85～90℃之间。

（6）奉茶　注水后就可见茶芽舒展，将茶递送到客人面前。适用下投法的茶叶不易下沉，所以不需要待茶叶下沉再奉茶。

（7）续水　客人将杯中茶喝掉约一半时，续入沸水。通常高级绿茶续水三次。

（三）红茶冲泡方法

红茶冲泡方法可以分为清饮法与调饮法。清饮法冲泡红茶可以选择玻璃杯、盖碗和紫砂壶三种器具，玻璃杯冲泡红茶可以参考绿茶的中投法、下投法，盖碗与紫砂壶可以更好地表现红茶的特点。调饮法主要采用英式或港式奶茶的方法。

1. 清饮法冲泡红茶

采用这种方法冲泡的红茶通常都是质地细嫩、口感甜醇、耐冲泡的红茶，国产的小种红茶、工夫红茶等大多数适合这样冲泡。具体冲泡时，茶芽多、嫩度高的适合用盖碗来冲泡，茶芽较少、嫩度较低的适合用紫砂壶来冲泡。下面以紫砂壶为容器，以宜兴红茶为例介绍红茶的冲泡方法。

（1）备水　红茶冲泡以山泉水为宜，在煮水壶中将水烧沸。

（2）备茶备具　根据冲泡杯数将茶叶取出称好重量，盛放在茶则中；茶针放在茶则旁备用；紫砂壶、匀杯、茶滤网与品茗杯都用沸水烫洗一下。

（3）投茶　将壶盖打开，拿起茶则放在紫砂壶上方1厘米处，用茶针将茶叶拨入壶中。

（4）润茶　将煮水壶放在紫砂壶上方，旋转着注入沸水并没过茶叶，然后一手拿起紫砂壶，另一手托壶底，摇晃三圈，使茶叶湿润。

（5）冲泡　右手拿煮水壶用定点注水的方法向紫砂壶中注入沸水，注水时速度要慢，水流不要断，将水注到壶口，稍漫出一点。

（6）刮沫　左手拿壶盖刮去紫砂壶口的浮沫，盖上壶盖，右手拿煮水壶向紫砂壶盖上淋一圈水，冲去浮沫。静待15秒左右。此时加上前面润茶、冲泡两个环节，红茶在沸水中的时间总长约1分钟。

（7）出汤　茶滤网放在匀杯上，将紫砂壶中的茶汤斟入匀杯中。

（8）分茶　用匀杯将茶分入品茗杯。

（9）奉茶　将品茗杯放入托盘，将茶递送到客人面前。如果客人坐在茶桌旁，则按逆时针方向，从右向左把品茗杯递送到客人面前的桌上。

2. 调饮法冲泡红茶

采用这种方法冲泡的是滋味厚重浓烈、汤色红艳的红茶。国产的如祁红、滇红、英红，国外的如大吉岭红茶、阿萨姆红茶、锡兰红茶等。在英国茶包市场上人们比较偏爱的茶包品牌有Yorkshire Tea（约克郡茶）、PG Tips（皮吉泰普斯）、Tetley（泰特莱）、

Twinings（唐宁）等。这类茶叶在外形上以红碎茶居多，不适合多次冲泡，在冲泡时适合加入牛奶、水果等。下面以锡兰乌瓦红茶为例介绍英式牛奶红茶的冲泡方法。

（1）备水　使用软水，将其煮沸，水量400毫升。

（2）备茶备具　乌瓦红茶2克，常温牛奶200毫升，糖适量。

（3）泡茶　将红茶放入盛有沸水（90℃以上）的壶中，泡30秒。如果用茶包，可以将茶包的线绳上下拎几次，使茶汤更容易渗出。

（4）温杯　将茶杯用热水烫热，这样会让整杯英式奶茶温度及口感更好。

（5）加入牛奶　先倒牛奶到茶杯中，然后将泡好的红茶倒入。

（6）调味　加糖调味。如果红茶浓度高，茶味重，可依个人嗜好调整糖量。也可以加入蜂蜜、可可粉来增添不同的风味。

（7）奉茶　将红茶递送到客人面前的桌上。

（四）乌龙茶冲泡方法

乌龙茶按茶叶的冲泡特点来分有两类，一是慢出汤的冲泡方式，如闽南的铁观音与台湾的乌龙茶，需要用沸水冲泡40秒左右；二是快出汤的冲泡方式，如闽北的岩茶与广东的凤凰单丛茶，沸水冲泡10秒左右。依据泡茶工具来分则有盖碗冲泡与壶泡两种。下面将二者结合起来介绍两种乌龙茶的冲泡方法。

1. 盖碗冲泡冻顶乌龙茶

（1）备水　冲泡冻顶乌龙茶以山泉水为宜，在煮水壶中将泉水烧沸。

（2）备茶备具　根据盖碗容量称取茶叶，盛放在茶则中；茶针放在茶则旁备用；盖碗、匀杯、茶滤网与品茗杯都用沸水烫洗一下。

（3）投茶　将碗盖打开，拿起茶则放在盖碗上方1厘米处，用茶针将茶叶拨入壶中。

（4）润茶　将煮水壶放在盖碗上方，旋转着注入沸水没过茶叶，然后一手拿起盖碗，另一手托碗底，摇晃三圈，使茶叶湿润。

（5）冲泡　右手拿煮水壶用悬壶高冲的方法向盖碗中注入沸水，注水时速度要快，要有一定的冲击力，将水注到稍漫出一点。

（6）刮沫　左手拿碗盖刮去碗口的浮沫，盖上盖，右手拿煮水壶向盖上淋一圈水，冲去浮沫。静待15秒左右。此时加上前面润茶、冲泡两个环节，红茶在沸水中的时间总长约为40秒。

（7）出汤　茶滤网放在匀杯上，将盖碗中的茶汤斟入匀杯中。

（8）分茶　用匀杯将茶分入品茗杯。

（9）奉茶　将品茗杯放入托盘，将茶递送到客人面前。如果客人坐在茶桌旁，则按逆时针方向，从右向左把品茗杯递送到客人面前的桌上。

2. 紫砂壶冲泡凤凰单丛茶

凤凰单丛茶的冲泡采用潮汕工夫茶的方法，有专用的四件茶具，称为"潮汕四宝"，即玉书碨（开水壶）、潮汕风炉（火炉）、孟臣罐（紫砂小壶）、若深瓯（茶杯）。

（1）备水　在潮汕风炉上将玉书碨中的泉水加热到沸腾。

（2）备茶备具　称取8克凤凰单丛茶放在茶则中。用沸水把茶壶、茶盘、茶杯等烫一遍，使茶具保持清洁和热度。

（3）投茶　把茶叶按粗细分开，先取碎末填壶底再盖上粗茶，把中小叶排在最上面，这样既耐泡，又使茶汤清澈。

（4）润茶　从壶边缘用悬壶高冲的方法缓缓冲入沸水，形成圈子，并使壶内茶叶沿水平方向转动，全面而均匀地吸水。当水刚漫过茶叶时，立即倒掉壶中的水。

（5）冲泡　润茶之后，立即再注入沸水约九成满。盖上壶盖后，再用沸水淋壶身，使其里外受热。

（6）斟茶　若深瓯（茶杯）排在茶盘上，用食指轻压壶顶盖纽，中指、拇指捏住壶把，旋转着将茶汤斟入杯中。泡茶、斟茶动作要求"高冲低行"，即开水冲入壶时应自高处冲下，激发茶香；而斟茶时应靠近茶杯，以免茶汤香气散失。

（7）奉茶　用茶盘将茶杯递送到客人面前桌上。

三、茶具选用

现代通用的茶具以瓷器最多，其次是玻璃，再次是陶具、搪瓷等。瓷器茶具传热不快，保温适中，对茶不会发生化学反应，沏茶能获得较好的色香味。玻璃茶具质地透明，利于观赏茶汤和茶叶。陶器茶具有一定的透气性，保温性能好。

（一）茶具选用原则

1. 依据茶叶特点选择泡茶器具

茶叶形状优美的芽形茶、造型茶应该选择透明的玻璃茶具。从这个角度来说，细嫩的绿茶、红茶都可以选用玻璃杯冲泡，茶形别致的太平猴魁还有自己专属的细长玻璃杯。质地较老的茶叶或者形状不美观的茶叶应该选择不透明的陶瓷器具来冲泡，比如黑茶通常用盖碗来冲泡，乌龙茶大都用盖碗或紫砂壶来冲泡，这样的器具既可以掩藏茶叶的缺点，又因其保温性能可以激发茶香。粗老的茶叶可以用煮茶器，因其质地粗老，普通的冲泡不容易泡透，而长时间煮则可以发挥出茶的优点与特点。

2. 依据茶汤颜色选择品茶器具

自古以来中国人对品茶器具的要求就是与茶汤颜色密切相关的。橙黄、橙红、酒红色的茶汤可以选择偏黄、褐的茶杯；黄绿、青绿的茶汤可以选择青色的茶杯。红茶、乌龙茶的茶汤盛在青色的茶杯中会显得发黑，而盛在乳白、浅黄的茶杯中会显得红艳。绿茶的茶汤盛成乳白色杯中会显得茶叶新鲜度不高，而盛在青瓷、汝瓷的茶杯中则显得比较新鲜。黑色茶杯会掩盖所有茶汤特点，通常茶汤颜色不太美观的可以选择黑色茶杯；金色茶杯会使所有茶汤都显得亮丽，但同时也看不出茶汤的优点与特点。

3. 依据宴会要求选择辅助器具

宴会中的茶艺服务不同于茶室，需要对茶具及相关道具有选择地使用。明火在宴会现场不宜出现，潮汕工夫茶中常见的红泥小火炉就不宜使用，酒精炉也不宜使用。茶宠在普通的茶室里是泡茶时的雅玩，但在宴会厅会湮没在现场的氛围中，起不到装饰茶艺的效果，还会使茶桌的布置显得复杂，因此也不宜使用。紧压茶的拆茶工具如茶刀不宜出现在宴会现场，所有紧压茶都要拆解好再带入宴会现场。

（二）泡茶常用器具

1. 煮水壶

煮水壶一般选用电水壶，304不锈钢材质，俗称随手泡，容量1升左右为宜。

2. 壶承、茶盘

壶承是用来放置茶壶与盖碗的，有一定的贮水功能。茶盘也有一定的贮水功能，比壶承大。采用闽南工夫茶与潮汕工夫茶的泡法时，都需要有一个茶盘，茶壶、茶杯都放在茶盘上。

3. 泡茶壶

用来冲泡茶叶的器具，常见的有宜兴紫砂壶、潮汕红泥陶壶、广西坭兴陶壶、云南建水紫陶、景德镇的瓷壶等，容量大小不一，使用者可根据服务的人数或自己手的大小选择适当的泡茶壶。

4. 盖碗

用来冲泡茶叶的器具，常见的有瓷盖碗、陶盖碗、玻璃盖碗等。选择盖碗时主要从碗的容量大小与外形上挑选。服务的人数多，应该选择稍大的盖碗，但太大的盖碗对女性茶艺师来说不太好用。外形上，要选择碗口外翻的盖碗，这样的盖碗在使用时不易烫手。

5. 匀杯、茶滤网

匀杯也称公道杯，用来盛冲泡好的茶汤。茶滤网放在匀杯上用来过滤茶汤。

6. 品茗杯

品茗杯俗称茶杯、茶碗，供客人品茶用，一般茶汤温度较高的乌龙茶选择较小的品茗杯，普洱茶之类的品尝温度较低，通常选择碗口较大的品茗杯，以利散热。

7. 茶针、茶匙

茶针茶匙是用来拨取茶叶的辅助工具，茶针可以用于各种茶叶，茶匙主要用于粉末状的茶。

8. 茶则

则是标准的意思，茶则是用来量取茶叶的简易工具。

9. 茶叶罐

茶叶罐是贮茶工具。宴会服务中的茶叶罐通常不宜太大。

10. 水盂

水盂是临时盛放废水的器具。

第四节 插花技能的训练

宴会造景包括桌面景观与空间景观两大类，实际工作中，空间景观通常由专业设计团队来完成，属于宴会服务师工作范畴的是桌面景观营造。桌面造景又可分为花卉型、景观型、器物型、叙事型四大类，关于这四类桌景的设计在第六章中有详细解说。这四类桌景，花卉型桌景也称插花、台花，它的应用最广泛，也最易通过技能训练来提高水平，其他三类桌景设计更多与个人阅历有关。插花有多种分类方式，本节主要从花器及工具应用的角度来介绍插花技能的训练。

一、插花前的准备工作

（一）拆除包装

花材在运送过程中常常被包装挤压得较紧，花材的外形挺直不灵动，影响插花作品的意境表达，所以拿到花材后要尽快拆除包装，让花材舒展透气。

（二）修剪、剥除腐烂的枝叶和花瓣

在运输中因挤压水分得不到正常蒸腾，产生的热量，造成花叶腐烂，还有病虫的侵害，如不及时加以修剪和剥除会影响观赏且缩短花期。

（三）去刺

为便于花材的使用，应对带刺的花材如月季等进行去刺处理。处理时注意勿损伤花材茎部。

（四）摘除花药

花药是花丝顶端膨大呈囊状的部分，是雄蕊产生花粉的主要部分。百合花等在盛开时，雄蕊上会释放大量的花粉，花粉很容易沾染到花瓣上或衣物上不易清除，应在散粉前予以摘除其花药部分。

（五）重新修剪切口

购回的花材为及时补充水分，在浸泡清水前，要对花材基部重新剪切斜口，使花材吸水通畅。

二、花朵加工技巧

天然的花卉形状不能完全满足插花的造型需要，所以需要用一些手法或工具来修整、改变花形。

（一）穿透法

对花梗柔软的花材，可用铁丝对花朵基部进行对穿或十字形穿透，将铁丝缠绕于花梗上，则可避免花头折断，而且花朵可以随意弯曲造型。

（二）穿莛法

非洲菊等柔弱的花莛易弯折，严重影响插花使用和寿命，将绿铁丝弯成U形，从花头中心穿插，铁丝穿于花莛中，使非洲菊的花莛不易弯折，且可随意弯曲造型，延长观赏期。

（三）聚集法

补血草、宿根霞草等散形花材，在插花使用中常需将几枝聚合起来使用，可将几枝花材剪成需要的大小，用铁丝缠成一束组合一起使用。这在制作花束或用花插固定花材时多见应用。可加强散形花材的效果。

三、插作步骤

（一）修剪

首先要去掉花卉的残枝败叶，根据不同式样，进行长短剪裁，根据构图的需要进行弯曲处理（为了延长水养时间，适合水中剪取）。

（二）固定

为了让花卉姿态按照设想进行，一般在花器的瓶口处，按照瓶口直径长度，取两段较粗枝干，十字交叉于瓶口处进行固定。专业插花时，还要用花插、花泥、铝丝等工具进行固定。

（三）插序

一般容易先插花后插叶，这样容易在插叶的时候将花的高度降低。正确的插序应该是选材、选插衬景叶、插摆花。

四、插花流程

（一）花瓶插花

花瓶有瘦长的、矮胖的、小口的、大口的。不同花瓶形状具体的插花手法略有差异，这里介绍的是通用的插花流程。

1. 做撒

撒是瓶花中常见的固定花材的装置，通常选用花材较硬的废弃枝条来做。

（1）一字撒　剪取一根比花瓶口略长的枝条，将其卡在瓶口，瓶口被其分为两个部分。插花时把花材插在一边。

（2）十字撒　剪取二根比花瓶口略长的枝条，用皮筋扎成十字形，将其卡在瓶口，瓶口被其分为四个部分。插花时把花材插在其中一个部分。

（3）井字撒　剪取四根比花瓶口略长的枝条，用皮筋扎成井字形，将其卡在瓶口，瓶口被其分为九个部分。插花时根据需要把花材插在某些位置。

（4）Y字撒　剪取一根带枝丫的枝条，长度略长于瓶口，将其卡在瓶口，瓶口被其分为三个部分。插花时把花材插在其中一个部分。

2. 注水

花瓶口做好撒以后，向瓶中注入水，注水高度要能没过花材的切口，便于花材吸水保鲜。

3. 插入主花

主花也称为焦点花、中心花，将花材剪切成恰当的长度，一般插在造型的中心位置。一般选用丰腴、鲜艳而富有神采的一茎一花的花材。瘦长的花瓶主花不宜太大，位置宜在插花空间的下2/3处，靠近瓶口，这样视觉效果上比较稳定。大口花瓶的主花可以多些，位置略高于瓶口，显得丰富。

4. 插入客花

客花也称为线条花，确定瓶花造型的形状、大小、方向与高度。一般选用长穗状或挺拔的花或枝叶，线条的长度一般是花器高度加宽度的1.5~2倍。线条花中如果有与主花同品种的花材，在体积上要明显小于主花材。其他品种的客花在色彩上要暗于主花。客花的位置应在主花材之后，不要遮挡主花材。

5. 插入配花

配花也称为补花，选用花型细小、丛状或羽絮状的花或枝叶。用来填补主、客花之间的空隙，使造型显得丰盈。

（二）花盆插花

插花的花盆有小口的、大口的，形状有方形、菱形、圆形、弧形等。不同形状花盆的插花手法略有差异，这里介绍的是通用的流程。

1. 固定插花位置

（1）撒　盆花也可用撒来固定花的位置，撒的形式以一字撒和Y字撒最为常见。花盆的口比较大，所用的撒材质也要坚韧一些，不然无法固定花材。做撒的方法与瓶花相同。

（2）剑山　剑山在盆中的位置可以在边上，也可以在中心，这与插花的构图设计有关。

2. 注水

花盆做好撒或放好剑山以后，向盆中注入水，注水高度要能没过剑山的顶部，便于花材吸水保鲜。

3. 插入主花

主花剪切成的长度一般是花器高度加宽度的1.5~2倍，这是与瓶花的不同之处。双手捏住花材用力插入剑山稍稍靠后的位置，然后根据造型需要将花材调整好，花心朝向正面向上，与观赏者的视线相对。一般选用丰腴、鲜艳而富有神采的一茎一花的花材。

4. 客花

客花的高度是主花的1/2~2/3。如果有与主花同品种的花材，在体积上要明显小于主花材，其他品种的客花在色彩上要暗于主花。客花的位置应在主花材下方或侧方，不要遮挡主花材。

5. 配花

配花也称为补花，选用花型细小、丛状或羽絮状的花或枝叶。用来填补主、客花之间的空隙，也可以起到遮挡剑山或撒的作用，使盆花看起来更自然美观。

（三）花泥插花

1. 挑选花盆（盘）

花盆是用来盛放花泥的，花泥需要吸满水以后才能用来插花，但有水的花泥会弄湿桌布，所以需要有花盆。另外，花盆也可以使插花作品易于摆放移动。用花篮作花器时，花泥需要用保鲜膜包起来以防漏水。

2. 浸泡花泥

花泥没吸水的时候很轻，吸水后变沉，花枝插在里面可以得到固定，也可以通过花泥吸到水。泡花泥时，应把花泥放在深水中，让其慢慢吸水下沉，不可按压，否则花泥中间太干，影响鲜花吸水。

3. 花泥切割与安放

花泥的形状有方形、圆形、圆锥形、球形、心形等，适合多种造型需要，但不是所有花泥都可以直接使用的，尤其是方块形状的花泥，泡水后根据所需的大小再进行切割。安放花泥时应高于容器3~4厘米，便于鲜花的插制。切割花泥的目的有两个，一是使花泥适合花器大小，二是把花泥削出斜切面，增加插花的面积。

4. 插入主花

双手捏住花材用力插入花泥的中心位置，然后根据造型需要将花材调整好，花心朝上，或与观赏者的视线相对。一般选用丰腴、鲜艳而富有神采的一茎一花的花材。插入花泥3厘米左右，所有花枝剪切成斜口，既便于插入花泥，也便于吸水。

5. 插入客花

客花的高度是主花的2/3。如果有与主花同品种的花材，在体积上要明显小于主花材，其他品种的客花在色彩上要暗于主花。

6. 配花

配花也称为补花，选用花型细小、丛状或羽絮状的花或枝叶。用来填补主、客花之间的空隙，并且要遮挡住全部的花泥。

五、插花注意事项

（一）花材选用原则

1. 注意各民族的风俗习惯

设计应尊重不同国家、不同民族的风俗习惯，选用最合适、最能表达主人心意的花材。因为花材自身的性质和花语会给人以不同的联想，尽量避免使用宾客忌讳的花材。

2. 选用应时花材

如春季可选用迎春花、银牙柳、牡丹等；夏季可选用睡莲、荷花、菖蒲等；秋季可选用海棠花、菊花等；冬季可选用梅枝、残荷等。目前，随着温室养花的盛行，很多花卉可以全年生产，比如康乃馨、月季、菊花、玫瑰、菖蒲、满天星等，一年四季均可选用。

3. 色彩协调

在花材的选择中，色彩搭配是否和谐是设计花台成败的关键。在餐台插花时要注意色彩不宜过杂，除了绿色的配叶和衬草外，花材颜色的选择宜控制在三色以内，给宾客带来高雅之感。

4. 注重花材质量

选择花材时，在考虑宾客的喜好和色彩搭配的前提下，花材的质量也是不容忽视的因素之一。另外，还应尽量避免选用香味过浓、带刺、花粉易散落、过分华丽的花材或僵硬的枝条。

（二）插花的形状

1. 适应桌形

插花的设计要考虑宴会餐桌的大小和形状。如果是圆形餐桌，插花造型宜选用圆形、半圆形、金字塔形等；如果是长方形餐桌，插花造型应选用长方形或椭圆形。另外，餐台插花需要考虑餐桌的大小，如果餐桌过小，不宜设计过大的插花造型，否则影响餐具的摆放与使用；如餐桌过大，花台尽量选择环形，否则起不到渲染气氛的效果。

2. 高低错落

即花枝的位置要高低、前后错开，不要插在同一水平线上，也不要使花枝按等边三角形排列，否则就会显得呆板，缺乏艺术性。

3. 疏密有致

花与叶要虚实结合，疏密有致。花为实，叶为虚，插花作品要有花有叶，花和叶也不要等距离排列。

4. 仰俯呼应，上轻下重

客花配花要与主花材相互呼应，使花材之间保持整体性及均衡性。花苞在上，盛花在下；浅色在上，深色在下；基部花枝聚集，上部疏散。整体呈上轻下重的结构，这样显得沉稳。

5. 不阻挡视线

无论是哪种风格哪种类型的插花，都应注意不要阻挡餐桌宾客的视线交流。主花材不要位于视线的水平位置，在这一位置里，客花与配花也不宜太密，要方便对面的客人之间的眼神交流。

第十三章
中国服务：餐饮发展新战略

2015年11月，国务院颁布《关于加快发展生活性服务业促进消费结构升级的指导意见》和《关于积极发挥新消费引领作用加快培育形成新供给新动力的指导意见》，同时指出了加速发展服务业的必要性与方向，鼓励企业实施品牌提升，打造"中国制造"和"中国服务"的优质形象和品牌。

2016年3月，政府工作报告中多次提到"服务业"，尤其引起注意的是在该报告中首次引用"工匠精神"一词，体现了政府对服务业的重视和对"工匠精神"的倡导，"中国服务"与"工匠精神"被提升到国家战略的高度，成为社会经济发展语境中的重要概念。

2017年6月，国家发布的《服务业创新发展大纲（2017—2025年）》中提出"我国服务业发展正处于重要机遇期，应当顺应发展潮流，尊重规律，立足国情，转变观念"。

2017年9月15日，国家主席习近平向第二届中国质量（上海）大会致贺信中指出："……中国高度重视质量建设，不断提高产品和服务质量，努力为世界提供更加优良的中国产品、中国服务。"

2023年9月，国家主席习近平在中国国际服务贸易交易会全球服务贸易峰会致辞中提到："……以中国大市场机遇为世界提供新的发展动力，以高质量发展为全球提供更多更好的中国服务，增强世界人民的获得感。"

第一节 "中国服务"的内涵

"中国服务"这一概念正在逐步发展壮大，成为我国对外展示的一张崭新的名片。它充分挖掘和利用了中华文化深厚的历史底蕴和包容并蓄的独特特点，在各个领域和方面都充分展现了中国人的传统美德和价值观。这种服务不仅仅是一种简单的商业行为，更是一种文化的传播和展示。它为全球消费者提供了一种独具中国特色的服务产品和创新的服务模式，这种服务模式蕴含着独特的文化魅力和吸引力，让世界更好地了解和认识中国。

一、"中国服务"的概念

"中国服务"这一概念，深刻体现了我国自主创新的特色服务，蕴含着中国传统文化的独特内涵。它植根于我国深厚的历史文化底蕴之中，历经时代变迁而不断焕发新生。全国劳动模范张秉贵曾言："只要用心，任何本领都能练成。"这不仅揭示了"中国服务"的核心理念，也为其发展指明了前进的道路。

随着我国经济的迅猛崛起，"中国服务"已经突破了传统服务业的界限，展现出全新的表现形式和丰富内涵。新技术的引入为传统服务业注入了新的活力，催生了更多的创新可能性。同时，随着经济的繁荣和技术的进步，新兴的服务模式也应运而生，为我国服务业的蓬勃发展提供了新的契机。

二、"中国服务"的内涵

"中国服务"是一个涵盖了广泛领域的概念，它至少包含三个核心内涵：品质、品位和品牌。这三个方面分别代表着服务的质量、特色和形象。在这个竞争激烈的全球化时代，提升"中国服务"的整体水平，塑造独特的服务品牌，成为我国在全球市场中抢占有利位置的关键所在。

品质是服务的基础。高品质的服务意味着专业、敬业、精准和人性化。在我国服务业的发展过程中，我们要始终坚持质量第一的原则，把提升服务质量作为首要任务。这不仅包括技术层面的优化，还包括服务态度、服务水平、服务响应等方面的提升。只有做到这一点才能在国际市场上站稳脚跟，为"中国服务"赢得口碑。

品位是服务的灵魂。富有品位的服务体现在对文化、地域、民族等特色的传承和发扬上。我国拥有五千多年的悠久历史，丰富的文化底蕴为服务业提供了源源不断的精神食粮。我们要深入挖掘这些文化元素，将之融入服务过程中，让服务呈现出独特的中国特色。这样，"中国服务"才能在国际舞台上独具魅力，吸引更多的关注。

品牌是服务的形象。一个优秀的服务品牌能够树立良好的口碑，为企业带来无尽的商机。我们要通过整合优势资源、创新服务模式、提升服务品质等手段，塑造一批具有国际影响力的服务品牌。这样，"中国服务"才能在世界范围内享有较高的声誉，成为中国抢占国际分工有利位置的新的"金字招牌"。

三、"中国服务"的核心内容

中国服务其根脉深深扎入中华大地的沃土之中，汇聚着中华民族的千年智慧和情感。它承载了深厚的文化底蕴，体现了中国意识，即始终坚守国家利益、民族尊严和社会责任，以坚定的信念和昂扬的姿态，展现出中国的大国风范。同时，中国服务展示了中国品格，即诚信为本、敬业奉献、友善待人、包容万物，这些品质在服务过程中得到了充分的体现。

从产品层面来看，中国服务的核心在于提供具有国际水平的产品和服务，同时融入本土特色，让消费者在享受高品质的同时，也能感受到浓郁的中国文化气息。这种文化融合不仅丰富了服务的内涵，也提升了服务的品质，使中国服务在国际市场上更具竞争力。

从服务层面来看，中国服务注重以人为本，注重在服务过程中展现热情好客、乐于助人、团结协作等中华民族传统美德与优秀品质。服务人员以饱满的热情投入工作中，为消费者提供贴心、周到的服务，让消费者在享受服务的过程中感受到家的温暖。同时，他们独具魅力，用自己的专业知识和人格魅力，为消费者提供个性化的服务体验，让消费者在享受服务的同时，也感受到服务人员的专业与用心。

此外，中国服务还强调"用心服务，真情服务"，这一理念贯穿于服务行业的方方面面。它要求服务人员不仅要具备专业技能，更要具备高尚的职业素养和人文关怀精神。他们通过关注消费者的需求和感受，用心倾听、用情服务，为消费者创造温馨、舒适的服务环境。这种服务理念和人文关怀精神，使中国服务在激烈的市场竞争中脱颖而出，赢得了广大消费者的认可和信赖。

在新时代背景下，中国服务正以其独特的魅力和无限的潜力，助力我国服务业的繁荣发展。它不仅提升了我国服务业的整体水平，也为我国经济的持续健康发展注入了新的活力。同时，中国服务还承载着传承和弘扬中华民族传统文化的重任，通过服务的形式和内容，向世界展示中华民族的优秀品质和独特魅力。

第二节 "中国服务"的发展趋势

随着国家经济实力的增强和消费需求的升级，中国服务业正朝着更加专业化、高品质化的方向发展，"中国服务"的推广与发展迫在眉睫。在数字化、智能化浪潮的推动下，服务业正加快转型升级，打造中国服务的品牌，实现创新中国服务模式。同时，可持续发展和人才培养逐渐成为行业共识，推动专业人才的建设与绿色化发展进程也成为未来趋势之一。

一、餐饮行业实施的意义

（一）推动服务业发展

服务业作为国民经济的重要组成部分，在经济增长和就业方面扮演着举足轻重的角色。随着技术的不断进步和全球化的深入发展，服务业的地位和作用愈发凸显。发达国家的经验表明，大力发展现代服务业不仅能为高端制造业提供有力支撑，还能推动整个国民经济的持续健康发展。

对于中国而言，实施"中国服务"策略具有重要战略意义。首先，提高服务业在国民经济中的比重，有助于推动产业结构优化升级，实现经济结构的更加均衡和可持续发展。其次，"中国服务"的推广有助于提升制造业的附加值和国际竞争力，帮助"中国制造"向更高层次、更高质量的方向发展。最后，"中国服务"还能有效缓解当前中国经济面临的一系列难题，如产能过剩、环境污染等，为经济结构的进一步优化和升级提供有力支撑。

（二）应对国际竞争，提升国家品牌形象

在全球化的背景下，服务业的国际竞争日益激烈。各国纷纷加强在服务业领域的投入和创新，以争夺全球市场的份额和影响力。对于中国而言，推广"中国服务"是应对国际竞争、提升国家品牌形象的重要途径。

通过推广"中国服务"，我们可以提升中国服务业的国际化水平，增强中国在全球服务业市场的竞争力。这包括加强与国际市场的对接、提高服务的国际标准和水平、推动服务业的开放和合作等方面。同时，我们还可以将中国传统文化、礼仪、热情等元素融入服务之中，为全球消费者提供独特且优质的服务体验，从而增强中国在全球服务业市场的竞争力和影响力。同时，我们还应注重加强国家形象的塑造和传播。通过举办国际性的服务活动、加强与国际组织的合作与交流、推广中国优秀服务企业和品牌等方式，我们可以向世界展示中国服务业的实力和魅力，提升国家的国际形象和地位。

（三）满足消费升级需求，促进文化传播与交流

随着人民生活水平的提高和消费升级的加速推进，消费者对服务的需求也日益多样化、个性化。推广"中国服务"可以提供更加优质、高效、便捷的服务，满足人民日益增长的美好生活需要。

通过加强服务业的供给侧结构性改革，我们可以推动服务业向更高质量、更高效率的方向发展。这包括加强服务创新和产品研发、提高服务人员的专业素质和技能水平、优化服务流程等方面。同时，我们还应注重将中国传统文化与现代服务理念相结合，打造具有中国特色的服务品牌和产品，满足消费者的多元化需求。"中国服务"的推广不仅可以为国内外消费者提供优质服务体验，还可以成为传播中国文化的重要载体。通过服务过程中的文化展示和互动交流，我们可以增强国内外消费者对中国文化的认知和了解，促进文化之间的相互借鉴和融合。这不仅有助于提升中国的文化软实力和国际影响力，还能推动构建人类命运共同体。

二、"中国服务"的未来趋势

"中国服务"崛起成为全球经贸合作的新亮点，这一现象背后是我国服务业企业通过合作、创新和市场拓展不断提升竞争力的努力。中国的金融、电商和物流等企业也为全球供应链的稳定发展和满足多元化市场需求发挥积极作用。龙头企业如阿里巴巴、腾讯等，发挥了头雁作用，带领大量中小服务企业跟随发展与创新探索。这不仅为中国服务注入了

新的更为丰富的内涵，提高了中国服务满足全球差异化市场需求的能力，也受到包括发展中国家和新兴经济体在内的各方欢迎。

中国服务与中国制造在资源和模式上相互配合，互为补充和支撑，形成了更好的相互促进和集成效应。中国服务不仅在国内市场表现优异，更在全球市场逐渐崭露头角。未来，中国服务将继续扩大对外开放，打造国际品牌，创新服务模式，培养专业人才，关注可持续发展，以实现更高水平的全球经贸合作。

（一）中国服务将继续扩大对外开放，打造国际品牌

全球经济的深度融合使得中国服务的国际化和全球化布局越发重要。我国服务业在参与全球产业链、供应链和服务链的分工与合作中，不断提升自身的国际竞争力和影响力。为此，我国将继续扩大对外开放，推动服务业在全球市场占据一席之地。通过与国际先进服务模式的交流与合作，借鉴成功经验，不断提升中国服务的品质和口碑。同时，加强对外宣传，提升中国服务在国际上的知名度和美誉度，树立良好的国家形象。

（二）新技术将持续助力中国服务，创新服务模式

随着我国经济结构的优化和升级，服务业已成为经济增长的重要引擎。为适应新时代发展需求，中国服务业将紧密围绕国家战略，加强创新和创造，推动新技术、新产业、新业态、新模式的不断涌现。在此过程中，数字化和互联网技术的发展成为推动中国服务转型升级的重要推动力。通过云计算、大数据、人工智能等技术的应用，服务业将实现更高效、便捷的服务模式，提升服务体验和客户满意度。

（三）中国服务将注重人才培养，建设专业人才队伍

人才是推动中国服务发展的关键。为了提升我国服务业的整体素质，未来，我国将更加注重人才培养和引进，打造一支高素质、专业化的服务人才队伍。加大对职业教育和培训的投入，培养具备国际化视野、熟悉国内外市场规律的专业人才。同时，鼓励优秀服务业人才赴海外学习、交流，引进国际一流的服务业专家和团队，为我国服务业的快速发展提供有力支撑。

（四）中国服务将关注可持续发展，推动绿色化进程

绿色发展、可持续发展将成为中国服务的重要方向。在全球环境问题日益严峻的背景下，我国服务业将更加注重绿色化和可持续发展。在推动经济发展的同时，服务业应积极承担社会责任，注重环境保护和社会公益，实现经济、社会、环境的协调发展。未来，政府也会推进加大对绿色服务业的扶持力度，鼓励企业采用环保技术和绿色服务模式，提升整个服务业的绿色竞争力。同时，加强国际合作，共同应对全球环境挑战，为全球绿色发展贡献力量。

中国服务在过去的几十年里，经历了波澜壮阔的发展历程，取得了丰硕的成果。从改革开放之初的摸索前行，到如今的蓬勃发展，中国服务业已成为国民经济的重要组成部

分，为国家的经济增长和社会进步作出了巨大贡献。

回首过去，中国服务业的崛起离不开党中央的坚强领导和改革开放的深入推进。在政策的引导下，服务业得以迅速壮大，涵盖了金融、旅游、教育、医疗等多个领域。这些领域的蓬勃发展不仅提升了人民群众的生活水平，也为经济的稳定增长提供了有力支撑。

展望未来，随着现代化进程的加快推进和国家创新实力的稳步提升，中国服务业将迎来更加广阔的发展前景。在新的历史起点上，中国服务业将以更加开放、创新、专业的姿态，与世界各国携手共创美好未来。

参考文献

[1] 叶伯平. 宴会设计与管理[M]. 4版. 北京：清华大学出版社，2013.
[2] 丁应林. 宴会设计与管理[M]. 北京：中国纺织出版社，2008.
[3] 段强. 中国服务纵横谈（Ⅰ）[M]. 北京：中国旅游出版社，2012.
[4] 段强. 中国服务纵横谈（Ⅱ）[M]. 北京：中国旅游出版社，2013.
[5] 陈戎，刘晓芬. 宴会设计[M]. 桂林：广西师范大学出版社，2014.
[6] 李登年. 中国宴席史略[M]. 北京：中国书籍出版社，2016.
[7] 王敏. 宴会设计与统筹[M]. 北京：北京大学出版社，2016.
[8] 李正，董道顺. 宴会设计与管理[M]. 芜湖：安徽师范大学出版社，2016.
[9] 王秋明. 主题宴会设计与管理实务[M]. 2版. 北京：清华大学出版社，2017.
[10] 杨秀龙，崔立新. 中国服务理论体系[M]. 北京：北京理工大学出版社，2017.
[11] 程晓，邓顺国，文丹枫. 服务经济崛起[M]. 北京：中国经济出版社，2018.
[12] 张红云. 宴会设计与管理[M]. 武汉：华中科技大学出版社，2018.
[13] 王宣一. 国宴与家宴[M]. 北京：中信出版集团，2019.
[14] 姜晟颖. 国宴：至味在西湖[M]. 天津：天津科学技术出版社，2020.
[15] 刘硕. 宴会设计与管理实务[M]. 武汉：华中科技大学出版社，2020.
[16] 黄蔚. 服务设计：用极致体验赢得用户追随[M]. 北京：机械工业出版社，2020.
[17] 苑洪琪，顾玉亮. 故宫宴[M]. 北京：化学工业出版社，2021.
[18] 壬圻. 国宴[M]. 杭州：浙江文艺出版社，2021.
[19] 张志君. 艺宴主题宴会设计的经历和心得[M]. 北京：中国发展出版社，2021.
[20] 胡以婷、施丹、王香玉. 宴会设计与管理[M]. 苏州：江苏大学出版社，2021.
[21] 满长征，赵建民. 中国孔府宴[M]. 北京：中国轻工业出版社，2022.
[22] 李亦文. 服务设计[M]. 北京：化学工业出版社，2022.
[23] 汉·郑玄，唐·贾公彦. 周礼注疏[M]. 上海：上海古籍出版社，2010.
[24] 汉·郑玄，唐·贾公彦. 仪礼注疏[M]. 上海：上海古籍出版社，2008.
[25] 汉·郑玄，唐·孔颖达. 礼记注疏[M]. 上海：上海古籍出版社，2016.
[26] 宋·孟元老，等. 东京梦华录·都城纪胜·西湖老人繁胜录·梦粱录·武林旧事[M]. 北京：中国商业出版社，1982.
[27] 马丁·琼斯. 宴飨的故事[M]. 北京：中华书局，2016.
[28] 邱庞同. 中国菜肴史[M]. 青岛：青岛出版社，2001.
[29] 周爱东. 宴会设计[M]. 北京：中国纺织出版社，2022.
[30] 周爱东，宫润华. 菜品设计[M]. 北京：中国纺织出版社，2023.
[31] 辻嘉一. 茶怀石[M]. 日本：妇人画报社，1960.
[32] 周宇，颜醒华. 宴席设计实务[M]. 北京：高等教育出版社，2003.

［33］老汤. 菜单设计制作［M］. 北京：中国宇航出版社，2006.

［34］丁应林. 筵席设计与管理［M］. 北京：中国纺织出版社，2008.

［35］沈涛，彭涛. 菜单设计［M］. 北京：科学出版社，2010.

［36］周妙林. 宴会设计与运作管理［M］. 南京：东南大学出版社，2014.

［37］贺习耀. 餐饮菜单设计［M］. 北京：旅游教育出版社，2014.

［38］周妙林. 菜单与宴席设计［M］. 4版. 北京：旅游教育出版社，2017.

［39］邵万宽. 菜单设计［M］. 2版. 北京：高等教育出版社，2021.

［40］郭志刚. 中国式服务：服务场景下顾客体验对酒店品牌忠诚的影响研究［M］. 北京：中国旅游出版社，2022.

［41］刘慧滢. 中国式礼仪［M］. 北京：华龄出版社，2022.

［42］孙建辉. 西餐服务［M］. 北京：旅游教育出版社，2020.

［43］陈磊，贾清利. 风雨砥砺七十年，中国服务业如何由小到大，由弱到强？［EB/OL］. 2021.08.24.

［44］李勇坚，夏杰长，林瑜璟. 服务业改革的"中国模式"：特征与评析——基于1978—2016年服务业改革历程［J］. China Economist，2018，13（04）：34-67.

［45］夏菁. 服务业按下快进键擎起经济半壁江山［J］. 统计科学与实践，2021（8）：8-11.

［46］彤音儿. 逼走家乐福，吓跑沃尔玛！这家中国超市服务完虐日本人！［EB/OL］. 2023.10.13.

［47］潘骏、黄葆青. 亚运这场欢迎宴，菜单揭秘！让国际友人记住杭州味道.［EB/OL］. 2021.08.24.

后 记

本教材以传承弘扬中国宴饮文化为己任，对宴会定制服务师的工作进行细分，并依据项目化教学要求，创新性地展开讲授与训练。编写团队秉持科学性、系统性与特色性的原则，精心打磨内容，确保其完整性和连贯性。在编写过程中，广泛征求行业专家、一线教师及企业代表的意见和建议，对教材内容进行了多轮修改与完善。全体编者的共同努力，旨在打造一本契合行业最新发展趋势、彰显产教协同创新精神的高品质实用性教材。

本教材由世界中餐业联合会组织编写，全国12所高等院校的相关专业的教师参与本教材的编写工作，四川旅游学院烹饪与食品科学工程学院周凌洁老师和扬州大学旅游烹饪学院周爱东老师担任主编并负责统稿工作。编者按章节顺序排列是：重庆旅游职业学院酒店管理学院谢强老师、昆明学院旅游学院张超旋老师、秦皇岛职业技术学院旅游与康养系胡铁老师、四川旅游学院烹饪与食品科学工程学院周凌洁老师、北京联合大学旅游学院陈涵老师、扬州大学旅游烹饪学院周爱东老师、普洱学院经济学院杨遥老师、江苏旅游职业学院烹饪科技学院许磊老师、昆山登云科技职业学院现代服务学院高帅老师、四川旅游学院烹饪与食品科学工程学院唐旭老师、陕西旅游烹饪职业学院航空旅游学院刘蕾蕾老师、天津职业大学旅游管理学院王钰老师、成都银杏酒店管理学院现代酒店学院张千牵老师、世界中餐业联合会中国服务专业委员会王朝辉老师。

在编写本教材的过程中，我们深切体会到"宴会定制服务师"这一职业对从业者综合素质与专业技能的极高要求。因此，本教材在设计上不仅致力于系统地传授专业知识，更将学员能力的培养和实践经验的积累置于核心地位，力求通过理论与实践的深度融合，助力学员成长为契合行业需求的高素质专业人才。

同时，我们深知教材编写并非一蹴而就，而是一个持续迭代与优化的动态过程。为此，我们在编写过程中广泛收集各方反馈意见，不断对教材内容进行打磨、改进与完善，以确保其科学性、实用性和前瞻性。我们衷心希望这本教材能够为宴会定制服务师的培训提供坚实有力的支持，助力学员在职业生涯中稳步前行。

展望未来，我们将持续关注行业动态与市场需求的变化，定期对教材进行更新与补充，确保其始终紧跟行业发展的最新趋势，精准契合行业对人才的高标准要求。我们期待这本教材能够在行业人才培养中发挥重要作用，为推动宴会定制服务行业的高质量发展贡献一份力量。

在本教材的编写过程中，我们有幸得到了众多餐饮行业专家的悉心指导，他们凭借深厚的专业素养和丰富的实践经验，为本教材的学术性和实用性提供了有力保障。同时，我们也广泛参考了国内已出版的相关书籍和资料，从中汲取了大量宝贵的知识和灵感。在此，我们向所有给予本书支持与帮助的专家和作者致以最诚挚的谢意！

周凌洁　周爱东

2024年12月31日